·人工智能技术丛书·

智能边缘计算

徐子川 夏秋粉 刘培琛 著

INTELLIGENT EDGE COMPUTING

机械工业出版社
CHINA MACHINE PRESS

图书在版编目（CIP）数据

智能边缘计算 / 徐子川，夏秋粉，刘培琛著 .
北京：机械工业出版社，2024. 8. --（人工智能技术丛
书）. -- ISBN 978-7-111-76652-0

Ⅰ. TN929.5

中国国家版本馆 CIP 数据核字第 20242EX653 号

机械工业出版社（北京市百万庄大街 22 号 邮政编码 100037）

策划编辑：李永泉　　　　责任编辑：李永泉　赵晓峰

责任校对：王小童　李可意　景　飞　　责任印制：常天培

北京机工印刷厂有限公司印刷

2025 年 3 月第 1 版第 1 次印刷

186mm × 240mm · 14.5 印张 · 308 千字

标准书号：ISBN 978-7-111-76652-0

定价：79.00 元

电话服务　　　　网络服务

客服电话：010-88361066　　机　工　官　网：www.cmpbook.com

　　　　　010-88379833　　机　工　官　博：weibo.com/cmp1952

　　　　　010-68326294　　金　书　网：www.golden-book.com

封底无防伪标均为盗版　　机工教育服务网：www.cmpedu.com

PREFACE

前　言

随着第五代移动通信技术（简称5G）的快速发展，运行在移动终端的人工智能应用成为主流，例如人脸识别、增强现实等先进技术广泛应用于教育、医疗、精密仪器检修、仿真等多个领域。5G提供人与物、物与物，以及不同地域之间设备的互联，进一步促进了人工智能的发展和广泛应用。由于5G网络中边缘侧存在大量数据与应用，传统云计算已经无法满足这些应用对时延和带宽的要求，智能边缘计算随之得到发展。通过将算力部署在边缘侧，智能边缘计算可以实时响应各种人工智能应用对带宽、性能等的严苛要求。

机遇与挑战并存。一方面，智能边缘计算由于边缘设备的功能、算力等受到限制，而传统机器学习模型需要大算力，也无法应用到智能边缘计算中。另一方面，智能边缘计算节点众多、算力分布性极强，在和云数据中心协同的同时，需要边缘节点之间的横向协同，及高效、智能的任务调度、资源管理方法。

针对以上挑战，本书结合实例系统性地介绍了智能边缘计算所需要的核心技术。本书包括四部分：第一部分（第1、2章）介绍边缘计算的基础、发展历史，以及发展趋势；第二部分（第3～5章）介绍面向边缘计算的机器学习技术，包括微小机器学习、分布式机器学习和联邦学习；第三部分（第6～9章）讲述在边缘计算中支撑智能应用的核心优化问题与技术；第四部分（第10～12章）阐述如何基于本书中的相关技术，构建实际智能边缘应用。

本书可以为边缘计算、物联网、嵌入式和智能系统、机器学习与应用、网络通信等领域的科研人员和从业者提供一些前沿视野及相关理论、方法和技术支撑，如边缘系统智能能量优化、学习驱动的任务卸载与服务缓存、边缘大数据分析、软件定义边缘网络、网络切片，也可作为相关专业高年级本科生和研究生的教材或参考书。

CONTENTS

目 录

CHAPTER 1

第 1 章

概　　述

本章主要从边缘计算是什么？智能边缘计算是什么？智能边缘计算典型应用有哪些？边缘计算面临的机遇与挑战有哪些？这四个方面阐述边缘计算的概念和内容。

1.1　边缘计算

随着通信技术的发展及“万物互联”概念的兴起，连接到互联网的用户数量和设备数量都在迅猛增长，形成了规模庞大、结构复杂的物联网（Internet of Things，IoT）环境。据《思科年度互联网报告》预测[1]，互联网用户数量将从 2018 年的 39 亿增长到 2023 年的 53 亿，机器对机器（Machine to Machine, M2M）连接数量也将从 2018 年的 61 亿增长到 2023 年的 147 亿。这些用户和用户、设备和设备之间的复杂连接产生了庞大的通信数据及纷繁复杂的请求，为处理这些对延迟要求极为苛刻的服务请求和相应的数据，传统的中心云网络已经不再适用，取而代之的是一种新型的计算范式——边缘计算。

1.1.1　什么是边缘计算

边缘计算（Edge Computing，EC）是一种新型的网络技术，它能够在移动网络边缘、无线接入网络（Radio Access Network，RAN）等靠近移动用户的位置上提供远优于云计算的高响应、低延迟的服务[2]。换言之，边缘计算旨在靠近数据生成的网络边缘部署具有存储、计算、通信等多种能力的设备，在数据生成的源头完成处理，并将结果返回给用户或终端设备，避免远距离传输产生的高延迟，提升用户体验。边缘计算架构示例如图 1-1 所示，边缘计算网络通常由三层构成，自底向上分别是用户层、边缘层和云层。

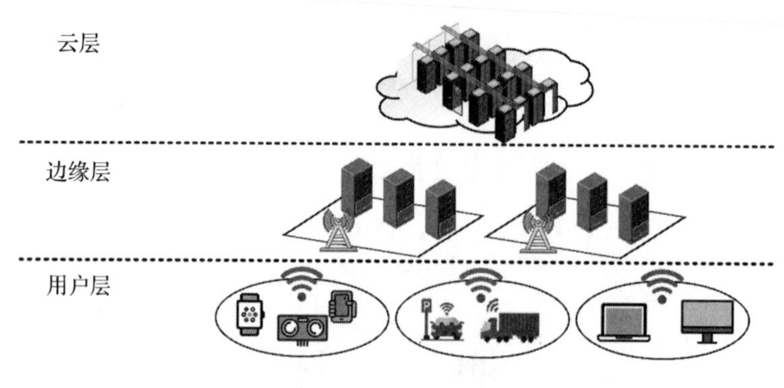

图 1-1　边缘计算架构示例

1. 用户层

用户层主要由两部分构成：多种多样的终端设备和将它们连入边缘网络的网络转发设备。首先，终端设备，如各类传感器、摄像头、智能手机、计算机、无人机、车辆等，是网络中传输数据的源点，通过与环境直接进行交互获取数据信息，并对采集到的数据进行分析和处理。然而，终端设备往往无法完成计算量庞大、能耗要求高的任务，这种情况通常需要更高级的处理设备参与，例如边缘服务器或云中心服务器等。

部分终端设备无法直接接入边缘网络，因此辅助终端设备接入网络的部分设施有时也被划分为用户层设备。一方面，部分终端设备分布在各自的局域网中，不与互联网直接连接；另一方面，考虑到终端设备功耗约束，部分终端设备只能使用蓝牙等低能耗通信协议，无法直接与 IP 网络通信，要通过网关、本地数据中心、蜂窝网络集成设备等设施转发才能接入边缘网络。随着技术的进步和设备的更新换代，某些网络转发设备除了转发网络报文，也具有一定的数据操作能力，例如：树莓派（Raspberry Pi）、ASUS Tinker Board 等基于 Linux 系统的部分 IP 网关设备可以轻松地托管 Docker 镜像等虚拟化环境 [3-4]。由于，IP 网关设备并没有较为标准、严格的区分，此设备也可作为边缘层节点进行数据传输 [4]。

随着 5G 技术的发展，新兴应用百花齐放。这些应用在提供令人眼花缭乱的画面的同时，也需要海量的运算能力及存储空间支持，比如扩展现实（Extended Reality，XR）㊀、远程协作、多人游戏等应用对画面、声音、延迟等因素存在诸多限制。然而，大多数用户端设备不具备较强的运算能力或较大的存储空间，因此，用户需要将计算或存储任务发送到上层网络中能力更强的服务器进行处理。在传统的云计算网络中，任务通过云服务器进行整合、分析、处理，在边缘计算中，任务主要通过靠近用户的边缘服务器执行。

2. 边缘层

边缘层指从数据源到云数据中心的路径上，位于网络边缘的所有计算与网络资源 [5]。

㊀ 通常来说，XR 包括增强现实（Augmented Reality，AR）、虚拟现实（Virtual Reality，VR）、混合现实（Mixed Reality，MR）三种技术。

边缘层设备通常由多种通信设备与服务设备构成。常见的通信设备包括：路由器、网关、交换机、接入点、基站等；而服务设备主要指各类部署在数据源周边的服务器及具有处理能力的CPU、GPU等运算硬件。

出于降低延迟的考虑，网络服务供应商（Internet Service Provider，ISP）通常会将自己的应用部署在边缘服务器的虚拟机上，从而为网络通信设备覆盖到的用户提供支持。这种技术通常被称为任务卸载（Task Offloading），它允许用户只承担数据收集与转发的任务，而不需要为应用付出太多的计算资源与存储资源，例如云游戏[6]的服务流程。在处理用户发来的请求过程中，数据会通过传输设备从终端设备发送到边缘处理节点或边缘服务中心，必要时边缘服务器还会向中心云服务器申请缓存的数据，作为模型的训练集或处理当前请求的历史经验。

为了平衡任务负载，相邻的各个网络服务器之间也可以相互协作，承担对方用户发送来的计算与存储任务。在中心化的边缘场景中，有关计算任务与处理位置的调度由边缘层控制系统完成；而在分布式系统中，则会由部署在每个服务器上的负载均衡服务自动调度。因此，考虑对用户请求的处理流程，根据不同的应用类型，将边缘层分为系统级、边缘主机级及网络[7]。边缘层架构的参考模型如图1-2所示。

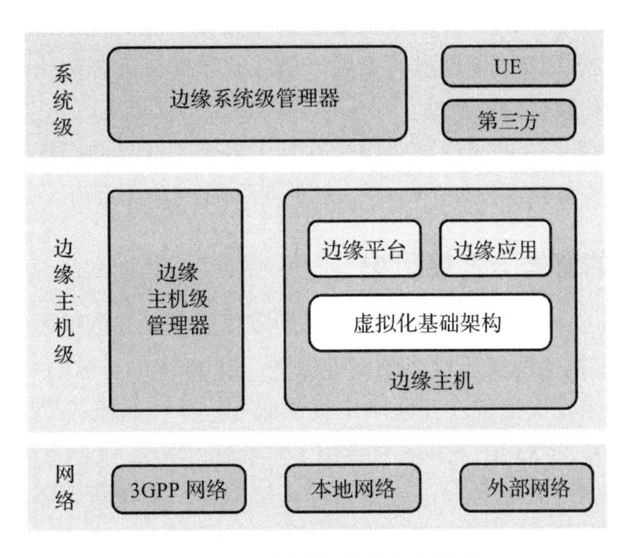

图1-2　边缘层架构的参考模型

3. 云层

“云”通常指的是一组公开或私有的服务器，是整个边缘网络环境中拥有最高计算能力、存储能力的设备。除了执行用户发来的请求外，云服务器也可以用来托管、编排或管理不同边缘节点上的服务或作为中心控制器进行负载均衡、请求调度等多种工作。此外，“云”也是某区域范围内的数据中心（Data Center）。在边缘节点从开始建立到销毁的整个过程中，都需要大量数据的处理、转发、存储等过程，这些数据一方面来源于边缘周边的数据中心，另一方面也可以是云端直接传输。边缘节点只有申请到必要的数据后，才能正常地执行任务。

边缘计算作为传统云计算的改良方案，具有以下几个方面的优势：

1）延迟低。由于边缘计算能够将处理请求的服务器部署在靠近数据源的位置上，与全部传到距离较远的云计算中心相比，传输距离更短，传输速率更高。因此边缘计算能够有效地降低延迟，保证高效率网络协作和服务传递，同时增强用户的体验。

2）可靠性高。在边缘计算中，所有的边缘服务器和 IoT 设备都位于用户附近，当某个用户断开连接或出现网络故障后，可以更及时地更新、排查或重新连接。相反，在云计算中，若数据在上传到中心云服务器的过程中出现故障，设备状态更新或重新连接较为困难。

3）可扩展性强。边缘计算在边缘端部署了大量的服务器，因此更容易地接入各种 IoT 设备，与 IoT 设备进行数据交换和通信也更加方便。

4）安全性好。云计算架构让所有数据都传输回主服务器，在传输与用户操作过程中，极易遭受到攻击，比如：DDoS 攻击，影响服务的部署和运维。首先，如果使用了边缘网络，便可以利用不同的数据中心和设备分配数据处理工作。因此，攻击者难以通过攻击一台设备来影响整个网络。其次，如果数据是直接存储在本地的，那么可以利用本地安全控件对数据进行监视，极大增加了攻击的难度。最后，数据在近源端执行备份与更新更加方便，更好地保证设备和数据的安全性。

基于上述的几个优点，边缘计算架构受到学术界、工业界的广泛关注，被认为是实现下一代互联网愿景的关键技术，如：IoT[8]、触觉互联网[9]和元宇宙（metaverse）等。

1.1.2 边缘计算的背景与发展历史

2002 年，亚马逊公司首先提出了基于网络的零售服务，并创建了子公司“亚马逊网络服务”，开启了历史上第一例基于网络的商业服务。2006 年，谷歌的 CEO 埃里克·施密特使用“云”这一概念来首次描述在互联网中提供服务这一商业模式[10]。同年 3 月，亚马逊上线了“简单存储服务”（S3），并在 8 月推出了“弹性计算云”（EC2），为其他网站提供诸如存储、计算等多种网络服务[11-12]。这是云计算架构第一次在商务环境中大规模使用，自亚马逊公司起，众多公司争相效仿，最终形成了以云计算为中心的基本网络服务架构。

2009 年，卡内基梅隆大学教授 Satyanarayanan 首次提出了 Cloudlet 概念[13]。Cloudlet 也被称作“微云”，是一个具有一定处理能力的微型数据中心。它与互联网紧密相连，能够像中心云服务器一样处理移动设备发送的部分请求。

随着技术的发展，网络边缘的数据开始了爆炸式增长，单纯使用传统的云计算架构难以满足越来越苛刻的各类要求。在这一阶段中，边缘计算技术得到了广泛的关注。2012 年，思科公司提出了雾计算的概念[14]。形象地说，云飘在天空之上，而雾萦绕四周。同边缘计算一样，雾计算致力于将计算能力部署到临近用户的网络边缘，并依靠广泛的雾节点实现对用户的全方位覆盖，以此加速用户计算。

在2013年，诺基亚西门子网络和IBM公司首次提出移动边缘计算（Mobile Edge Computing，MEC）这一概念，并开发了第一版MEC平台。在这一阶段，MEC的概念只有本地范围，还没有考虑到应用程序迁移、本地与边缘的交互操作等一系列问题[15]。2015年，欧洲电信标准协会（ETSI）给出了MEC的标准定义，并成立了行业规范组推进MEC的标准化工作[2]。同年，国际电信联盟（ITU）明确5G的主要应用场景为增强型移动带宽、海量机器类通信与超高可靠性低时延通信[16]。随后，MEC和网络功能虚拟化（Network Functions Virtualization，NFV）、软件定义网络（Software-Defined Networking，SDN）一起被欧洲5G基础设施公私合作伙伴关系（5G PPP）认定为5G网络的主要新兴技术[17]。

自2015年开始，“万物互联”概念得到广泛关注。MEC作为这一概念的重要技术支持，引起了国内外无数研究人员前所未有的重视。据Scopus统计[18]，在论文标题、摘要、关键词中包含“Edge”和“Computing”的文献搜索量在2015年前后发生了快速增长，尤其是2017年以来，边缘计算方向的文献数量呈现飞跃式上升，如图1-3所示。

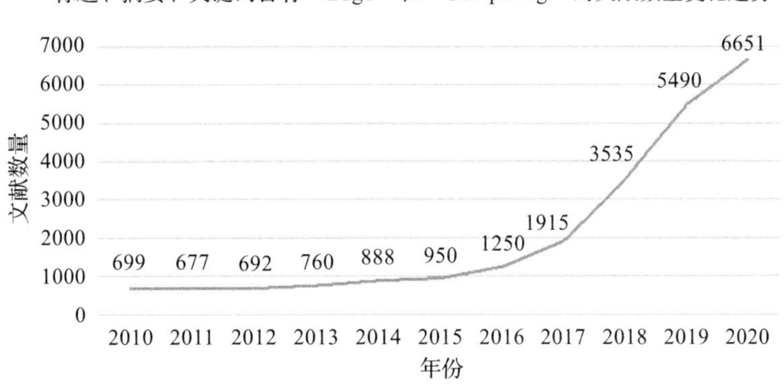

图1-3 边缘计算相关文献数量变化

2016年，欧洲电信标准协会将MEC从移动边缘计算扩展为多接入边缘计算（Multi-access Edge Computing）。同年，美国自然科学基金委将边缘计算列为美国未来研究的突出领域，取代了原本云计算的位置。12月，边缘计算联盟（Edge Computing Consortium，ECC）成立，主要成员包括ARM、中国信息通信技术研究院、华为等多家组织或企业。截至2021年7月，ECC会员数量已达到300多家。同期，ECC起草了多部边缘计算白皮书，为边缘计算的发展起到了重要的引领、推动作用。同年，全球首个以边缘计算为主题的学术会议——ACM/IEEE Symposium on Edge Computing于10月27—28日在美国华盛顿召开，这标志着边缘计算这一新生领域的规模和影响力达到了新的高度。

2017年，亚马逊、微软、谷歌等公司相继发布了多种与边缘计算相关的新产品，范围包括边缘计算服务器、边缘计算解决方案、硬件芯片、软件堆栈等。同年，国际电工委员会（International Electrotechnical Commission，IEC）发布了垂直边缘智能（Vertical Edge Intelligence，VEI）白皮书，书中着重讲解了边缘计算对于工业、制造业等依托生产链行业的重大价值，通过引入边缘计算架构，在保证精度的基础上，有效减少能源消耗、降低每个生产环节的制造时间，同时在一定程度上降低前后两个环节之间的耦合度。在 2017 年，以边缘计算作为关键词、标题的论文数量陡然增加，边缘计算也进入了井喷式发展阶段。

2018 年，由施巍松教授团队编写的《边缘计算》出版，这是国内边缘计算方向第一本较为全面的理论方向书籍 [19]。同年 5 月，Intel 和风河两家公司建立 StarlingX 作为边缘计算新的开源平台，由 OpenStack 联盟管理。同年 7 月，由中国计算机学会（China Computer Federation,CCF）发起的边缘计算技术研讨会（SEC China）在长沙召开。同年 9 月，以“边缘计算，智能未来”为主题的边缘智能论坛在上海召开，表明了中国对边缘计算发展的支持与关注。与此同时，云原生计算基金会（Cloud Native Computing Foundation，CNCF）与 Eclipse 基金会展开合作，成立了 Kubernetes 物联网边缘工作组，推进 Kubernetes 在边缘环境中的使用，表明了技术社区对于边缘计算方向的密切关注。

2019 年，权威 IT 研究与顾问咨询公司 Gartner 出版了《边缘计算成熟度曲线 2019》报告 [20]。文中对区块链、边缘安全、微云、边缘网络等多种边缘计算相关技术的发展情况进行了描述，表示边缘计算技术已经进入期望膨胀期，在 2～5 年内将达到完全成熟。同时，ECC 与绿色计算产业联盟（Green Computing Consortium，GCC）联合发布了《边缘计算 IT 基础设施白皮书 1.0》，旨在构建边缘计算 IT 基础设施规范 [21]。11 月 28 日，由边缘计算产业联盟主办的 2019 边缘计算产业峰会在京正式召开 [22]，体现出我国政府对于边缘计算行业发展极高的重视程度。业界也涌现出了多个成熟的边缘计算框架，包括 KubeEdge㊀、EdgeX Foundry㊁、StarlingX㊂等。综合来看，目前边缘计算产业理论已经步入行业落地阶段，未来发展可期。

2020 年至今，虽然疫情对多数产业造成了严重冲击，但是反而推动了数字业务的高速发展。到 2022 年，企业生成的超过 75% 的数据，都将在传统的集中式数据中心或云端之外的位置上接受处理 [23]。《边缘计算与云计算协同白皮书 2.0》[24] 指出，边 - 云协同、边缘智能已经成为核心能力发展方向。

1.1.3 边缘计算的相关技术

1. 云计算

云计算通常指传统的中心式的数据存储或任务处理架构，主要流程是用户先将所有待处理的数据上传到云端，随后服务提供商或基础设施提供商在中心云服务器上部署服务并

㊀ https://kubeedge.io。
㊁ https://www.edgexfoundry.org。
㊂ https://www.starlingx.io。

进行处理。云计算网络整体呈现为二层的星状结构，其中心节点为云服务器，边缘节点为用户。然而，随着用户量的增多，这种脆弱的星状结构难以为继，可能会出现单点故障、网络拥塞等问题，因此催生了边缘计算的出现与发展。

2. 雾计算

雾计算是由思科公司于2012年提出的概念，用于更好地刻画、描述边缘节点在整个网络架构中的位置和地位。其中，“雾”是形容临近用户的服务器数量多、覆盖范围广，也与云计算作为呼应。在雾计算兴起的一段时间内，不少组织对雾计算和边缘计算的概念进行了区分，比如：开放雾联盟（OpenFog Consortium）曾提出，雾计算更加强调边缘服务器在边缘计算中的地位，更加着重优化边缘服务器上遇到的瓶颈与挑战；而边缘计算则更加重视边缘设备本身的异构性、本地能力等相关因素，通过优化处理请求的算法或通过模型压缩等方式优化边缘计算过程。时至今日，雾计算的概念已经归并到边缘计算当中，“雾计算”这一名词渐渐地也不再被提起。

3. 5G

5G是第五代移动通信技术（5th Generation Mobile Communication Technology，5G），是边缘计算兴起的关键技术。2013年，欧盟决定投入5000万欧元研发5G，并计划在2020年建立成熟完备的5G标准，同年4月，我国IMT-2020（5G）推进组第一次在北京召开会议，标志着5G技术的发展竞争正式展开。2014—2017年，5G技术快速发展，并在2017年12月21日的国际电信标准组织3GPP RAN第78次全体会议上，宣布5G NR首发版本正式冻结。2018—2021年，短短的三年间，5G已经完成了从理论突破到实践落地，相继在多个国家开始运行，成了建设IoT和MEC生态的重要一环。相比于4G通信1Gbit/s的通信速度，5G通信能够实现10～20Gbit/s的峰值传输速率，1ms的通信延迟，$10\text{Mbit/s}\cdot\text{m}^{-2}$以上的流量密度，能够轻松满足目前应用所需的各种带宽、时延要求，是未来发展不可或缺的中心技术之一。

如果说边缘计算是一个理想的网络结构模型，那么5G凭借着高速率通信、低延迟、节能、低成本的特性，成功为边缘计算的落地与边缘智能提供了有力保障，是边缘计算能从模型顺利落地的主要原因之一。

4. 大数据

大数据是指数量巨大、结构复杂的数据集合。计算机需要在可接受的时间范围内，对这个数据集合进行调用、存储、处理等操作，最终成为能够辅助用户决策的有效信息。自2004年前后，谷歌公司发表了与分布式系统相关的三篇论文[25–27]后，大数据方向开始了飞速发展。2006—2009年，并行计算和分布式系统开始出现，同时也涌现了如Hadoop㊀等成熟的大数据框架，为大数据的发展提供了良好的支持。2010年以来，伴随着用户设备

㊀ https://hadoop.apache.org/。

数量的激增，网络中数据碎片化、分布式、流媒体的特征更加明显，大数据的价值逐渐凸显。如今，大数据已经逐渐成为至关重要的、内容广泛的研究方向，遍布于边缘计算的方方面面。对于大数据的存储、管理、分析，也成为所有相关从业者在深入探索中绕不开的挑战。

5. NFV

NFV，即网络功能虚拟化，是指将网络上的某些传统功能，如防火墙、交换机等，抽象成为虚拟功能，通过将这种虚拟设备部署到多种不同的网络、不同的设备中，实现网络功能的通用性。传统的虚拟设备如虚拟机（Virtual Machine，VM）、容器（如 Docker）、微内核，其上搭载的各种通用功能便是 NFV 的实例，这些功能都已被广泛部署和应用。

6. SDN

SDN 是一种新型的网络设计理念。在传统的网络架构中，每个路由器都拥有自己的转发规则，因此同时管理网络中的每个路由器是很困难的。SDN 依靠数据层与逻辑层分离，降低了网络配置与管理的成本。具体来说，SDN 将网络改造为应用层、控制层、基础设施层及南北两向接口，SDN 的网络架构如图 1-4 所示。

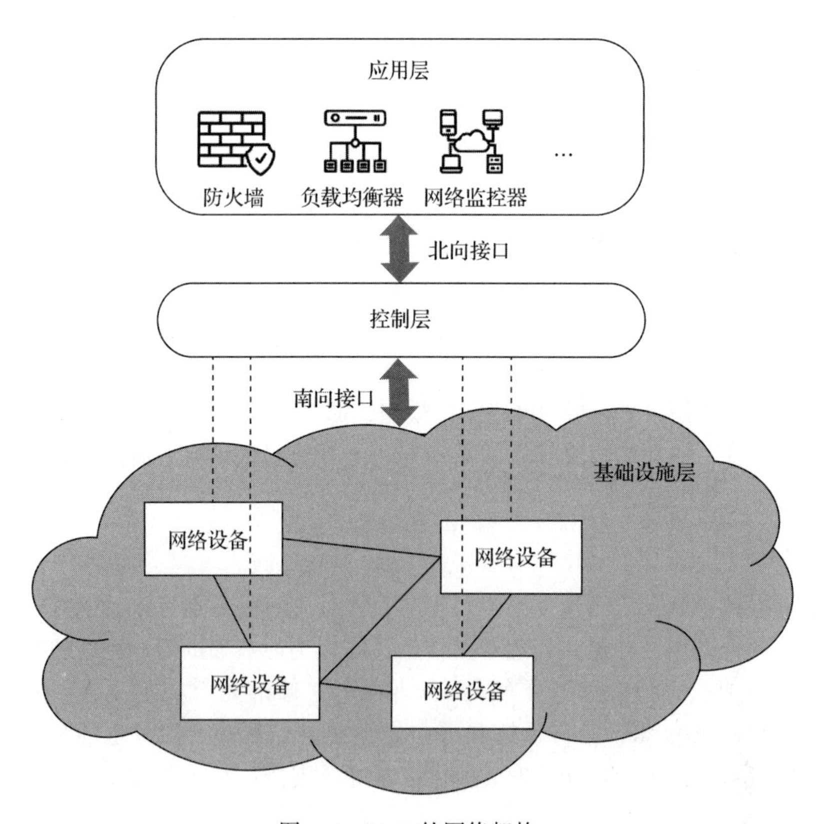

图 1-4　SDN 的网络架构

通过 SDN 控制层以及南向接口，就能实现针对基础设施层所有数据流统一的配置、转发、控制等管理操作。

7. 云 – 边 – 端协同

由于用户需要频繁地与边缘服务器、云服务器进行沟通与交流，因此三层之间的协同至关重要。从交互的对象来看，一共有三种协同方式[28]：

1）端 – 边协同的方式主要指用户生成的请求可在本地执行或卸载到边缘服务器上执行，无须云服务器的资源就能解决。端 – 边协同主要解决的问题有：降低请求延迟和移动设备能量消耗[29]、最小化动态请求对性能的影响，或者探索端 – 边设备协作中的设备异构性等。

2）边 – 边协同通常发生在边缘端处理用户请求时，当某个边缘服务器缺少请求对应的服务或单点负载过高时，需要通过多个边缘服务器之间的通信完成资源请求或任务调度。

3）云 – 边协同最常发生在云中心服务器内容分发网络搭建的过程中，也就是在多个边缘服务器中从云中心服务器获取对应的服务、数据资源时产生。云 – 边协同是边缘计算区别于云计算的本质，即将服务从云端转移到靠近数据源的边缘层这一过程。除此之外，针对部分边缘服务器无法处理的请求，任务调度器也会将之传递给云服务器进行处理。

云 – 边 – 端协同技术涉及的内容十分广泛，本书将在第 10 章作进一步的阐述。

8. 任务卸载

任务卸载主要指将本来需要在本地处理的请求，转发到边缘服务器上进行处理，从而降低用户本地的计算压力与存储压力。为了能在边缘服务器上处理请求，就需要将服务提前部署在边缘服务器上，等到请求到达时正常处理。按照被卸载任务划分的不同粒度，分为全部本地执行、全部边缘执行或部分本地、部分边缘执行。其中全部边缘执行有时也包括将部分延迟不敏感的请求交给云端执行，从而获得全局的最优解。关于任务卸载更详细的信息，本书将在第 6 章进行介绍。

9. 边缘缓存

边缘缓存通常指在边缘服务器上缓存一定量的数据，当用户申请数据时，边缘服务器不必向数据中心请求数据，而是可以直接将需要的内容返回给用户，从而大大提高请求的服务质量。尽管增加缓存势必会增加一定量的开销，但是这种方法对于延迟的减小是十分显著的。相比于其他场景，在数据缓存中，能耗与延迟的矛盾更加直观且明显。

增加数据缓存也可以抵御单点故障，从而提高整个网络的安全性、可靠性。如何高效、实时地刷新数据缓存区域，是目前学者最为关注的方向之一。本书将在第 7 章围绕智能服务缓存与优化的相关问题进行更详细的展开。

10. 联邦学习

联邦学习（Federated Learning，FL）是一种分布式机器学习技术框架，用于解决网络中用户隐私的安全性问题。联邦学习有三大构成要素：数据源、联邦学习系统、用户。在联邦学习系统中，各方数据源进行数据预处理，共同建立联邦学习的训练模型，并将输出结果反馈给用户。根据参与各方数据源分布的情况不同，联邦学习可以被分为三类：横向联邦学习、纵向联邦学习、联邦迁移学习。本书将在第 5 章详细介绍不同的联邦学习方法。

11. 无服务计算（serverless）技术

无服务计算技术指仅仅在服务器上部署服务用户的功能，开发者不需要关注支撑服务运行的设施环境，只需要专注于业务开发与运维。在传统的 MEC 中，服务供应商会将自己的服务放置在边缘服务器上，这种服务通常指虚拟机、软件程序、容器镜像等。随后服务供应商需要关注和管理自己的服务执行情况，比如，针对短时间内的巨大用户流量，服务供应商可能需要重新部署自己的服务。而在无服务计算中，应用将与服务器解耦，应用程序占用的资源预估，服务器的维护、配置都将由云平台或云厂商完成。针对波动的流量，无服务计算可以弹性地为服务添加或减少资源，开发者仅需要根据租用的资源量或使用时间付费即可，大大降低了服务供应商的压力。

1.2 智能边缘计算

随着人工智能领域的快速发展，越来越多的智能算法被广泛应用于日常生活。从“互联网 +”到“万物互联”，通信、计算、存储能力的快速发展使得越来越多的设备具有了“智能”，针对复杂的网络环境，边缘计算也发展出了一个热门的研究方向，即：智能边缘计算。智能边缘计算的主要目的是在边缘计算体系中，加入多种智能化方法，从而使得边缘计算网络中的各种边缘节点都具有更强的能力，整个边缘网络的能力也能得到较大的提升。智能边缘计算主要在以下两个方面进行了优化，一是针对各种连入网络的边缘节点，在设备上加入了多种智能应用，从而强化了设备能够完成的任务种类与效果；二是在边缘网络中，增加了智能算法以优化请求的调度、管理过程。智能算法的加入使得边缘网络的能力得到了极大的强化，由此涌现出了大量的智能实践实例，如智慧城市、车联网、智能制造、智慧医疗等，1.3 节将对各种常见的应用场景进行描述。

1.2.1 什么是智能边缘计算

在传统的 IoT 场景中，智能主要体现在数据中心上，而不在边缘设备中，大多数先进的人工智能流程都是在云中进行的，因为它们需要大量算力。因此，形成了边缘设备采集数据—发送到数据中心处理—数据中心处理后返回边缘设备的工作流。这种方式无疑会面临各种挑战，如设备与处理中心的距离过远和数据量大导致的传输效率低、数据中心的单点故障导致的可靠性低等问题。

随着边缘计算的发展，智能边缘计算也相伴而生。智能边缘计算的出发点是：让网络中的每个边缘设备都具备智能处理数据的能力，源数据直接在边缘端得到处理，从而减少上传到边缘网络中的数据流量；另一方面，智能边缘计算也可以将智能化算法从云处理中心下载到边缘服务器上，可以大大优化网络中的各类约束、限制。

由于越来越多的设备需要在无法访问云平台的情况下使用人工智能技术，使得智能边缘计算变得越来越重要。在自动化机器人或配备计算机视觉算法的智能汽车的应用中，数据传输滞后的结果是灾难性的。自动驾驶汽车在检测道路的人员或障碍时不能受到传输延迟的影响，无法使用云计算的处理方式，必须采用边缘人工智能系统，进行实时地数据处理和分析。在这个过程中，边缘计算需要与5G和IoT等其他数字技术相结合。IoT设备为边缘网络生成数据以供使用，5G则是保证网络传输效果、维护用户体验的核心组件。

值得一提的是，物联网中设备不再单单作为数据源提供支持，而是可以通过本地的智能算法，对数据进行基本的处理，随后将信息密度更高的数据上传到边缘网络中，等候后续低延迟或实时处理。此外，通过传输最重要的信息，可以减少传输的数据量，最大限度地减少通信中断。

1.2.2 边缘计算与人工智能

在智能边缘计算理论体系的完善中，人工智能技术对边缘网络优化、边缘设备优化起到了巨大的作用，是“智能”的体现。早在2009年，微软就构建了一个基于边缘网络的原型，以支持移动语音命令识别，这是边缘智能的最早实例。

边缘计算与人工智能的结合是必然的，因为二者之间有很明显的依赖作用。一方面，人工智能推理结果的灵活、准确，高度依赖于神经网络的庞大和对算力、存储空间的严苛要求。传统的云计算架构有限的处理能力无法供应飞跃式增长的智能设备需求；另一方面，人工智能算法大大拓宽了边缘计算架构的能力上限，使得边缘计算架构不仅仅是对云计算在硬件上的扩展与升级，同时也在调度算法与智能决策方面进行了显著的提升，改变了用户体验与用户能力。总体来说，将深度学习部署到边缘的优势包括：

1）低延迟。应用MEC可以显著降低应用时延。举例来说，在边缘服务器上部署训练好的深度学习模型，边缘侧只需要执行一次推理，即可得到令人满意的结果，相比于传统的决策方式，推理时间更短，精度更高，使得用户能获得更好的服务体验。

2）隐私保护。由于深度学习服务所需的原始数据存储在本地边缘设备或用户设备本身而不是云端，因此相比于需要上传全部数据的卸载方式，用户隐私的安全性能够得到更好的保障。

3）更高的可靠性。分散和分层的计算架构提供了更可靠的深度学习计算，能有效地防止节点宕机的问题，但同时也可能增加消息同步、数据冗余存储等开销。

4）可扩展的深度学习。边缘计算凭借更丰富的数据和应用场景，可以推动深度学习在各行业的广泛应用，推动人工智能的普及。

5）商业化。具体来说，各种多样化和有价值的深度学习服务拓宽了边缘计算的商业价值，加速了其部署和增长。

1.3 智能边缘计算典型应用

边缘计算与人工智能、5G等技术的高度融合，促进了各行业的不断创新与发展，并加快各行业的数字化与业务多样化。边缘计算凭借极高的服务质量（Quality of Service，QoS）与极低的延迟不仅渗透到现有行业，更是催生了新的商业模式，不断创造着新的价值。智能边缘计算的典型应用场景有智慧城市、新型娱乐、智能制造等。

1.3.1 智慧城市

过去，城市仅仅是大型的人类聚居地，也是人类生活和社会发展的载体。在信息时代，随着科技的进步和发展，人们的生活方式也在随着时代不断改变，有了更丰富的生活和更多元的需求。在MEC、云计算、大数据、人工智能、区块链、IoT、数字孪生等新兴技术的加持下，城市被赋予了前所未有的内涵。智慧城市成为政府、社会和人民对于城市形态的新期盼和未来城市的必然发展方向。在智慧城市的大场景下，城市逐渐成为一个物理和数字融合的有机体，政府管理、公共安全、产业发展、住房交通、社会民生等城市活动被重新塑造，构建了全新的城市规划、建设、治理和发展模式。

智慧城市就像一个大的有机生命体，基础设施是城市的机体，生活在城市中的人是城市的血液，各类传感器是城市的感官，云中心是城市的大脑，网络（5G、光纤等）是城市的神经系统。举例来说，从成都天府新区中央商务公园的宣传展示中，可以窥见智慧城市的冰山一角。宣传片充分体现了智慧城市最大的竞争优势——它可以“主动”而非仅仅“被动”地应对城市的需求，比如实时监控、城市规划、智慧安防、智联交通及灾害防治等。在边缘计算等技术加持下的智慧城市将冲破人们对于城市发展的想象界限。

1.3.2 新型娱乐

随着技术的发展与人们对于更佳视听体验的期许，传统的1080P正在逐渐成为历史，4K、UHD、8K、Dolby Audio等音视频格式逐渐走向市场并占据越来越多的市场份额。这些格式对网络带宽提出了更高的要求，如8K视频需要不低于100Mbit/s的带宽，才能保证视频传输的流畅。

此外，作为新型娱乐中的重要一环，云游戏将原本需要在终端设备上进行的大量计算转移到边缘以及云端，这使得对于终端设备的计算能力变得几乎没有要求。目前，Steam、腾讯、网易、阿里等游戏相关厂商和云服务厂商的云游戏业务也已开始开辟市场。得益于

5G的高带宽和低延迟以及边缘计算的加持，云游戏已经从初期的仅提供720P/20fps服务到现在的1080P/60fps乃至更高。特别地，在实时游戏中，几毫秒延迟就能决定胜负，边缘计算恰好可以满足该类游戏用户对高速低延迟连接的需求，改善用户的游戏体验。可以预见的是，随着5G的发展，用户仅通过显示器和鼠标键盘，就可以体验到4K/90+fps画质和低于10ms延迟的沉浸式游戏体验。

图1-5所示云游戏的工作流为：用户输入可以被实时传送到边缘和云端的服务器中，在服务器中处理用户输入、更新游戏状态、渲染画面等计算任务后将画面返回。在整个工作流中，高带宽和低延迟的网络传输是确保高品质游戏体验的核心。

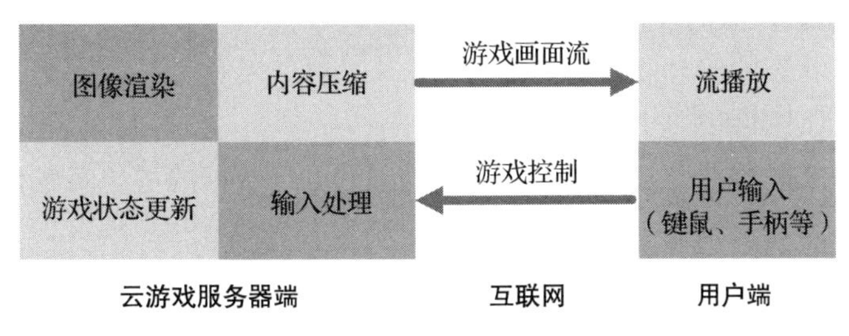

图1-5 云游戏的工作流

1.3.3 智能制造

作为“工业4.0”的主导和革命性生产方法，智能制造正在世界范围内兴起，这对于工业化和信息化的同步发展和融合渗透而言具有重大意义。对国家而言，智能制造可以促进产业变革、经济转型、能源结构调整，促进社会发展。对企业而言，智能制造可以持续改进工业生产流程、促进精益生产和柔性化生产、及时预防生产安全问题、优化企业运营，进而创造企业核心竞争力，重塑企业价值链。

在智能制造中，数据将接替原有生产资料，成为制造的智能“引擎”。然而，由于一些因素的掣肘，现阶段信息技术（Information Technology，IT）、运营技术（Operational Technology，OT）和通信技术（Communication Technology，CT）难以深度融合，导致数据无法得到充分应用。这些因素包含以下两点：

1）传统的OT架构往往和硬件高度耦合且整体性极强，难以和IT系统进行集成。

2）在过去的工业生产中，由于技术的限制和可靠性的要求，有线技术被广泛采用。

除了IT、OT和CT融合的困难之外，智能制造还面临另一个重要的问题——在哪里处理数据。过去，企业通常将数据放在云端处理。然而，智能制造场景中的数据量非常庞大，将海量的数据发送到集中式的云端服务器，势必会导致严重消耗带宽资源、高传输能耗、高延迟等新问题。同时，集中处理会明显带来更大的延迟，这会导致当OT数据经过较长的延迟送到云端进行分析后，可能返回已经过期、不具有可用性的结果，这将导致难以及时、深入地了解企业生产状态。

在边缘计算的加持下，企业可以收集和分析来自产品、工厂、系统和机器的实时传感器数据，并在整个价值链中优化产品、生产资料和制造流程。边缘计算的特性使得企业以较低的成本获得极大的价值，同时，IBM 相关报告显示，边缘计算的投资有着极短的投资回报周期和极高的回报率。原因在于边缘计算的模型可以在对原有 OT 系统不进行过多改动的情况下，与系统更好地集成。边缘计算通过在更接近操作点或数据点的位置进行计算、处理，极大地缩短响应时间、节省能耗和带宽开销。此外，通过将边缘计算和人工智能相结合，可以直接在数据产生的位置实时解读数据并执行决策。

从某种意义上来说，边缘计算是智能制造中必不可少的一环，其具有广阔的应用场景，而且也初步展现了其改变流程乃至整个行业的潜力，以下是一些应用场景的举例：

1）通过基于状态的实时监控，准确预测未来的性能变化，从而优化维护计划并自动订购零件，减少停机时间和维护成本。

2）通过边缘实时监控设备，优化供应商内部和外部数据的可访问性和透明度，降低物流和库存成本。

3）可持续发展的农业企业为植物配备基于物联网的传感器，使用边缘计算监测每种作物的生长需求和理想收割时间。

波士顿动力公司和 IBM 的合作项目就是一个具体的例子，来自波士顿动力公司的四足机器人 Spot 通过车载相机和传感器对周围环境进行感知，而 IBM 充分利用了 Spot 随身携带的有效载荷，通过其人工智能和 Maximo 解决方案赋予了 Spot 边缘分析的能力，使得 Spot 可以理解和解释其“看到”的东西。

在智能制造中，在越靠近数据源的位置处理数据，所获得的价值会越大。IBM 商业价值研究院的有关调研显示，边缘计算与产业深度融合，可以带来巨大的业务收益，包括明显降低运营成本、实现业务流程自动化、提高生产力、提高可视性和透明度以及提高可靠性等。可以预见的是，在“工业 4.0”时代，MEC 几乎可以无缝地融入所有行业。

1.4　机遇与挑战

MEC 所面临的机遇，一方面来自现有计算范式、网络容量等与新兴需求、海量设备、多而杂的数据之间的矛盾；另一方面，得益于通信、芯片等技术的发展，边缘服务器将有能力满足位于网络边缘设备的计算、存储、通信等方面的需求。

随着 IoT 技术的应用，到 2025 年，全球物联网设备的数量预计将超过 750 亿，而物联网产生的数据量预计将达到 79.4ZB[30]。这些数据，如果全部发送到云端进行处理，无疑会使现有的网络链路产生巨大的压力，对于互联网来说可能是不亚于洪泛的灾难。除此之外，现今越来越多的数据需要得到更及时、更安全的处理，如自动驾驶中的高延迟敏感型数据、工厂的传感器数据等。显然，将这些数据发送到远程云数据中心进行处理难以满足这些需求。而边缘计算在网络边缘为用户提供服务，对数据进行处理的模式，则可以很好地契合这些场景和需求。同时，随着通信技术的发展，网络设备间的连接越来越多样，越来越多、越来越强的设备汇入了网络边缘。现今，在网络边缘已经织出了一张不容忽视的边缘算力网，可为用户提供更低延迟、更安全、更灵活、更具弹性的服务。

对于新兴计算范式的迫切需求和高新技术的涌现，使 MEC 的应用刻不容缓。然而，纵使边缘设备有着越来越强的算力，但其仍无法回避设备本身资源受限的问题。这将导致需要高算力和高能耗的应用不能直接应用于边缘计算，如传统的机器学习模型。此外，边缘计算节点具有数量多、分布复杂和强异构性等特点，这就造成了其和云数据中心的纵向协同与边缘节点之间的横向协同中的任务调度、资源管理变成了一个极为复杂的问题；另一方面，与传统网络不同，边缘网络中存储、协同等方面的安全也面临全新的挑战。

本章小结

本章首先对边缘计算和智能边缘计算这两个概念进行了阐述，同时对其发展背景、发展现状等进行了陈述。接着讨论了智能边缘计算的典型应用，并举例说明了智能边缘计算在不同场景中的应用。最后，总结了边缘计算当前所面临的机遇与挑战。

参考文献

[1] CISCO. Cisco Annual Internet Report (2018–2023) White Paper [EB/OL]. (2020-09-01) [2023-10-15]. https://www.cisco.com/c/en/us/solutions/collateral/executive-perspectives/annual-internet-report/white-paper-c11-741490.html.

[2] ETSI. Mobile Edge Computing A key technology towards 5G[EB/OL]. (2015-09-01) [2023-10-15]. https://www.etsi.org/images/files/ETSIWhitePapers/etsi_wp11_mec_a_key_technology_towards_5g.pdf.

[3] HAJJI W, TSO F P. Understanding the performance of low power Raspberry Pi Cloud for big data[J]. Electronics, 2016, 5(2): 2-9.

[4] VAN KEMPEN A, CRIVAT T, TRUBERT B, et al. MEC-ConPaaS: An experimental single-board based mobile edge cloud[C]//2017 5th IEEE International Conference on Mobile Cloud Computing, Services, and Engineering (MobileCloud). IEEE, 2017: 17-24.

[5] SHI W S, CAO J, ZHANG Q, et al. Edge computing: Vision and challenges[J]. IEEE internet of things journal, 2016, 3(5): 637-646.

[6] 华为技术有限公司，杭州顺网科技股份有限公司 . 云游戏白皮书 [EB/OL].（2019-01-01）[2023-10-15]. https://www-file.huawei.com/-/media/corporate/pdf/ilab/2019/cloud_game_whitepaper.pdf.

[7] SABELLA D, VAILLANT A, KUURE P, et al. Mobile-Edge Computing Architecture: The role of MEC in the Internet of Things[J]. IEEE Consumer Electronics Magazine, 2016, 5(4): 84-91.

[8] AL-FUQAHA A, GUIZANI M, MOHAMMADI M, et al. Internet of things: A survey on enabling technologies, protocols, and applications[J]. IEEE communications surveys & tutorials, 2015, 17(4): 2347-2376.

[9] FETTWEIS G P. The tactile internet: Applications and challenges[J]. IEEE Vehicular Technology Magazine, 2014, 9(1): 64-70.

[10] ZHANG Q, CHENG L, BOUTABA R. Cloud computing: state-of-the-art and research challenges[J]. Journal of Internet Services and Applications, 2010, 1(1): 7-18.

[11] AMASON, Amazon Web Services. Announcing Amazon S3 - Simple Storage Service[EB/OL]. (2006-03-13) [2023-10-15]. https://aws.amazon.com/about-aws/whats-new/2006/03/13/announcing-amazon-s3---simple-storage-service/.

[12] AMASON, Amazon Web Services. Announcing Amazon Elastic Compute Cloud (Amazon EC2)-beta [EB/OL]. (2006-08-24) [2023-10-15]. https://aws.amazon.com/about-aws/whats-new/2006/08/24/announcing-amazon-elastic-compute-cloud-amazon-ec2---beta/.

[13] SATYANARAYANAN M, BAHL P, CACERES R, et al. The Case for VM-Based Cloudlets in Mobile Computing[J]. IEEE Pervasive Computing, 2009, 8(4): 14-23.

[14] KIM H S. Fog Computing and the Internet of Things: Extend the Cloud to Where the Things Are[J]. International Journal of Cisco, 2016, 8(4): 14-23.

[15] ROMAN R, LOPEZ J, MAMBO M. Mobile edge computing, Fog et al.: A survey and analysis of security threats and challenges[J]. Future Generations Computer Systems, 2018, 78(2): 680-698.

[16] M.2083. IMT Vision - Framework and overall objectives of the future development of IMT for 2020 and beyond[EB/OL]. (2023-01-28) [2023-10-15]. https://www.itu.int/rec/R-REC-M.2083-0-201509-I/en.

[17] FICZERE D, VARGA P, WIPPELHAUSER A, et al. Large-Scale Cellular Vehicle-to-Everything Deployments Based on 5G—Critical Challenges, Solutions, and Vision towards 6G: A Survey[J]. Sensors, 2023, 23(16): 7-31.

[18] SCOPUS. The analysis of edge computing papers[EB/OL]. (2021-06-18) [2023-10-15]. https://www.scopus.com/search/form.uri?display=basic.

[19] 施巍松，刘芳，孙辉 . 边缘计算 [M]. 北京：科学出版社，2018.

[20] Gartner. Hype Cycle for Edge Computing：2023[EB/OL] (2023-01-28) [2023-10-15]. https://www.gartner.com/en/documents/3956137.

[21] 边缘计算产业联盟（ECC)，绿色计算产业联盟（GCC). 边缘计算 IT 基础设施白皮书 1.0：2019[Z/OL]. (2019-11-01) [2023-10-15]. http://www.ecconsortium.net/Uploads/file/20191126/1574772893962604.pdf.

[22] 边缘计算产业联盟 . 边缘计算产业观察：2020 年第 1 期 [EB/OL]. (2023-01-28) [2023-10-15]. http://www.ecconsortium.org/Lists/show/id/384.html.

[23] Gartner. Top 10 Strategic Technology Trends for 2018: Cloud to the Edge[EB/OL]. (2023-01-28) [2023-10-15]. https://www.gartner.com/en/documents/3865403.

[24] 边缘计算产业联盟（ECC)，工业互联网产业联盟 (AII). 边缘计算与云计算协同白皮书 2.0 [R/OL]. (2020-12-01) [2023-10-15]. http://www.ecconsortium.org/Uploads/file/20201210/1607532948372540.pdf.

[25] GHEMAWAT S, GOBIOFF H, LEUNG S T. The Google File System[J]. Proceedings of the nineteenth ACM symposium on Operating systems principles, 2003, 37(5): 29-43.

[26] DEAN J, GHEMAWAT S. MapReduce: Simplified Data Processing on Large Clusters[J]. Communication of the ACM, 2008, 51(1): 107-113.

[27] CHANG F, DEAN J, GHEMAWAT S, et al. Bigtable: A Distributed Storage System for Structured Data[J]. ACM Transactions on Computer Systems (TOCS), 2008, 26(2): 1-26.

[28] LUO Q, HU S, LI C, et al. Resource Scheduling in Edge Computing: A Survey[J]. IEEE Communications Surveys Tutorials, 2021, 23(4): 2131-2165.

[29] HONG Z C, CHEN W H, HUANG H W, et al. Multi-Hop Cooperative Computation Offloading for Industrial IoT–Edge–Cloud Computing Environments[J]. IEEE Transactions on Parallel and Distributed Systems, 2019, 30(12): 2759-2774.

[30] STATISTA. Internet of Things (IoT) connected devices installed base worldwide from 2015 to 2025[EB/OL]. (2016-11-27) [2023-10-15]. https://www.statista.com/statistics/471264/iot-number-of-connected-devices-worldwide/#statisticContainer.

CHAPTER 2

第2章 边缘计算架构与核心技术

本章将深入探讨边缘计算架构及其核心技术。边缘计算架构是一种分布式开放平台架构，它将网络、计算、存储和应用核心能力融合在数据源头的网络边缘，可以为人工智能、计算推理卸载、网络切片、软件定义边缘网络和云－边－端协同提供低延时、高可靠性的服务，从而满足行业数字化实时、高效、智能、安全等方面的关键需求。

2.1 边缘计算架构

边缘计算平台通过广泛分布在终端设备与云层之间的边缘节点，向下支持各种终端设备的接入，向上与云端对接，将云服务扩展到网络边缘。虽然边缘计算技术可以看作云计算的扩展，但是边缘节点资源具有资源有限、异构且动态多变等特点，因此需要设计新的、有别于云计算架构的边缘平台专用架构对边缘网络资源进行管理，适配部署和调度边缘侧网络的计算和存储资源。

2.1.1 边缘计算平台架构标准

从运营商的角度来说，边缘节点的建设和管理离不开边缘资源池化方法，需要借助包括虚拟化和云管理在内的一系列边缘云计算管理技术，以实现对多种类分布边缘资源的协同调度。因此，多种类的边缘计算平台参考架构先后被提出，最早的边缘计算平台参考架构于2009年在Cloudlet中体现，并在随后的十几年里得到了进一步的发展，出现了雾计算、MEC以及边缘计算产业联盟提出的边缘计算参考架构。

Cloudlet参考架构：Cloudlet的计算范式在2009年首次提出[1]。它是一种基于移动计算和云计算概念之间的混合模型，目的是为移动设备提供云计算解决方案。这个概念的灵感来自现实生活中的图书馆，作为一种类似于在图书馆借阅书籍的模式，能够让设备快速地与云基础设施衔接。Cloudlet 的目标是利用更少的带宽和更短的等待时间来提高移动设备上的应用程序的性能和效率。相比于云计算，Cloudlet 更加安全、延迟更低、负担更小，能够让用户在离开互联网时仍然可以继续使用它的服务。

雾计算参考架构：雾计算由思科于 2012 年提出，旨在使计算资源远离集中云数据中心，将大量广泛分布的边缘节点作为云的一部分[2]。雾计算标准化主要由 OpenFog 联盟负责，该联盟的目标是使位于网络边缘的云系统与其他边缘和云安全地交互。OpenFog 联盟在 2017 年 2 月发布了 OpenFog 参考架构，如图 2-1 所示。它是一个通用技术框架，旨在满足物联网、5G 和人工智能（Artificial Intelligence，AI）应用对大量数据处理的需求。作为实现多供应商互操作雾计算生态系统的共同基线，OpenFog 提供软件视图、系统视图和节点视图，以方便边缘层的部署和管理。

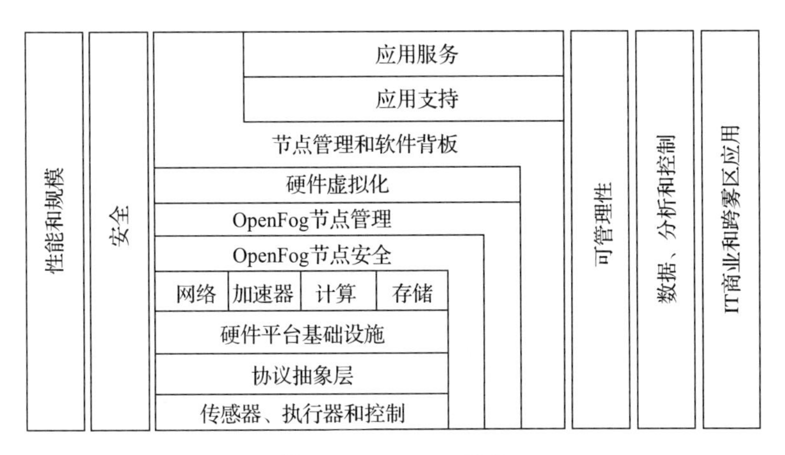

图 2-1 OpenFog 架构

多接入边缘计算参考架构：2019 年，欧洲电信标准化协会（European Telecommunications Sdandards Institute，ETSI）首次提出了多接入边缘计算（Multi-access Edge Computing，MEC）的概念[3]，这个通用架构被定义为在移动网络边缘处提供服务环境和能力。随着 MEC 标准化的推进，现在已经拓展到对 WiFi、有线网络、5G 和 B5G 提供支持。

ETSI 的 MEC 参考架构可以将 MEC 应用作为软件实体在主机上实现，边缘平台为运行 MEC 应用程序提供了必要的基础环境和功能，如图 2-2 所示。MEC 应用程序在虚拟化基础设施上以 VM 运行，并与移动边缘平台进行交互。此外，虚拟化基础设施可以根据边缘平台接收、发送流量的规则，更好地管理应用程序、本地网络和外部网络之间路由的流量。边缘平台的主机级管理包括管理应用程序的生命周期并规划应用程序需求的移动边缘平台管理器，以及负责可视化（计算、存储和网络）资源分配、管理和发放的虚拟化基础设施管理器。

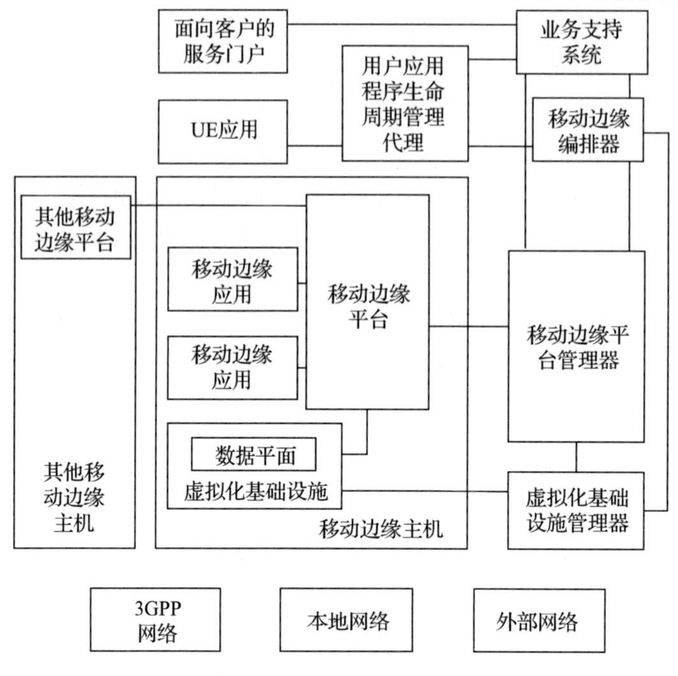

图 2-2 ETSI MEC 架构

边缘计算产业联盟于 2018 年 12 月发布了《边缘计算参考架构 3.0》[4] 并提出边缘计算服务架构 3.0 具有一些关键特点：系统对真实世界具有实时高效的认知能力，在数字世界可以进行仿真和推理，实现物理世界与数字世界的协作；可以在各行业建立可重复使用的知识体系，促进生态协作；通过模型化接口进行系统与系统之间、服务与服务之间的交互，解耦软件接口和开发工具之间的关系；提供能够支持功能部署、计算和安全的全生命周期服务。该框架具有贯穿整个结构的基础服务层，如图 2-3 所示，其中最上层包括模型驱动的统一服务框架，用于实现服务的快速开发和部署；边缘层分为边缘节点和边缘管理器两个层次。

2020 年，由 OpenStack 基金会主导的 OSF 边缘计算小组发布名为“Edge Computing: Next Steps in Architecture, Design and Testing”的白皮书。在该白皮书中，开源基础设施运营商和供应商定义了以下两种边缘参考架构 [5]：

1）集中式模式。在集中运营方面具有一定的优势和高安全性，但边缘节点缺乏自主性，高度依赖集中式数据中心来管理和协调边缘计算、存储和网络服务。

2）分布式模式。控制服务通常位于大型或中型边缘数据中心上，需要边缘站点具备全面的自我功能。虽然这种结构非常灵活，特别是在网络连接中断的情况下，但由于需要管理和编排大量服务，因此比较复杂。

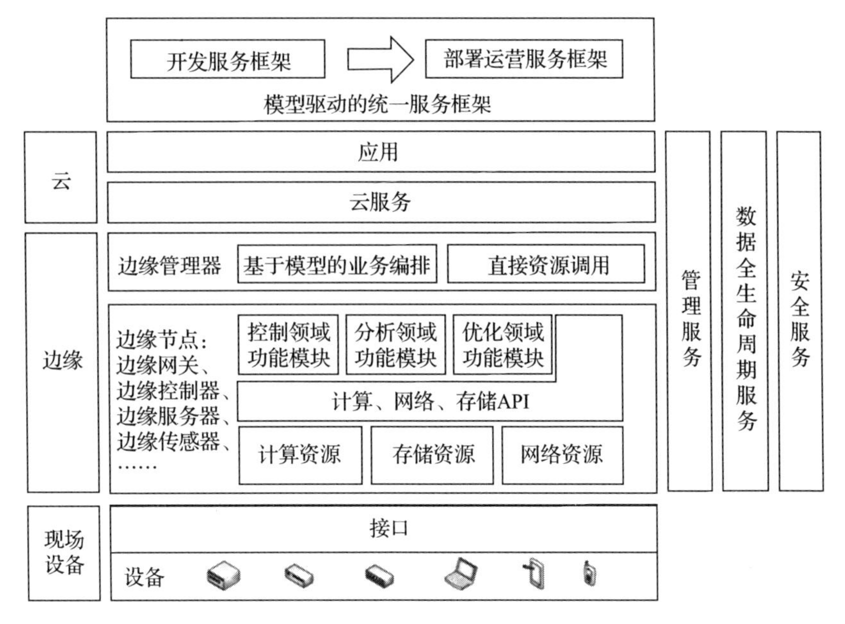

图 2-3　边缘计算服务架构 3.0

2.1.2　边缘计算平台

随着 5G 网络的部署和商用，边缘计算走向了实际的部署和实践。国内外众多开源基金会和企业发布了边缘计算开源平台架构，如 Linux 基金会发布的 EdgeX Foundry、开放式网络基金会（Open Networking Foundation，ONF）发布的 CORD 和华为发布的 KubeEdge。

1. EdgeX Foundry

EdgeX Foundry 是面向工业物联网边缘计算开发的一个标准化互操作性框架[6]，其微服务为相互隔离的容器，通过动态创建和销毁容器来保证整个框架的可扩展性和可维护性。可部署在网络边缘设备中以管理各种传感器、设备或其他智能设备，进而收集和分析边缘节点数据，也可进一步将任务卸载到云计算中心进行处理。EdgeX Foundry 架构如图 2-4 所示，主要包括四个子层，分别是设备服务、核心服务、配套服务和应用服务。

1）设备服务是将来自设备的原始数据格式转换后发送给核心服务层，下发核心服务层的命令到设备，包括 REST、ZIGBEE、MQTT 等协议。

2）核心服务包含核心数据、命令、元数据及注册和配置四种微服务，负责服务注册与发现，采集和存储南向设备数据。

3）配套服务主要负责提供边缘分析和智能服务，执行服务的运行所需的环境和配置文件。主要包括规则引擎、报警通知、调度和附加四种服务。

4）应用服务是一个微服务系统，包含可配置的应用程序、应用程序和附加三种服务，旨在将数据传输到北向云计算中心。

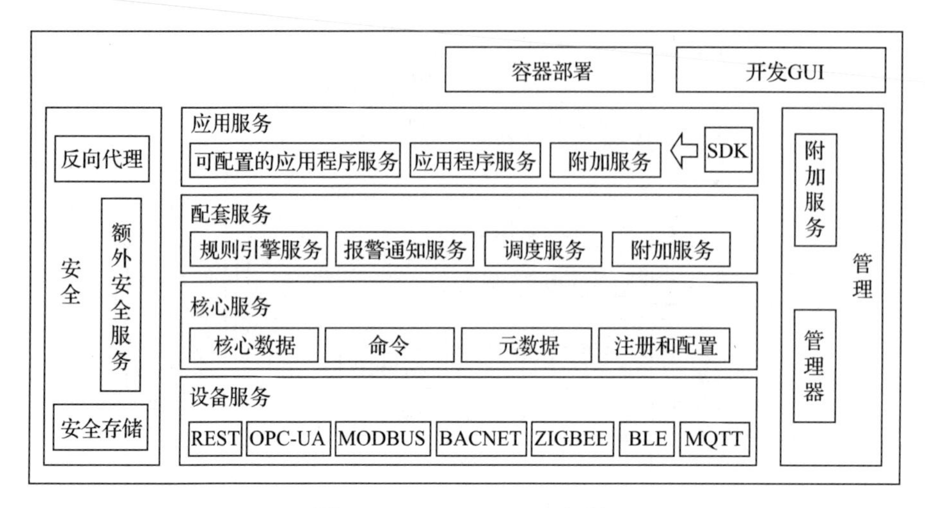

图 2-4　EdgeX Foundry 架构

EdgeX Foundry 的数据流程主要包含以下步骤：首先通过设备服务从设备中收集数据，其次传输到核心服务进行本地持久化，然后通过应用服务对数据进行转换、格式化和过滤，最后将其传输至北向云计算中心进行进一步处理。此外，数据可以在规则引擎模块中进行边缘分析，并通过命令模块向设备下发指令。

2. CORD

ONF 成立于 2011 年，是由运营商主导的网络技术联盟，该组织积极推动软件定义网络标准的制定和产业发展，并取得了丰硕的成果。ONF 将 CORD（Central Office Re-architected as a Data Center）作为重点边缘计算开源平台项目进行开发和推广，其目的是运用通用硬件、开源软件和 SDN/NFV 技术实现将电信运营端重构为数据中心，通过云计算和通用硬件的规模，建立更灵活、经济的未来网络 [7]。

CORD 架构由融合多接入和核心、开放式分散式传输网络（ODTN）、控制器、开放移动核心、SDN 回传组成。其中，控制器为 CORD 提供基础设施编排、虚拟化和资源管理功能，开放移动核心为 CORD 提供分布式控制、编排和网络服务功能，而接入网络和边缘网络则提供 CORD 服务的编排、配置和管理支持，如图 2-5 所示。

3. KubeEdge

KubeEdge 是一个由开源社区开发和维护的架构，旨在提供一个 Kubernetes 原生的边缘计算平台，从而实现在设备、边缘和云之间构建分布式应用程序 [8]。该项目由近 30 家知名公司和个人贡献，包括华为、IBM、VMware、Red Hat 等公司。KubeEdge 基于 Kubernetes 容器编排和调度能力，扩展了云端和边缘设备之间的协同作用，旨在应对智能边缘领域的挑战。KubeEdge 的架构包括云核心和边缘核心，其中云核心组件包括边缘控制器、设备控制器、云计算中心，边缘核心组件包括边缘中心、数据管理器、设备配对、服务接口、事件管理器等。KubeEdge 通过实现云－边协同、算力下沉和海量终端接入等功能，大大降低了系统的复杂性和重复率，提高了边缘计算的效率，为用户提供了更加便捷的计算服务。KubeEdge 架构如图 2-6 所示。

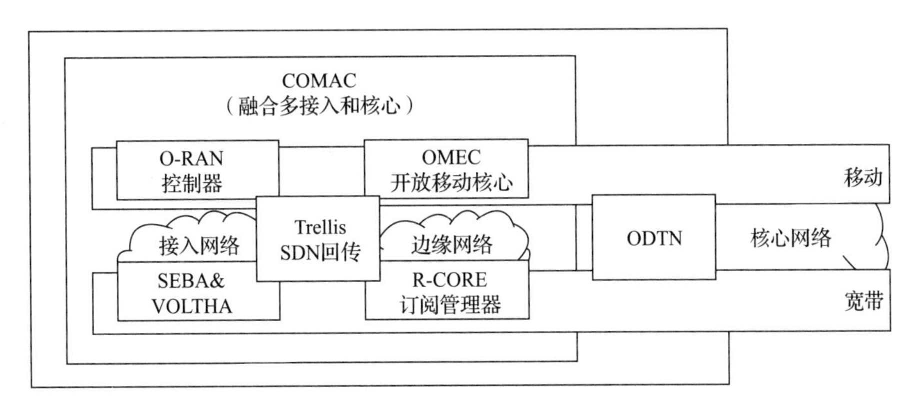

图 2-5　CORD 架构

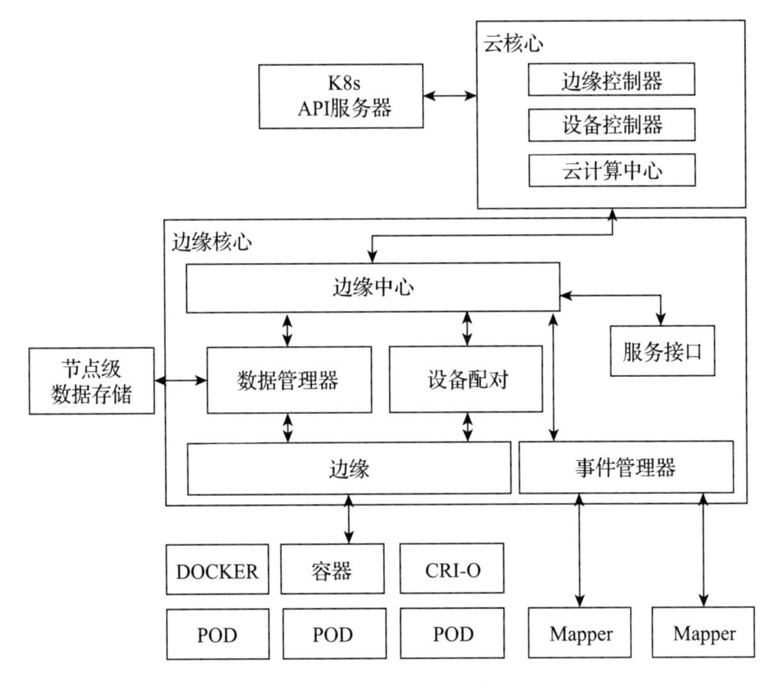

图 2-6　KubeEdge 架构

4. AWS IoT Greengrass

亚马逊的边缘平台通过 AWS IoT Greengrass 提供，该服务于 2016 年提出，并于 2017 年 6 月全面上市。AWS IoT Greengrass 通过将云功能扩展到本地设备的软件，使设备靠近信息源来收集和分析数据并自主响应本地事件，同时实现本地网络中的安全通信。本地设备可以与AWS IoT通信并将IoT数据上传到AWS云。AWS IoT Greengrass开发人员可以使用AWS Lambda函数和预构建的连接器来创建无服务器应用程序。利用AWS IoT Greengrass，开发人员可以使用熟悉的语言和编程模型在云中创建和测试应用，并将其部署到设备中。还可对AWS IoT Greengrass进行编程、管理设备上的数据的生命周期，使之可筛选设备数据仅将必要信息回传到AWS中。AWS IoT Greengrass可以连接到第三方应用程序、本地软件和即时可用的AWS服务，并用预先构建的协议适配器集成快速启动设备。

2.1.3 云－边协同架构

边缘计算与云计算需要通过紧密协同才能更好地满足各种需求场景的匹配，从而放大边缘计算和云计算的应用价值[9]。云、边各有优势和不足且各有独立特点。云计算包含廉价、大量的计算资源可为用户和应用按需提供丰富的计算存储资源，但延迟敏感型应用难以接受其因距离用户端较远而产生的较大延迟且分布广泛的边缘终端设备产生的海量数据如果都传输到数据中心云中将造成网络拥塞。而边缘计算资源相对分散，计算能力可以扩展到网络边缘，具备低延迟、高移动性等特点。但是边缘设备单个资源节点具有算力受限、资源异质性强和功能相对单一等特点，服务质量和可靠性会受到影响。边缘计算和云计算对比见表2-1。

表2-1 边缘计算和云计算对比

指标	边缘计算	云计算
节点设备	智能边缘设备、基站等	数据中心
通信网络	蓝牙、无线网络、5G\6G移动网络	有线广域网
分布形式	分布式	集中式
资源特点	资源受限、异构性强	资源量巨大
访问时延	可达0.5ms	200ms左右
移动性	支持高速移动性服务	移动性差
节点数量	数百亿	数百万

综上所述，不难发现，边缘计算和云计算各具特色且各有优势，因此单独依靠两者其一难以应对物联网和延迟敏感型智能服务。边缘计算的应用场景很广泛，可以依不同的需求采用不同的云－边协同模式。图2-7展示了云－边－端协同架构案例。例如，应用开发可以在云端完成，利用云的多语言、多工具和高算力能力，部署时按需分配到各个边缘节点；云游戏可以在云端进行渲染处理，而呈现部分则在边缘侧处理以保证用户的流畅体验；对于人工智能相关应用，可以将重载训练任务放在云端进行，而快速响应的推理任务则放在边缘处理，实现计算和网络带宽成本的最佳平衡。因此，实现云－边协同需要研究适

合的网络架构和控制机制，从而充分发挥云计算和边缘计算的优势，这是边缘计算的重要任务。

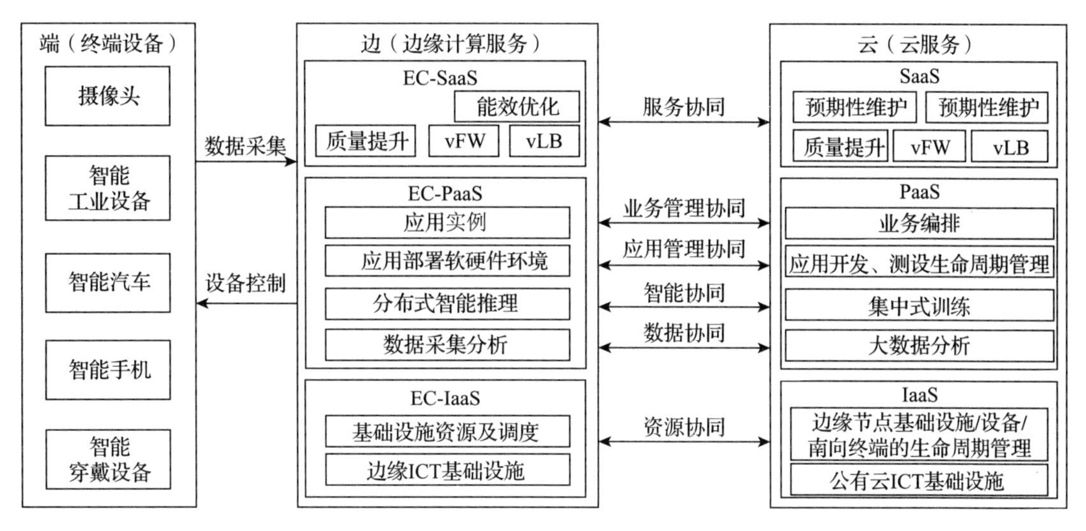

图 2-7　云 - 边 - 端协同架构

为了实现云 - 边协同，需要对 IaaS、PaaS、SaaS 三个层面进行全面协同。EC-IaaS 和云端 IaaS 可以协同工作，实现对网络、虚拟化资源和安全等方面的资源协同。EC-PaaS 和云端 PaaS 可以协同，实现数据、智能、应用管理和业务管理协同。EC-SaaS 和云端 SaaS 可以协同，实现服务协同 [10]。

为实现云 - 边协同需要云服务提供商提供相应的技术和工具来支持。目前，主流云服务提供商如亚马逊、微软和谷歌等均采取了一定的措施来实现云 - 边协同，并采用相同的编程模型，使得用户无须考虑具体的部署环境。现在支持云 - 边协同的边缘计算环境包括微软推出的 Azure IoT Edge、百度 Baetyl 和阿里巴巴 Link IoT Edge 等平台。

因此，实现云 - 边协同需要在不同层级进行全面协同，并在云端和边缘端提供一致的编程模型和部署环境。这些努力可以帮助实现更高效、更灵活和更安全的云 - 边协同。

1. Azure IoT Edge

Azure IoT Edge 将云分析和自定义业务逻辑移到设备，这样就可以专注于业务见解而非数据管理。它允许在设备上本地处理数据，以提高本地处理性能，增强设备在离线状态也能工作的能力。Azure IoT Edge 提供了设备管理、数据收集和数据处理三大能力，并使用开源技术 Docker 将执行代码容器化封装，使它们可在 IoT 设备上运行。

Azure IoT Edge 与 Azure IoT Hub 紧密集成，可以充分利用 Azure 丰富的服务，提供实时分析和可扩展的机器学习。IoT 解决方案可以通过将业务逻辑打包成标准容器，实现横向扩展并在任何设备上部署。该方式可以简化应用程序的开发和维护，并且可以在容器中远程管理设备。同时，这些容器可以轻松地移植和部署到任何设备，并从云端监控和管理其运行。Azure IoT Edge 具备以下优势：

1）离线处理能力。Azure IoT Edge 允许在设备上处理数据，即使设备没有连接到云，也可以使用节点、区块链以及其他计算模型进行本地推理。

2）快速交付能力。Azure IoT Edge 通过使用 Azure IoT Hub 上的模块进行封装，允许快速开发、测试和部署具有新功能的模块。

3）高容错性。Azure IoT Edge 具有可靠的计算运行时，它可以根据特定情况调整处理和存储数据的方式，并提供强大的安全性。

4）完全可扩展性。Azure IoT Edge 可以扩展以适配用户设备的规模，通过提供无限制的设备连接和处理性能为用户提供自适应扩展。

5）服务端管理能力。使用 Azure IoT Hub，用户可以集中管理 Azure IoT Edge 的身份验证、安全、部署和监视，并可将重点集中于解决方案开发，而不是带宽或升级的管理方面。

具体来说，Azure IoT Edge 包含以下组件：

1）IoT Edge 运行时。运行时是 Azure IoT Edge 的核心。它安装在设备上，负责管理模块的生命周期、安全性、本地存储和网络通信。用户可以选择 C#、Java 或 Python 来编写模块代码，然后将其部署到 IoT Edge 设备。

2）IoT Edge 模块。模块是与 Azure IoT Edge 运行时集成的独立代码单元。模块实际上是 Docker 容器，它作为独立的进程在运行时中启动。 每个模块执行特定的功能，例如数据处理、机器学习、人工智能等。按需划分指定数据的处理工作。

3）IoT Hub。IoT Hub 是云端的组件，用于连接、管理和监视设备。 Azure IoT Edge 使用 IoT Hub 连接到云端服务，将输出传输到指定的终端。

4）IoT Central。IoT Central 是用于创建、部署和管理 IoT 应用程序的可视化平台。IoT Central 使开发人员可以创建和部署应用程序，而不必了解硬件和网络设置。

5）自定义模块。根据自己的需要将自定义模块添加到 Azure IoT Edge 中，可以通过创建和部署自己的自定义模块来扩展 Azure IoT Edge 的功能。

2. Baetyl

Baetyl（即 OpenEdge）是百度开源的边缘计算框架，通过模块化、容器化的架构设计，各模块可以独立运行并相互隔离，开发者可按需选择部署相应模块。目前最新发布 Baetyl v2 版本重点面向云 – 边协同场景，采用云端管理、边缘运行的方案，分成云端管理套件和边缘计算框架两部分，支持多种部署方式。Baetyl v2 提供了一个新的边缘云集成平台，该平台采用了云管理和边缘操作解决方案，并且分为边缘计算框架、云管理套件支持各种部署方法。它可以管理云中的所有资源，例如：节点、应用程序、配置等，并自动将应用程序部署到边缘节点以满足各种边缘计算场景。它特别适合新兴的强边缘设备，例如：AI 多合一机器和 5G 路边箱。

3. Link IoT Edge

Link IoT Edge 是一个物联网边缘计算平台，由阿里云提供，它允许用户将云端智能应用程序轻松扩展到边缘，以提高整个物联网系统的响应能力和可靠性。Link IoT Edge 支持多种边缘设备，包括硬件、虚拟机和容器。它允许用户在设备上运行本地智能应用程序，同时与云端应用程序和服务进行实时互动和通信。使用 Link IoT Edge，用户可以实现数据收集和处理、本地设备管理、异常检测和故障排除等功能，从而最大限度地提高物联网系统的效率和可靠性。Link IoT Edge 可以被部署在不同级别的智能计算节点上，提供高效的边缘到 IoT 设备通信连接。此外，Link IoT Edge 还支持设备接入、函数计算、规则引擎、路由转发、断网续传等功能。

2.2　边缘计算核心技术

计算模型的创新带来的是技术的升级换代，而边缘计算的迅速发展也得益于技术的进步。本节总结了推动边缘计算发展的核心技术，包括边缘智能、计算推理卸载、第五代通信与网络切片、软件定义边缘网络和云 – 边 – 端协同。

2.2.1　边缘智能

边缘智能的兴起创造了新的模式，将边缘计算和人工智能相互融合。该模式使得机器学习和深度学习模型得以部署在边缘节点和终端设备上，从而降低了智能模型推理和运算的延迟和能耗。这意味着，边缘节点和终端设备具备了计算能力和决策能力，进而使得智能更加贴近用户。同时，边缘智能也为教育人工智能提供了新的实验和研究场景。通过实时响应和智能分析学习过程和数据，边缘智能更好地支持个性化学习、实时在线学习分析、智能学习助手、沉浸交互学习、在线游戏等方面的研究和应用。

1. 微小机器学习

微小机器学习（Tiny Machine Learning，TingML）是机器学习技术在边缘设备和嵌入式系统中的一种应用。相比于传统的云端机器学习，TingML 可以在本地设备上执行高效的端到端机器学习应用，从而提高系统的响应速度、可靠性和安全性，同时减少对云端资源的依赖。TingML 的核心思想是将机器学习算法和模型压缩到适合进行边缘计算的规模，以充分利用嵌入式设备的有限资源。通过采用轻量级的神经网络结构、低计算复杂度的算法和紧凑的模型压缩技术，TingML 可以在资源受限的环境下快速完成训练和推理过程。

TingML 可应用于各种场景，例如：智能家居、可穿戴设备、边缘计算和工业物联网等。它可以使设备更加智能化、自主化，为用户提供更加高效和便捷的智能服务，同时降低了设备的能源消耗和数据传输量，保障了用户的隐私和安全。与传统的机器学习技术相比，TingML 具有更高的实时性、更低的能源消耗和更高的数据隐私性。但是，由于其处理能力和存储资源有限制，因此通常无法处理一些较为复杂的机器学习任务，需要更复杂的云端处理能力进行辅助。

从机器学习的发展来看，一开始由机器学习处理的任务相对简单且精度要求较低，生成的模型足够小，使用中央处理单元（Central Processing Unit，CPU）中的一个或多个内核的本地计算机上运行就可以满足需求。之后随着机器学习任务的多样化和深度学习等高精度的机器学习方法的发展，使用图形处理单元（Graph Processing Unit，GPU）的机器学习方法使针对更大数据集机器学习方法成为可能，并且由于引入了 SaaS 平台（如 Google Colaboratory）和 IaaS（如 Amazon EC2 实例）平台中的机器学习云服务架构，基于 GPU 的机器学习方法得到了迅速的推广并取得了巨大成功。最近专用集成电路和张量处理单元（Tensor Processing Unit，TPU）的发展，它们可以容纳约 8 个 GPU 的强大功能。这些设备已经增强了跨多个系统分发学习的能力，试图发展越来越大的模型。其中值得关注的便是 ChatGPT 的发布，它的参数量相比之前的大型神经网络模型，如 Turing-NLG，超过约 10 倍。该模型的训练成本约为 1000 万美元，并使用了大约 3GW · h 的电力（大约是三座核电站 1h 的输出）。虽然 ChatGPT 和 Turing-NLG 的成就值得称赞，但也使得人工智能行业的碳足迹越来越大，激发人工智能社区对节能计算的兴趣。

TingML 的主要行业受益者是边缘计算和节能计算。物联网的传统理念是数据将从本地设备发送到云端进行处理。有些人对这一概念提出了某些担忧，具体包括隐私、延迟、存储和能源效率等。而 TingML 的优点可以很大程度上解决这些问题，具体来说，首先，TingML 通常需要使用低功耗的算法、模型及计算资源，即能降低设备内部的能源使用，又能提高续航时间；其次，由于 TingML 是在本地设备上进行的机器学习过程，不需要对数据进行传输和加工，因此可以更快速地响应本地输入，即时产生反馈；再次，处理效率高，TingML 使用的算法和模型是更加轻量化的，可以快速地处理大部分的本地数据和任务；最后，TingML 将计算过程推向本地设备执行，不需要将数据传输到云端，能够保障数据的隐私性。另外 TingML 模型更易更新，TingML 是在本地执行，不需要频繁地传输到云端更新，从而更适合对模型不断进行更新和优化，不断优化应用的性能和精度，为更快地完成指定 AI 任务提供了保障。

2. 联邦学习

随着智能化边缘时代的到来，用户在边缘侧将产生大规模的数据，如何从如此大规模的数据中得到有用信息，发挥数据内在价值，是如今的重要研究方向。

联邦学习的首次应用是谷歌输入法应用于输入法的候选词预测。2016 年，谷歌研究科学家 McMahan 等人提出了联邦学习的训练框架[11]，框架采用一个中央服务器协调多个客户端设备联合进行模型训练。与传统的集中式学习“数据不变、模型变化”的模式相比，联邦学习使用“模型不变、数据变化”的学习模式。在联邦学习过程中，参与方无须交换样本数据或变体，只需交换与模型相关的中间数据或变体。主服务器将中间数据进行安全聚合，并将结果反馈给参与方，参与方负责根据聚合后的模型信息更新自己的模型。具体来说，联邦学习具备以下优势和优点。

1）隐私与安全性。联邦学习通过在本地移动设备之间共享模型更新而不是数据本身，从而确保用户数据的隐私和安全，可以避免数据泄漏和不必要的隐私威胁。

2）易于扩展。当训练数据集非常庞大或分布在多个地方时，联邦学习可以更方便地进行扩展，因为它可以在本地设备上训练，降低了网络带宽的需求并提高了可伸缩性。

3）时间和能源效率。由于联邦学习在本地设备上训练，它可以节省时间和能源，因为不需要将数据传输到中央服务器。

4）改进模型的质量。联邦学习可以在本地移动设备上训练模型，该模型可以定期和快速更新，这将提高模型的质量和精度，联邦学习可快速合并多个模型，从而得到更好的结果。

5）更广泛的应用。联邦学习将会应用于多个领域，包括医疗保健、智能城市、自动驾驶、金融、教育等，这是由于它的优秀性能和安全性，可以在这些领域中取得更好的成果，使得机器学习应用更加广泛。

随着 AI 向边缘延伸，联邦学习与边缘计算的结合是不可避免的。边缘计算通过在本地处理数据来提高隐私性和效率；联邦学习通过从移动端设备数据中学习特征，实现智能行动。此外，这两种技术相互促进、相互补充，并具有以下联系和作用：首先，两者都着眼于将计算能力和数据处理置于更接近数据源的边缘位置，以便更快速地进行数据处理和分析。边缘计算的目标是将计算任务移至离数据源更近的地方，以减少数据传输和处理延迟，而联邦学习的目标则是将模型训练任务移至离数据源更近的设备中，以保护数据隐私。所以两者都可以高效地利用边缘计算的计算能力和存储资源。其次，两者都使用类似的安全技术，以确保数据隐私和安全。边缘计算和联邦学习都使用隐私保护技术来保护用户数据，以确保数据不会在网络中公开传输。例如，在联邦学习中，由于模型训练在本地执行，每个设备上的用户数据都会受到保护。

总的来说，边缘计算和联邦学习的联系在于两者都是在边缘设备上处理数据的计算方式。而且，这两种技术的相互融合可以使数据分析和处理变得更加安全、高效、可靠。

2.2.2 计算推理卸载

边缘计算中的另一个核心技术之一是计算推理卸载，因为它有助于协同解决计算资源和能耗两方面的问题。计算推理卸载是将模型推理的任务从云端服务器移动到边缘设备上进行处理，以减少数据的传输和处理延迟。因此，将计算任务卸载到边缘设备上可以显著提高本地移动设备的计算效率，降低设备处理延迟，并且为设备提供了更好的用户体验。卸载后的设备可以更快速地响应用户的请求和处理信息，比如物联网等设备所需的实时响应。

此外，计算推理卸载还可以减少云端服务器的计算压力和能源消耗。传统上，模型推理需要在云端服务器上运行，这可能会导致性能不佳，并增加服务器的计算压力和能源消耗。通过卸载模型推理任务到边缘设备上，可以减轻云端服务器的任务，提高系统的稳定性和性能，从而保证更好的应用体验。总之，计算推理卸载是边缘计算中的重要技术，不仅可以优化移动设备的计算效率，而且与云服务器卸载相比，边缘计算推理卸载有着更少的处理时延和能耗。

2.2.3 第五代通信与网络切片

5G 作为新一代通信技术，5G 网络不仅助力于物联网的发展，也对很多新兴产业提供了前所未有的支持，如电子健康、车联网、智能家居、工业控制、环境监测等。这些服务对 5G 网络要求非常多样化。智能家居、电网、农业等服务需要处理大量连接和频繁传输数据包；而智能工业控制等服务需要迅速响应和极低延迟，同时要保证接近 100% 的高可靠性；而视频娱乐等传统流量则需要稳定的网络连接。这些要求表明，5G 网络需要更加的动态和柔性，以支持不同性质的大规模连接，需要运营商将焦点逐步从传统的管道服务转向多需求的智能服务。具体来说，5G 时代的服务可分为三种典型场景。

1）增强型移动宽带。这种场景旨在通过更高的带宽和更快的网速来提供更丰富的娱乐体验，如高清视频流、虚拟现实和增强现实等，这些服务需要高速互联，因此 5G 网络将在这方面发挥重要作用。

2）低延迟高可靠性通信。这种场景可能是 5G 最出色的领域之一，因为它可以建立可靠的连接，从而满足对时效性和可靠性要求高的应用需求，如自动驾驶汽车、医疗卫生监测。

3）大规模机器类通信。这种场景旨在支持物联网设备，如传感器和智能家居等，由于这些设备数量庞大，因此需要大规模部署、低功率耗电，同时能够在不同的地点和网络中运作。

每个场景都需要一个完全不同的网络服务，并提出截然不同的需求，有时甚至相互矛盾。在性能方面，上述服务要求同样严格。例如，虚拟现实设备对数据速率和延迟都有严格的要求。这种要求在工业界变得更加严格，在工业界，终端通常是“机器”，对性能退化的容忍度非常低。

5G 网络以基于服务架构为基础，实现 5G 核心控制平面的可编程性，并支持核心网和接入网的网络切片（Network Slice，NS）。NS 可以为具有不同目标的特定服务创建多个隔离的网络片。5G 的核心网的服务化架构（SBA）促进了核心网用户平面功能在网络边缘附近的部署，引发了人们对边缘计算等边缘活动的强烈兴趣。边缘计算是 5G 网络的重要使能技术。5G 的多个应用场景都需要边缘计算的支持。同时，在行业联盟的引领下，开放、智能的基于 5G 和 NS 的边缘计算受到了极大的关注。边缘智能发展可以显著提升 5G 网络的性能和应用效率，同时 5G 的特点也可以推动边缘智能的进一步发展和应用。

2.2.4 软件定义边缘网络

软件定义网络（Software Defined Network，SDN）是由美国斯坦福大学 Clean State 研究组提出的一种新型网络架构[12]。其核心技术 OpenFlow 实现了网络流量的灵活控制，使网络作为管道变得更加智能，为核心网络及应用的创新提供了良好的平台。

MEC 在移动网络的边缘引入应用辅助服务和处理能力，可以为第三方提供服务，发挥移动网络的优势。SDN 为 MEC 提供可编程能力，同时允许灵活和高效的服务管理和服务试验支持。于是软件定义边缘网络（Software Defined Edge Network，SDEN）应运而生，SDEN 是利用软件定义的方法对边缘计算领域进行管理和控制的一种新型网络体系结构。在传统的边缘计算网络中，网络节点数量众多，功能繁杂，管理困难，难以实现全面的监管和管理。SDEN 采用软件定义的方式实现边缘网络节点的自动化配置，从而提高边缘计算资源的利用效率和稳定性。SDEN 的核心技术包括网络可编程、虚拟化、自动化和智能化等，可以为边缘计算应用提供高效、弹性、可靠的底层网络支持。相较于传统边缘计算网络，SDEN 具有以下特点。

1）灵活性和可编程性。SDEN 可以动态适应不同的应用需求并支持灵活的网络编程。

2）虚拟化。SDEN 可以将物理边缘节点虚拟化成多个逻辑节点，从而提供更高的资源利用效率。

3）自动化。SDEN 可以通过网络自动化技术实现网络节点的快速部署、配置和管理，从而提高网络效率。

4）智能化。SDEN 可以利用网络大数据和机器学习等技术，实现智能化网络管理和优化，提高网络性能。SDEN 将成为边缘计算领域中的重要技术，为实现高效、安全和智能的边缘计算应用提供了新的技术基础。

SDEN 通过将控制平面与数据平面解耦，并使用 API 引入了逻辑集中控制，通过抽象底层网络基础设备提供虚拟网络实例。在 MEC 环境下，SDEN 控制器需要将 MEC 相关的 VNF、VM 和容器作为另一种可以动态分配和重新定位的资源来处理。因此，SDEN 可以支持灵活的业务链，通过连接 VNF 和 MEC 业务来提供动态的业务发放，也可以按特定的顺序将 VNF 部署在边缘服务器中，满足 MEC 业务所需的性能需求，同时通过允许应用程序提供商和第三方指导网络基础设施来协助服务移动性。

当 MEC 网络可以提供一个大覆盖区域的边缘服务时，当前异构的硬件设备和平台、配置接口使得服务的动态提供难以协调，特别是在网络边缘以分布式方式进行服务的动态提供。SDEN 范式可以提供一种简单而敏捷的解决方案，用于向 MEC 平台提供网络连接性和服务管理或跨异构无线电在 MEC 边缘之间提供网络连接和跨边到边不同传输网络。SDEN 可以通过重新路由或改变无线微波链路的编解码方案，克服当前与 IP 地址转换、大量控制信令、隧道开销和动态资源管理相关的路由挑战。

SDEN 将私有的基于固件的网络交换机和路由器转换成一个简单的数据平面，可以在网络的入口和出口点进行控制。SDEN 的使用带来了移动和传输系统之间跨层操作的优势，例如，更新交换机和路由器的流表，而不需要将流量重定向到新的移动锚点，避免了 IP 地址转换和数据传输隧道。这对于用户移动性特别有利，特别是在 MEC 平台之间，网络边缘的分布式移动性可以利用 RAN 分析，同时减少核心的拥塞。

2.2.5 云－边－端协同

云－边－端协同是一种新型的计算模式，其将云计算、边缘计算和终端计算有机地结合在一起，形成一种分布式的计算体系，提升计算效率和数据处理能力，同时也保证了数据安全性。下面介绍几种典型的云－边－端协同技术。

1）弹性计算。云－边－端协同中，不同的计算资源需要弹性地进行调度和分配，以便更好地应对各种计算场景和需求变化。通过弹性计算技术，可以自动化地调整计算资源和容器资源，从而提高系统的效率和可靠性。

2）轻量级计算。边缘计算节点的计算能力和存储能力都有限，因此需要采用轻量级计算架构。该架构可以通过采用轻量级的操作系统和容器进行部署，从而提高计算效率和资源利用率。

3）分布式存储。在云－边－端协同计算中，需要进行大量的数据交换和共享，因此需要一种高效的分布式存储技术。分布式存储可以将数据进行分布式存储和备份，因此能够提高数据的可靠性和安全性。

4）虚拟化技术。云－边－端协同计算需要将各种计算资源进行虚拟化，以便更好地进行管理和分配。通过虚拟化技术，在不同的计算节点之间可以灵活地分配和调度虚拟机或容器，从而提高计算效率和资源利用率。

5）AI 技术。云－边－端协同计算的最大优势就是能够利用人工智能技术进行数据处理和决策。通过将 AI 算法部署在云、边、端三个层次，可以实现对各种数据源的实时分析和决策，从而提高了整个计算系统的智能化水平和应用价值。

协同的优势在于能够共同利用云、边和端设备，实现资源统一调度和动态分配，具体包括以下几点。

1）提高计算效率。云－边－端协同运行模式下，相比单一的云计算模式，能够将计算任务分配在多个节点上，从而明显提高计算效率。

2）降低延迟。由于边缘端节点距离传感器或设备更近，能够更快地处理数据、降低延迟。通过在边缘端或终端设备上部署轻量化应用，能够提高处理效率、缩短响应时间。

3）减轻中心节点压力。云－边－端协同能够减轻云计算中心节点的压力，各个节点分担计算和存储任务，缓解了中心节点面临的网络拥塞和高负载问题。

4）数据本地化存储和隐私保护。云－边－端协同可以在边缘端或终端设备上进行数据的存储和处理，避免将数据传输到云端，从而保障用户数据的隐私和安全。

5）支持快速部署。由于云－边－端协同能够利用终端设备进行计算处理，因此可以大大缩短部署时间，支持快速应用推广。

6）提供更智能的服务。通过运用人工智能技术，云－边－端协同能够针对不同场景提供个性化、智能化的服务，满足用户多样化的需求。

云－边－端协同模式可以充分发挥云、边缘端和终端设备的优势，提高计算效率、降低延迟和保障数据隐私和安全，从而为各个行业带来更加高效、智能的解决方案。

本章小结

本章首先从边缘计算架构出发，介绍了 ETSI 对边缘计算标准的演变过程，并通过多种现有的边缘计算平台对边缘计算架构、云 – 边协同等技术进行了详细描述。本章随后介绍了微小机器学习、联邦学习、软件定义边缘网络等边缘计算相关技术，这些技术都是实现边缘计算架构的核心技术，其中如机器学习、微小机器学习、联邦学习、任务卸载等技术，会在后续第 3、4、5、6 章进行详细展开。

参考文献

[1] MCKEOWN N, ANDERSON T, BALAKRISHNAN H, et al. OpenFlow: enabling innovation in campus networks[J]. ACM SIGCOMM Computer Communication Review, 2008, 38(2): 69-74.

[2] BONOMI F, MILITO R, ZHU J, et al. Fog computing and its role in the internet of things[C]// Proceedings of the first edition of the MCC workshop on Mobile cloud computing. New York, NY, USA: Association for Computing Machinery, 2012: 13-16.

[3] ETSI. Multi-access Edge Computing (MEC)[EB/OL]. ETSI. (2023-03-21)[2023-10-11]. https://www.etsi.org/technologies/multi-access-edge-computing.

[4] 边缘计算产业联盟 . 边缘计算参考架构 3.0[EB/OL]. (2023-03-21)[2024-03-11]. http://www.ecconsortium.org/Uploads/file/20181214/20181214104331_73917.pdf.

[5] OpenStack. Edge Computing: Next Steps in Architecture, Design and Testing[EB/OL]. (2023-03-21) [2023-10-11]. https://www.openstack.org/use-cases/edge-computing/edge-computing-next-steps-in-architecture-design-and-testing/.

[6] EdgeX Foundry. The Preferred Open Source Edge Platform[EB/OL]. (2023-03-21)[2023-10-11]. https://www.edgexfoundry.org.

[7] Linux. ONF to Merge With On.Lab[EB/OL]. (2016-10-19) [2023-03-21]. https://www.linux.com/news/onf-merge-onlab/.

[8] KubeEdge. KubeEdge Community[CP/OL]. (2023-03-21) [2023-10-11]. https://github.com/kubeedge/community.

[9] 边缘计算产业联盟 . 边缘计算与云计算协同白皮书 2.0[EB/OL].（2023-03-21）[2023-10-11]. http://www.ecconsortium.org/Lists/show/id/522.html.

[10] 李林哲，周佩雷，程鹏，等 . 边缘计算的架构、挑战与应用 [J]. 大数据，2019，5(2)：3-16.

[11] MCMAHAN H B, MOORE E, RAMAGE D, et al. Communication-efficient learning of deep networks from decentralized data[C]//Artificial intelligence and statistics PMLR，2017: 1273-1282.

[12] MCKEOWN N, ANDERSON T, BALAKRISHNAN H, et al. OpenFlow: enabling innovation in campus networks[J]. ACM SIGCOMM Computer Communication Review, 2008, 38(2): 69-74.

CHAPTER 3

第 3 章

机器学习基础

在之前的章节中，主要介绍了边缘计算的发展历史、定义与框架。随着 5G 与智能技术的不断发展，近年来，机器学习在各个领域内都飞速发展，在不同的场景中，机器学习都能起到比较好的作用，因此将边缘计算与机器学习两个领域结合也是方兴未艾的研究方向之一。现如今，在边缘计算与机器学习的结合过程中涌现了很多文章和研究成果，例如，将人工智能与物联网结合减少道路交通事故、通过智能边缘设备检测和改善人类睡眠质量，以及利用智能边缘设备检测人类的跑步运动节奏以便给出锻炼身体的建议等。一些国内外顶尖的公司如谷歌、阿里巴巴、华为等，正在着手“边缘计算 + 机器学习”的落地研究。本章首先介绍机器学习的基础内容，包括基本概念、算法、定义等，并按照监督学习、无监督学习、半监督学习、深度学习和强化学习五个部分对机器学习的各个类别进行详细阐述。

3.1 机器学习概述

机器学习是让机器通过学习大量数据集中的模式和规律，自动改善和优化自身的算法和模型，从而实现对未知数据的准确预测和智能决策。机器学习的诞生可以追溯到早期的统计学习、人工智能、神经网络等领域。在 20 世纪 50 年代—60 年代的“早期学习”时期，为了解决二分类问题，Rosenblatt 提出了感知器算法和自适应线性神经元算法[1]，并在开发的跳棋程序中使用了最小二乘法的思想，跳棋程序也被视为机器学习的先驱之一。在之后的几十年中，机器学习的研究逐渐发展，涵盖了更广泛的应用领域和更多的学科交叉。

20 世纪 60 年代—80 年代被称为“知识工程学习”时期[2]。在这一阶段，机器学习得到了越来越多的关注，一些重要的算法和框架被提出，如决策树、归纳逻辑程序设计

（Inductive Logic Programming，ILP）等。典型的决策树学习以信息论为主要基础，以信息熵的最小化为目标，进而模拟人类对概念进行判定的流程。与决策树不同，ILP 更期望从已知的逻辑知识中自动归纳新的逻辑规则。1980—1990 年，"统计学习"的概念被提出，成了机器学习的主流方法。支持向量机（Support Vector Machine，SVM）和最大熵模型等技术也在这一阶段被提出，共同点是基于统计学习理论，使用大规模数据集进行训练[3]。实际上，后续神经网络模型的基础——"核方法"也在这一时期提出，但此时这一方法并没有引起业界的广泛关注。

1990—2000 年，神经网络开始快速崛起。在这一阶段，涌现了多种意义深远的机器学习方法，例如，多层感知器（Multilayer Perceptron，MLP）、卷积神经网络（Convolutional Neural Network，CNN）、循环神经网络（Recurrent Neural Network，RNN）等。这些方法基于神经网络理论，使用反向传播算法等方式进行训练，奠定了神经网络整体架构、训练、推理等技术核心的基础。

进入 21 世纪以后，随着计算能力和数据量的不断增加，机器学习得到了更广泛的应用和深入的研究，进入了深度学习阶段。深度神经网络和对抗生成网络等复杂网络模型逐渐被开发出来。这些方法都基于深度学习理论，并使用大规模数据集和高性能计算资源进行训练。较高的推理精度、可以广泛应用的各类场景、较低的迁移学习成本，使得机器学习在计算机视觉、自然语言处理、语音识别等领域获得了重大突破，诞生了如 AlexNet、Transformer 等更为复杂的网络模型。此外，一些新的研究方向也逐渐兴起，如强化学习、迁移学习、联邦学习等。

时至今日，机器学习中的各类方法纷繁复杂，从学习方式、学习目标等角度，大体上可划分为监督学习、无监督学习、半监督学习、强化学习、迁移学习、元学习等。本章后续将对这些新兴的机器学习技术逐一进行系统的介绍。

总之，机器学习经历了数十年的探索和实践，涉及统计学、计算机科学、人工智能、神经科学等多个领域。在未来，机器学习将继续推动科学技术的发展，并为社会带来更多的改变和进步。

3.2 监督学习

监督学习是机器学习中最常见的类型之一。通过利用带有标签的训练数据来拟合中间的函数过程，这些标签指示输入数据的期望输出。具体来说，监督学习会分析训练数据并生成一个函数，用于将新的、未见过的数据映射到其正确的类别或输出。这种算法的一个关键目标是让它在不可见的数据上表现得足够准确，以便可以可靠地进行分类或预测。为了实现这一目标，监督学习需要以合理的方式从训练数据中学习，以便能够推广到新的数据中。监督学习在训练前就知道正确的结果，数据集的特征一般也是标签化的，通过对比有标签的训练数据和机器学习的结果，来推断一个机器学习任务是否准确。

在研究监督学习时需要注意几个问题。首先是偏差和方差的平衡问题。当存在多个演算数据集且都能够很好地预测未知数时，一个学习算法的预测误差与其偏差和方差有关。通常，偏差和方差之间需要平衡。较低偏差的学习算法必须灵活以更好地适应数据，但如果过于灵活，则会匹配每个不同的训练数据集，从而导致高方差。其次是训练数据与真实模型功能（例如分类或回归）的复杂度之间的关系。如果真实功能很简单，则一个不灵活的学习算法，即高偏差和低方差，可以从小规模的数据集中学习到该功能。再次是输入空间的维度。即使真实功能仅依赖于少数特征，如果输入特征向量的维数很高，则学习问题也会很困难。这是因为许多额外的维度会使学习算法混淆，从而导致高方差。最后是所需输出值（监督目标变量）的噪声程度。噪声程度是指在监督学习任务中，训练数据中输出值与真实值之间的差异程度。噪声程度越小，训练数据与真实值之间的差异越小，模型对于未知数据的预测能力越好。反之，噪声程度越大，训练数据与真实值之间的差异越大，模型的预测能力也会受到影响。

在监督学习中，数据的噪声程度通常是通过评估指标，如均方误差、分类准确率等来度量的。如果训练数据集中噪声程度过高，可能会导致模型过拟合（即在训练数据上表现良好，但在测试数据上表现差），因此需要进行噪声削弱、特征筛选、正则化等操作，以提高模型的泛化能力。监督学习主要分为两个主要的类别，即回归（regression）和分类（classification）。若机器学习算法的输出是连续值，则属于回归问题；若机器学习算法的输出是离散值，则属于分类问题。

具体来说，分类问题指给定一个新的模式，根据训练集推断它所对应的类别（如 +1、−1），是一种定性的输出，也叫离散变量预测；回归问题指给定一个新的模式，根据训练集推断它所对应的输出值（实数）是多少，是一种定量输出，也叫连续变量预测。在边缘计算领域，很多工作是根据边缘设备上的健康、运动或人体相关姿势等数据捕捉采集，形成深度学习可识别的数据集，根据监督学习将捕捉到的数据进行标签化处理，再结合部分可用的机器学习算法和网络完成训练、预测等工作。

3.2.1 线性回归

线性回归（linear regression）是一种监督学习算法，用于建立输入变量和输出变量之间的线性关系。线性回归通过最小化预测值与真实值之间的平方误差来求解最优的模型参数。最常用的线性回归模型是简单线性回归和多元线性回归。简单线性回归模型指只有一个输入变量和一个输出变量之间的线性关系，数学表达式如式（3-1）所示。

$$y=\beta_0+\beta_1 x+\epsilon \tag{3-1}$$

式中，y 是输出变量，x 是输入变量，β_0 和 β_1 是回归系数，ϵ是噪声。简单线性回归的目标是求出 β_0 和 β_1 的值，使得预测值与真实值之间的平方误差最小。多元线性回归模型指有多个输入变量和一个输出变量之间的线性关系，数学表达式如式（3-2）所示。

$$y=\beta_0+\beta_1 x_1+\cdots+\beta_n x_n+\epsilon \tag{3-2}$$

式中，y 是输出变量，$x_1, x_2,\cdots, x_n$ 是输入变量，$\beta_0, \beta_1, \cdots, \beta_n$ 是回归系数，ϵ 是噪声。多元线性回归的目标是求出 $\beta_0, \beta_1, \cdots, \beta_n$ 的值，使得预测值与真实值之间的平方误差最小。例如，开发商需要建立预测房价的模型，目前已有一些基础数据集，包括房子的面积和价格，见表3-1。随后开发商将面积作为输入变量，价格作为输出变量，建立输入变量和输出变量之间的线性关系来预测房价。

表3-1　房子面积与房价关系对照示例

房子的面积 /m^2	房价 / 万元
60	10
70	11
80	12
90	13
100	14

建立线性回归模型：$y = \beta_0 + \beta_1 x + \epsilon$。通过使用最小二乘法，可以求出线性回归模型为：$\beta_1 = 0.2$，$\beta_0 = 9$，$y = 9 + 0.2x$。使用这个模型可以对面积为 $85m^2$ 的房子价格进行预测：$x = 85$，$y = 9 + 0.2 \times 85 = 26$ 万元。线性回归有着很大的作用，也是一些复杂算法的理论基础。

3.2.2　*k* 近邻算法

k 近邻（K-Nearest Neighbor，KNN）算法是一种分类算法，其基本思想是：对于一个样本，在特征空间中选取与其最相似（即最邻近）的 *k* 个样本，如果这 *k* 个样本中大多数属于某一类别，则该样本也属于这个类别。*k* 的值通常不超过20。在KNN算法中，所选的邻居都是已经正确分类的对象。该方法决定待分类样本的类别是依据其最邻近的一个或几个样本的类别。图3-1所示有两类不同的边缘设备服务，分别用正方形和三角形表示，其中正方形代表中心服务器向边缘侧发布的数据卸载服务，三角形代表服务器向边缘侧发布的模型数据服务，而图正中间的圆形所标示的数据则是待分类的服务。

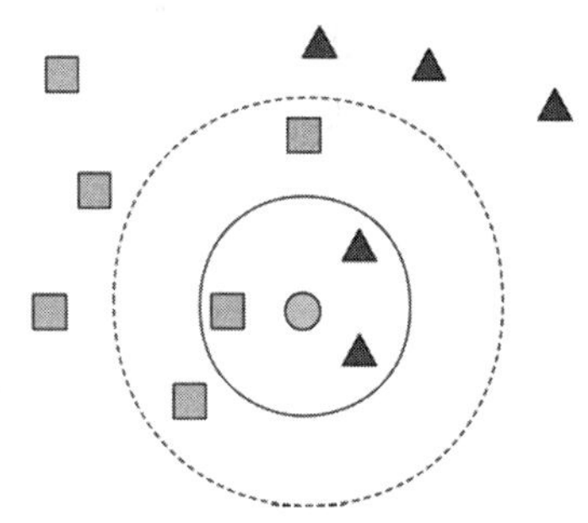

图3-1　KNN算法例图

根据KNN算法，可以得到以下结论：若 $k = 3$，距离圆形的最近的3个邻居是2个三角形和1个正方形，基于统计的方法，判定圆形这个待分类点属于三角形一类。若 $k = 5$，距离圆形的最近的5个邻居是2个三角形和3个正方形，基于统计的方法，判定圆形这个待分类点属于正方形一类。KNN算法的执行步骤可以划分为以下几个阶段。

1）计算测试数据与各个训练数据之间的距离。

2）按照距离的递增关系进行排序。

3）选择距离最小的 *k* 个点。

4）确定前 k 个点所在类别的出现频率。

5）返回前 k 个点中出现频率最高的类别作为测试数据的预测分类。

KNN 算法的模型实际上是对特征空间的划分，k 值的选择、分类决策规则和距离度量是该算法的三个基本要素。

1）k 值的选择。k 值较小意味着只有与输入实例较近的训练实例才会对预测结果起作用，但容易过拟合；如果 k 值较大，可以减少学习的估计误差，但学习的近似误差会增大，因为与输入实例较远的训练实例也会对预测起作用，从而导致预测错误。在实际应用中，一般采用交叉验证的方法来选择最优的 k 值。随着训练实例数目趋向于无穷和 $k = 1$ 时，误差率不会超过贝叶斯误差率的 2 倍。如果 k 趋向于无穷，则误差率趋向于贝叶斯误差率。

2）分类决策规则。该算法中的分类决策规则通常是多数表决，即由输入实例的 k 个最临近的训练实例中的多数类决定输入实例的类别。

3）距离度量。一般采用闵可夫斯基（Minkowski）距离作为线性回归距离。在度量之前，应该将每个属性的值规范化，可以防止具有较大初始值域的属性与具有较小初始值域的属性之间的权重差距过大。

KNN 算法不仅适用于分类问题，还可用于回归问题。一种方法是通过找出一个样本的 k 个最近邻居，将这些邻居的属性平均值赋给该样本，就可得到该样本的属性。另一种更有效的方法是，对于不同距离的邻居，给予它们不同的权值，例如：可以让权值与距离成反比。在分类问题中，该算法的一个主要不足在于无法很好应对样本不平衡的情况：当一个类的样本容量很大，而其他类的样本容量很小时，新输入样本的 k 个邻居中大容量类的样本占多数，从而出现判断结果的偏差。因此，该算法不仅仅计算最近的邻居样本，而是给予每个邻居一个权值。这个权值应该与该样本到邻居的距离成反比，以便更好地反映邻居对该样本的贡献。

3.2.3　决策树

决策树算法是一种逼近离散函数值的方法，通常用于分类和回归问题。它通过利用归纳算法对数据进行处理，生成可读的规则和决策树，并使用这些规则对新数据进行分析。本质上，决策树是一系列规则的集合，用于对数据进行分类或回归。决策树算法是递归地选择最优特征，并使用该特征将训练数据分割成不同的子集，以实现最佳分类的过程。

构造高精度、小规模的决策树是决策树算法的核心内容。决策树算法一般分为三个主要步骤，即特征选择、决策树生成以及决策树修剪。决策树算法的目标是基于给定的训练数据集构建一个决策树模型，能够对实例进行正确分类。因此第一步需要从训练数据集中归纳出一组分类规则，可能有多个或者没有能够正确分类训练数据的决策树。在选择决策树时，应该选择一个与训练数据矛盾较小且具有良好泛化能力的决策树，同时选择的条件概率模型应该不仅对训练数据有较好的拟合，也应该对新数据有良好的预测能力。

通常，决策树算法以正则化的极大似然函数作为最小化的标准，选择每个叶子节点的类别分布，以达到调整模型参数的最佳效果。极大似然函数（Maximum Likelihood Estimation，MLE）最初由德国数学家高斯（Gauss）于 1821 年提出，并由英国统计学家 Fisher 推广。该算法的基本思想是：假设一个随机试验有若干个可能的结果，如 A、B、C 等。如果在一次试验中出现的结果是 A，则一般认为试验条件对 A 的出现是有利的，即 A 出现的概率较大。通常情况下，事件 A 发生的概率与参数 θ 成函数关系，事件 A 出现的概率记为 $P(A, \theta)$。因此，对于给定的数据集，可以使用极大似然估计的方法计算模型的参数 θ，使得 $P(A, \theta)$ 达到最大。极大似然估计的基本步骤为：写出似然函数、对似然函数取对数、对求完对数的似然函数求导、解似然方程。

决策树算法的第二步是从训练样本数据集生成决策树。该数据集一般是根据实际需要进行收集和整合的数据集。决策树生成是根据选择的特征评估标准，从上至下递归地生成子节点，直到数据集不可分，则使决策树停止生长。对于树结构来说，递归结构是最容易理解的方式。决策树生成的过程与步骤大致如下：首先从根节点出发，根节点包括所有的训练样本；其次一个节点（包括根节点），若节点内所有样本均属于同一类别，那么将该节点作为叶节点，并将该节点标记为样本个数最多的类别。否则采用信息增益法来选择用于对样本进行划分的特征，该特征即为测试特征，特征的每一个值都对应着从该节点产生的一个分支及被划分的一个子集。在决策树中，所有的特征均为符号值，即离散值。如果某个特征的值为连续值，那么需要先将其离散化。最后，递归上述划分子集及产生叶节点的过程，这样每一个子集都会产生一个决策（子）树，直到所有节点变成叶节点。

由于决策树容易过拟合，需要剪枝来缩小树的结构和规模。剪枝通常包括预剪枝和后剪枝。考虑到噪声等因素的影响，样本某些特征的取值可能与样本自身的类别不相匹配，从而导致决策树生成的某些枝叶出现错误。特别是在接近决策树末端的位置，样本数量变少，无关因素的干扰会更加显著，这就导致了决策树可能存在过拟合的问题。为了提高整棵决策树的分类速度和准确性，需要使用树枝修剪来删除不可靠的分支。

决策树算法主要用于机器学习中模型结果的预测。通常将模型构建为树形结构，通过节点信息学习获得决策结果。

决策树算法的主要优点是模型具有可读性，分类速度快。在学习时，根据损失函数最小化的原则建立决策树模型，利用训练数据进行模型训练。在预测时，利用决策树模型对新的数据进行分类。决策树算法具有广泛的应用领域和丰富的研究内容，可以进一步探索和改进。

3.2 节介绍了三种主要的监督学习算法，它们通过训练数据产生推断功能，并用于映射新样本的推断结果。近年来，这些算法在边缘计算和机器学习的各个领域得到广泛应用。例如，结合相应的机器学习算法，利用边缘落地设备可以在医学、社会学和商业等领域映射出新的推断结果，如患者未来可能出现的疾病、未来的人口密度和房屋价格等。此外，在边缘计算场景中，针对一些边缘设备的信息请求和信息返回值结果处理也具有重要的影响，如家庭中学习监督和人体健康监测等。

3.3 无监督学习

在很多场景中，由于成本很高或者缺乏足够的先验经验，因此无法提前进行类别标注，例如从庞大的样本集合中选出一些具有代表性的加以标注并用于分类器的训练，或是在无类别信息情况下，寻找较好的特征。在这种情况下，3.2 节提到的监督学习无法依据无标签数据训练出可用的模型。因此，为了解决这一问题，需要其他的机器学习方式。

无监督学习是机器学习中的另一种方式。与监督学习不同，无监督学习中的数据集通常没有任何标签。无监督学习的目的是从未经处理的数据中提取有用的信息，例如数据的潜在结构、模式、聚类等。无监督学习是一种强大的数据探索工具，通常用于数据预处理和降维、聚类、异常检测、关联规则挖掘等任务[4]。

为解决上述任务，无监督学习的主要算法包括聚类、降维和关联规则挖掘三种算法。其中，聚类是将数据集中的样本按照某种相似度度量分成多个不同的组，它是无监督学习的主要分支之一；降维是将高维数据映射到低维空间，既能够减小数据维度，又能够保留数据的主要结构信息；关联规则挖掘是寻找数据集中频繁出现的项集或者序列，它可以用于发现数据中的潜在关联关系。

无监督学习包括确定型无监督学习和概率型无监督学习两种类型。确定型无监督学习主要算法包括自编码、稀疏自编码和降噪自编码等。自编码可以被看作一个特殊的 3 层反向传播神经网络，其独特之处在于需要最大限度地近似编码，即编码不会丢失任何信息。尽管稀疏自编码可以学习一个等效函数，以使可见层数据和编码解码后的数据尽可能相似，但其鲁棒性仍然相对较差，特别是在测试样本和训练样本概率分布差异较大的情况下，效果会变差。为了解决这个问题，部分学者在稀疏自编码的基础上提出了降噪自编码[5]。该方法是以一定概率将输入层的某些节点的值设为 0，从而使可视层的数据被转化，隐含层的输出为 y，然后由重构 x 输出 z，以最小化 z 和 x 之间的差异。

区别于传统的无监督学习，概率型无监督学习的典型代表是限制玻尔兹曼机，这是玻尔兹曼机的一个简化版本，可以方便地从可见层数据推算出隐含层的激活状态。无监督学习中也包含多种算法。接下来将重点介绍无监督学习中几种较为常见的算法。

3.3.1 *k* 均值聚类

k 均值（K-Means）聚类算法是一种迭代求解的聚类分析算法，其步骤是，预将数据分为 *k* 组，随机选取 *k* 个对象作为初始的聚类中心，然后计算每个对象与各个种子聚类中心

之间的距离，把每个对象分配给距离它最近的聚类中心。聚类中心以及分配给它们的对象就代表一个聚类。每分配一个样本，聚类的聚类中心会根据聚类中现有的对象被重新计算。这个过程将不断重复直到满足某个终止条件。终止条件可以是没有（或最小数目）对象被重新分配给不同的聚类、没有（或最小数目）聚类中心再发生变化、误差平方和局部最小。

k 均值聚类算法采用距离作为相似性指标，从而发现给定数据集中的 k 个类且每个类的中心是根据类中所有数值的均值得到的，每个类的中心用聚类中心来描述。对于给定的一个（包含 n 个一维以及一维以上的数据点的）数据集 X 以及要得到的类别数量 k，选取欧氏距离作为相似度指标，聚类实施的聚类和最小。

结合最小二乘法和拉格朗日原理，聚类中心为对应类别中各数据点的平均值，同时为了使算法收敛，在迭代过程中，应使最终的聚类中心保持不变。另外，在使用 k 均值聚类算法时需要注意的事项，主要包含以下几个方面：

1）输入数据一般需要进行预处理，包括标准化、数据缩放等。由于 k 均值是建立在距离度量上，而不同变量间如果维度差别过大，可能会造成少数变量对结果的影响过大而造成误差或结果失衡，因此需要对数据进行标准化。

2）如果输入数据的变量类型不同，例如部分为数值型变量，部分是分类变量，则需要特别处理。一种方法是将分类变量转化为数值型变量，但这类处理方式通常可能引入其他负面效果。例如，如果使用独热（one-hot）编码方式进行编码可能会导致数据维度大幅度提高；如果使用标签编码方式则无法很好地处理数据中的顺序。另一种方法是对于数值型变量和分类变量进行分别处理，随后将分别处理后的结果聚合起来。

3）输出结果非固定，多次运行结果可能不同。首先要意识到 k 均值聚类算法是有随机性的，从初始化到收敛结果往往不同。现有的一种普遍的看法是强行固定随机性，例如设定随机状态为固定值。

4）高维数据上的有效性有限。建立在距离度量上的算法一般都有类似的问题，即在高维空间中距离的意义有了变化且并非所有维度都有意义。这种情况下，k 均值的结果往往不好，而通过划分子空间的算法效果可能更好。

3.3.2　谱聚类

谱聚类是一种新的聚类算法，被广泛应用在各种数据分析任务上。相比于传统的 k 均值聚类算法，它对于数据分布的适应性更强，聚类效果也更为优秀，计算量也更小，实现过程也更为简单。

谱聚类算法是从图论中演化出来的，基本原理是将数据看作空间中的顶点 V，并通过边 E 将这些点连接起来，这样就得到一个基于相似度的无向加权图 $G = (V, E)$。连边的权重值取决于相应点之间的距离，距离越远的点之间的边权重值越低，距离越近的点之间的边权重值越高。至此，聚类问题就可以转化为图的划分问题，基于图论的最优划分准则就是使划分成的子图内部相似度最大，子图之间的相似度最小。因此，可以对所有数据点组成的图进行切图，使切图后的不同子图之间的边权重和尽可能低，而子图内的边权重和尽可能高，从而实现聚类的目的。

虽然根据不同的准则函数及谱映射方法，谱聚类算法有着不同的具体实现方法，但是这些实现方法都可以归纳为下面三个主要步骤：

1）构建表示对象集的相似度矩阵 $\boldsymbol{W}$。

2）通过计算相似度矩阵或拉普拉斯矩阵的前 k 个特征值与特征向量，构建特征向量空间。

3）利用 k 均值聚类算法或其他经典聚类算法对特征向量空间中的特征向量进行聚类。

由于划分准则、相似度矩阵计算方法等因素的差别，具体的算法实现会有所差别，但其本质依然是图划分问题的相似形式。根据所使用的划分准则，将谱聚类算法划分为二路谱聚类算法和多路谱聚类算法，前者使用二分类划分准则，而后者使用多分类划分准则。近年来，谱聚类算法也在许多学术能力很强的研究者的努力下有了很多新的进展。例如 Zha 等人 [6,7] 研究了基于二分图的谱聚类，发现最小化目标函数可以等同于与二分类图相关联的边权重矩阵的奇异值分解。

Meila 等人 [8] 提出了一种将相似性解释为马尔可夫链中的随机游动的方法，通过分析随机游动的概率转移矩阵的特征向量，提出了基于随机游动的新的聚类算法。此外，他们还在这个解释框架下提出了多个特征相似矩阵组合的谱聚类方法，在图像分割中获得了良好的效果。近年来，一些学者认为在聚类搜索过程中充分利用先验信息可以显著提高聚类算法的性能。他们分析了在聚类过程中仅利用成对限制信息存在的不足，并提出了利用数据集本身的固有空间一致性先验信息的具体方法。在经典的谱聚类算法的基础上，引入了两类先验信息，提出了一种密度敏感的半监督谱聚类算法。这两类先验信息在指导聚类搜索的过程中相辅相成，显著提高了算法的聚类性能。

3.4　半监督学习

半监督学习 (Semi-Supervised Learning，SSL) 是模式识别和机器学习领域的重要问题之一，它将监督学习和无监督学习相结合。在半监督学习中，使用大量未标记数据和少量标记数据进行模式识别，在提高准确性的同时，减少人力和物力成本，因此越来越受到关注。传统的分类器设计通常依赖标记数据进行训练，这被归为监督学习。但是，获取标记数据是相当困难的，并且需要花费大量的时间和精力。与此相比，未标记数据更容易获得，因此无监督学习成了一种解决方案。然而，将带有标签的数据集和未带标签的数据集同时处理时，使用半监督学习的方法结合监督学习和无监督学习，可以提高效率。

半监督学习的基本思想是利用数据分布上的模型假设建立学习器对未标签样例进行标签。它的形式化描述是给定一个来自某未知分布的样例集 $S=LU$，其中 L 是已标签样例集 $L=\{(\boldsymbol{x}_1, y_1), (\boldsymbol{x}_2, y_2), \cdots, (\boldsymbol{x}_{|L|}, y_{|L|})\}$，$U$ 是一个未标签样例集 $U=\{\boldsymbol{x}_{c_1}, \boldsymbol{x}_{c_2}, \cdots, \boldsymbol{x}_{c_{|U|}}\}$，可以通过设

定函数来较为准确地对样例 x 预测其标签 y。其中，$\boldsymbol{x}_i$，$\boldsymbol{x}_{c_i}$ 均为 d 维向量，y_i 为样例 $\boldsymbol{x}_i$ 的标签，$|L|$ 和 $|U|$ 分别为 L 和 U 的大小，即所包含的样例数，半监督学习就是在样例集 S 上寻找最优的学习器。如果 $S = L$，那么问题就转化为传统的监督学习；反之，若 $S = U$，那么问题将转化为传统的无监督学习。如何综合利用已标签样例和未标签样例，是半监督学习需要解决的问题。在半监督学习中有三个常用的基本假设来建立预测样例和学习目标之间的关系。

1）平滑假设（Smoothness Assumption）。在稠密数据区域中距离很近的两个样例可能具有相同的类别标签。换言之，当两个样例被稠密数据区域中的边连接时，它们的类别标签通常相同，而当它们被分开到稀疏数据区域时，它们的类别标签则更有可能不同。

2）聚类假设（Cluster Assumption）。另一个与之相关的假设是聚类假设，它指出当两个样例位于同一聚类簇中时，它们具有相同的类别标签的概率很高。这个假设的等价定义是低密度分离假设，即：分类决策边界应该穿过稀疏数据区域，而避免将稠密数据区域中的样例分到决策边界的两侧。假设聚类指当样本数据之间距离较近时，则它们应该属于同一类别。根据这一假设，分类边界应尽可能通过数据较为稀疏的区域，以避免将密集的样本数据点分配到分类边界的两侧。在这个假设的前提下，学习算法可以利用大量未标记的样本数据来分析样本空间中样本数据的分布情况，以指导学习算法对分类边界进行调整，使其尽可能通过数据分布稀疏的区域。例如：转导支持向量机算法在训练过程中不断修改分类超平面，并交换超平面两侧某些未标记的样本数据的标签，从而使分类边界在所有训练数据上最大化间隔。这样，就能够获得一个通过数据相对稀疏的区域，同时又尽可能正确划分所有标记的样本数据的分类超平面。

3）流形假设（Manifold Assumption）。将高维数据嵌入到低维流形中，当两个样例位于低维流形中的一个小局部邻域内时，它们具有相似的类标签。流形假设的核心思想是同一个局部邻域内的样本数据具有相似的性质，因此它们应该具有相似的标记。这种假设体现了决策函数的局部平滑性。与聚类假设的不同之处在于，聚类假设关注整体特性，而流形假设则更关注模型的局部特性。在流形假设的基础上，未标记的样本数据可以使数据空间更加密集，从而有利于更加准确地分析局部区域的特征，并使决策函数更完全地拟合数据。流形假设有时也可以直接应用于半监督学习算法中。例如，当使用高斯随机场和谐波函数进行半监督学习时，首先根据训练样本数据建立一个图，其中每个节点代表一个样本，然后通过流形假设定义的决策函数求解最优值，从而获得未标记样本数据的最优标记。

从本质上说，这三类假设是一致的，只是关注的重点各不相同。其中流形假设更具有普遍性。

3.5　深度学习

借助机器人 AlphaGo 战胜围棋人类顶级高手的新闻所带来的大量轰动效应，使得人工智能这一技术为人所熟知。然而 AlphaGo 之所以能够如此成功，其背后的关键技术之一正是深度学习。在2018年，在计算机领域的图灵奖也颁发给了在深度学习领域做出了重要贡献的三位科学家：Bengio、Hinton和LeCun。这些示例足以证明深度学习的重要地位与广泛的应用场景。

深度学习是机器学习领域中的一部分，旨在让机器更接近强人工智能。深度学习是一种基于数据表征学习的机器学习算法，试图通过使用包含多重非线性变换构成的复杂结构的多个处理层对数据进行高层次抽象。目前已经出现了多种深度学习框架，如卷积神经网络、深度置信网络和递归神经网络等，并在计算机视觉、语音识别、自然语言处理、音频识别和生物信息学等领域取得了极好的效果。

近年来，人工智能技术得到了广泛的应用，从车牌识别、人脸识别、语音识别、智能助手、推荐系统到自动驾驶，人们已经开始习以为常。深度学习作为机器学习中的一种复杂算法，在语音和图像识别等领域的表现已经远远超过了先前的相关技术。由于数据的增多、计算能力的增强、学习算法的成熟以及应用场景的丰富，深度学习已经成为一个备受关注的新兴研究领域。深度学习主要以神经网络为基础模型，最初被用来解决机器学习中的表征学习问题。但由于其强大的能力，深度学习越来越多地用于解决通用人工智能问题，如推理和决策。在学术界和工业界，深度学习技术已经获得了广泛的成功和高度的关注，并引起了一场新的人工智能热潮。

与“浅层学习”不同，深度学习需要解决的关键问题是如何合理地分配贡献度，即如何分配在一个模型中每个参数或模型所对应的一部分组件和集成模块对于最终整个模型的输出的贡献或影响。这个问题也被称为“信用分配问题”。一个类比是一场足球比赛中，球员的表现可能对比赛结果产生重大影响。但是，分配球员对胜利的贡献是一个非常困难的问题和过程。同样，深度学习也需要解决分配贡献度的问题。从某种意义上来说，深度学习可以看作一种强化学习（Reinforcement Learning，RL）算法，每个单独的集成模块或内部组件并不能直接获得经过处理的监督信息，需要通过对全局模型最终监督信息或从预测结果或奖励状况中获得，具有一定的延迟性。

目前，深度学习采用的模型主要是神经网络模型，其主要原因是神经网络模型可以使用误差反向传播算法，从而可以比较好地解决贡献度分配问题。超过一层的神经网络都会存在贡献度分配问题，因此可以将超过一层的神经网络都看作深度学习模型。深度学习是一类模式分析方法的统称，然而就具体研究内容而言，深度学习的模型主要设计三类主要的框架。

1）基于卷积运算的神经网络系统，即CNN、残差卷积神经网络（Residual Convolutional Neural Network，ResNet）等。

2）基于分类网络的递归神经网络（Recursive Neural Network，RNN），它主要是以树状方式进行分层处理，输入的序列中并没有包含时间属性。

3）循环神经网络是在时间上进行扩展的标准神经网络，它提取进入下一个时间步骤的边沿，而不是在同一个时间进入下一层网络。

在对深度学习进行了简单的介绍之后，着重介绍一下深度学习中一些主要且重要的算法或方法。这些重要的算法和方法都是基于上述三种深度学习中的主要框架设计的。

3.5.1　反向传播

反向传播（Back Propagation，BP）算法是适合多层神经元网络的一种学习算法，它建立在梯度下降法的基础上。BP 网络的输入输出关系实质上是一种映射关系：一个 n 输入 m 输出的 BP 神经网络所完成的功能是从 n 维欧氏空间向 m 维欧氏空间中有限域的连续映射，这一映射具有高度非线性。它的信息处理能力来源于简单非线性函数的多次复合，因此具有很强的函数复现能力。这是 BP 算法得以应用的基础。反向传播算法主要有两个环节，一个激励传播，另一个是权重更新。激励传播过程主要包含以下两步：

1）前向传播阶段：将训练输入网络以获得激励响应。

2）后向传播阶段：将激励响应同训练输入对应的目标输出出来，从而获得隐藏层的响应误差。

权重更新过程主要包含以下三步：

1）将输入激励和响应误差相乘，从而获得权重的梯度。

2）将这个梯度乘上一个比例，并且取反后将其加到权重上。

3）这个比例将会影响到训练的过程、速度和效果，因此被称为“训练因子”。

梯度的方向指明了误差扩大的方向，因此在更新权重的时候对其取反，从而减小权重引起的误差。

反向传播算法的学习过程由正向传播过程和反向传播过程组成。在正向传播过程中，输入信息通过输入层经隐含层，逐层处理并传向输出层。如果在输出层得不到期望的输出值，则取输出与期望的误差的平方和作为目标函数，转入反向传播，逐层求出目标函数对各神经元权值的偏导数，构成目标函数对权值向量的梯量，作为修改权值的依据，网络的学习在权值修改过程中完成。误差达到所期望值时，网络学习结束。

3.5.2　随机梯度下降

由于机器学习中对于模型的训练采用多轮次训练，因此大多数的机器学习或者深度学习算法都具有某种形式的优化。优化指的是改变特征 x 以最小化或最大化某个函数 $f(x)$ 的任务。通常以最小化 $f(x)$ 指代大多数最优化问题。最大化可经由最小化算法最小化 $-f(x)$ 来实现。把要最小化或最大化的函数称为目标函数或准则。当对其进行最小化时，也把它称为损失函数或误差函数。然而，梯度下降指 $f(x)$ 最快速优化的方向，这个方向称之为梯度方向。梯度的方向是函数在给定点上升最快的方向，那么梯度的反方向就是函数在给定点下降最快的方向，因此在做梯度下降的时候，应该是沿着梯度的反方向进行权重的更新，可以有效找到全局的最优解。

随机梯度下降（Stochastic Gradient Descent，SGD）是一种简单但非常有效的优化算法，广泛应用于支持向量机、逻辑回归等凸损失函数下的线性分类器的学习。在大规模和稀疏的机器学习问题中，如文本分类和自然语言处理，SGD已成功应用。SGD不仅适用于分类计算，还适用于回归计算。SGD算法从样本中随机抽取一组样本进行训练，并按梯度更新模型参数。随后，再抽取一组新的样本并更新模型参数，如此反复直到收敛。在样本量非常大的情况下，可能不需要训练所有的样本就可以获得一个损失值在可接受范围内的模型。值得注意的是，每次迭代仅使用一组样本进行训练。

随机梯度下降算法被称为随机是因为每次迭代过程中，样本都会被随机打乱，从而有效地降低了样本之间造成的参数更新抵消问题。在该算法中，权值的更新不再需要遍历整个数据集，而是只需选择一个样本即可。通常情况下，随机梯度下降算法的步长比梯度下降算法的步长小一些。由于梯度下降算法使用的是精确梯度，当问题为凸问题时，可以朝着全局最优解大幅度收敛，而随机梯度下降算法则无法做到。由于它使用的是近似梯度或对于全局来说的梯度，有时它走的可能不是梯度下降方向，因此它的迭代速度比较缓慢。然而，这也带来了一个好处，与梯度下降算法相比，随机梯度下降算法不容易陷入局部最优解。随机梯度下降算法通常还有三种不同的方式，分别是SGD、Batch-SGD、Mini-Batch-SGD。

1）SGD。SGD是最基本的随机梯度下降，它指每次参数更新只使用一个样本，这样可能导致更新较慢。

2）Batch-SGD。该方法是批随机梯度下降，它指每次参数更新使用所有样本，即把所有样本都代入计算一遍，然后取它们的参数更新均值，来对参数进行一次性更新，这种更新方式较为粗糙。

3）Mini-Batch-SGD。该方法名为小批量随机梯度下降，它指每次参数更新使用一小批样本，这批样本的数量通常可以采取试错（trial-and-error）的方法来确定。由于不是在全部训练数据上的损失函数，而是在每轮迭代中随机优化某一条训练数据上的损失函数，这样每一轮参数的更新速度大大加快。

尽管可以加快训练速度，SGD仍有以下缺点：其一，由于即使在目标函数为强凸函数的情况下，SGD仍旧无法做到线性收敛，可能会导致算法准确度下降；其二，由于单个样本并不能代表全体样本的趋势，算法可能会收敛到局部最优；其三，由于算法设计复杂，不易于并行实现。

3.5.3 学习率衰减

优化随机梯度下降算法的学习率可以提高性能并缩短训练时间。这种优化方法被称为学习率调整或自适应学习率。最简单和最常用的自适应学习率方法之一是逐渐降低学习率。在训练的早期阶段，使用较大的学习率，以便可以进行大幅度的权重更新；而在训练的后期阶段，将学习率降低到一个较小的水平，以便可以微调权重。这种方法可以在早期快速学习和获得较好的权重，并在后期微调权重以提高性能。在模型优化中，常用到的几种学习率衰减方法有：分段常数衰减、多项式衰减、指数衰减、自然指数衰减、余弦衰减、线性余弦衰减、噪声线性余弦衰减。其中，学习率衰减相关参数见表 3-2。

表 3-2　学习率衰减相关参数

参数名称	参数说明
learning_rate	初始学习率
global_step	用于衰减计算的全局步数，非负，用于逐步计算衰减指数
decay_steps	衰减步数，必须是正值，决定衰减周期
decay_rate	衰减率
alpha	最小学习率
variance_decay	衰减噪声的方差
num_periods	衰减余弦部分的周期数
end_learning_rate	最低的最终学习率
cycle	学习率下降后是否重新上升
initial_variance	噪声的初始方差

3.5.4　最大池化

最大池化（Max Pooling）是 CNN 中的常用操作，用于对卷积层的输出进行下采样，可以减少模型参数和计算量，降低维度，同时也能够提取特征中最显著的部分。图 3-2 展示了最大池化的具体示例。

最大池化的主要过程为：①选择池化窗口大小和步幅；②将池化窗口从左到右，从上到下依次滑动，对于每个窗口，选择其中的最大值；③将这些最大值组成下采样后的特征图。

通过提供表征的抽象形式，可以在某种程度上解决过拟合问题。同样，最大池化也通过减少学习参数的数目以及提供基本的内部表征转换不变性来减少计算量。最大池化通常和卷积层交替使用，构成了卷积神经网络的基本结构。

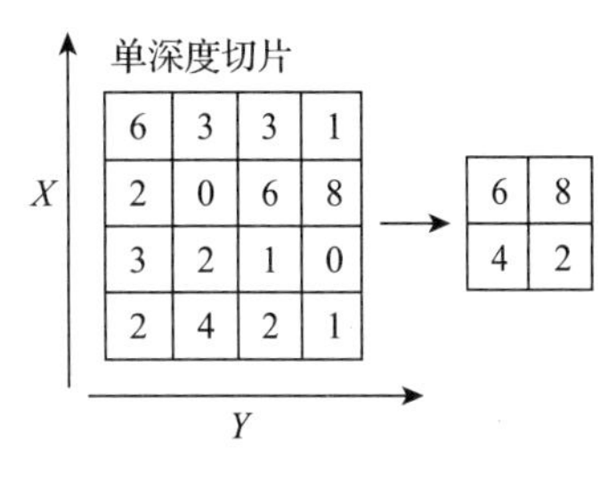

图 3-2　最大池化的具体示例

3.6　强化学习

强化学习，又被称为评价学习或增强学习，是机器学习的范式和方法论之一，用于描述和解决智能体（agent）在与环境交互过程中通过学习策略以达成最大化或实现特定目标的问题。其中，任何独立的能够思考并可以同环境交互的实体都可以抽象为智能体。

强化学习是智能体以“试错”的方式进行学习，通过与环境进行交互获得的奖赏指导行为，目标是使智能体获得最大的奖赏，强化学习不同于监督学习，主要表现在强化信号上，强化学习中由环境提供的强化信号是对产生动作的好坏做一种评价（通常为标量信号），而不是告诉强化学习系统（Reinforcement Learning System，RLS）如何去产生正确的动作。由于外部环境提供的信息很少，RLS 必须靠自身的经历进行学习。通过这种方式，RLS 在行动 - 评价的环境中获得知识，改进行动方案以适应环境。

强化学习领域内有很多知名的算法，例如通过评估动作所产生的价值来选取特定行为的算法，如：使用表格学习的 Q-Learning、Sarsa 算法、使用神经网络学习的深度 Q 网络（Deep Q Network，DQN）算法等。还有直接输出行为的算法，如：策略梯度（Policy Gradient）算法等。又或者首先想象环境，之后再从中学习的一些算法。在下面的子章节中，将逐一介绍强化学习算法。

3.6.1 Q-Learning

Q-Learning 由 Watkins 于 1989 年在其博士论文中提出[9]，是强化学习发展的里程碑，也是目前应用最为广泛的强化学习算法。Q-Learning 是一种基于值函数的强化学习算法，主要用于解决具有明确奖励信号的环境下的决策问题。在 Q-Learning 中，智能体需要学习一个值函数 $Q(s,a)$，它可以根据当前状态 $s(s \in S)$ 和采取行动 $a(a \in A)$ 所能获得的累计奖励预测未来的奖励。通过学习这个值函数，智能体可以选择在每个时间步骤中最优的行动，以最大化累计奖励。

Q-Learning 的核心思想是通过使用贝尔曼方程更新值函数。具体来说，在每个时间步骤中，智能体根据当前状态 s 和采取的行动 a 观察到一个奖励 r 和一个新的状态 s'。然后，它使用贝尔曼方程更新值函数 $Q(s,a)$，以反映当前状态和行动的值与后续状态和行动的预期值之间的关系。这个更新规则可以表示为

$$Q(s,a) \leftarrow Q(s,a) + \alpha[r + \gamma \max_{a'} Q(s', a') - Q(s, a)]$$

式中，α 是学习率，γ 是折扣因子，表示未来奖励的重要性，$\max_{a'} Q(s', a')$ 是在状态 s' 下可选行动 a' 的最大值。根据当前的状态 s 选择的动作 a 并将获得的奖励叠加在所有已获得的奖励上，衡量与最优 $Q(s', a')$ 函数的差。

在实践中，Q-Learning 通常使用 Q 表（Q-Table）来记录智能体处于某个状态时，选择不同的动作能够获得的最终奖励，然后根据 Q 值来选取能够获得最大的收益的动作。通常，Q-Learning 使用 ϵ-greedy 策略来决定下一步的行动。ϵ-greedy 策略会随机选择一个行动或者选择当前最优的行动，从而保证智能体能够在探索和利用之间平衡。具体来说，Q- 表是记录了当前所有 Q 值的表格，Q- 表示例见表 3-3。

表 3-3　Q- 表示例

Q- 表	a_1	a_2
s_1	$Q(S_1, a_1)$	$Q(S_1, a_2)$
s_2	$Q(S_2, a_1)$	$Q(S_2, a_2)$
s_3	$Q(S_3, a_1)$	$Q(S_3, a_2)$

其中每个片段是一个训练轮次且每一轮的训练意义就是加强智能体的决策经验，表现形式是代理的 Q 表元素更新。当智能体完全接受训练后，可以用生成的 Q 表来指引代理的行动。具体来说，Q-Learning 的学习过程描述如下：

1）在状态 S_n 时，选择最大 $\max_{a'} Q(s', a')$ 的行动 a'，到达 $S_n \to S_{n+1}$ 状态；根据 ϵ-greedy 策略选择 Q 值。当 $\epsilon = 0.9$ 时，则意味着 90% 的概率都选择最大的 Q 值的行动，10% 的概率随机选择一个行动。

2）执行动作，获得观测智能体各类属性变化 r，S_{n+1}。

3）更新 $Q(S_n, a)$，使用贪婪策略，因为选择行动获得的各类观测属性变化、奖励和更新 Q 的策略不同，所以称其为离线策略学习（off-policy learning）。

4）循环，但是步骤 3）选择出来的行动不一定会执行，因为从步骤 1）选取执行的动作时采用了随机贪婪策略。其中 α 是学习率，取值在 0～1 之间；是未来期望奖励的衰减值。不采用贪婪策略的选择而采用随机策略的概率，这一方式也叫探索率。一般会选择使当前轮迭代价值最大的动作，但是这会导致一些较好的但没有执行过的动作被错过。因此，保有一定的探索率并能避免陷入局部最优解。

3.6.2　Sarsa

Sarsa 是另一种较为常见的强化学习算法。和 Q-Learning 一样，Sarsa 也被用于解决具有明确奖励信号的环境下的决策问题且它们的目标都是通过学习值函数来选择每个时隙中最优的行动，实现最大化累计奖励。

Q-Learning 和 Sarsa 之间的主要区别在于它们的更新策略。Q-Learning 使用贝尔曼最优方程更新值函数，而 Sarsa 使用贝尔曼期望方程更新值函数，表示如下。

$$Q(s, a) \leftarrow Q(s, a) + \alpha[r + \gamma Q(s', a') - Q(s, a)] \tag{3-3}$$

式中，α 和 γ 的含义与 Q-learning 算法中相同，都表示学习率与折扣因子，但 a' 是根据某种策略选择的下一个行动。因此，Q-learning 更倾向于选择最优的行动，而 Sarsa 更倾向于选择当前策略下的行动。这意味着，Q-learning 的学习过程更加关注长期收益，而 Sarsa 更加关注短期收益。

图 3.3 展示了 Sarsa 算法决策和更新示例。假设初始状态为 S_1，Sarsa 算法的策略是选择一个潜在奖励最大的动作，由于 $Q(S_1, a_1) = -2 < Q(S_1, a_2) = 1$，因此执行动作 a_2 进而转移到 S_2 状态，结束当前状态 S_1 下的选择。而 Q-Learning 与 Sarsa 不同，Q-Learning 首先在 S_1 状态下，确定动作 a_2 是最优动作，随后进入新的观测状态 S_2，并在状态 S_2 处再次观察 Q-表，确定 $Q(S_2, a_2)$ 可以获取最大利润。最后，与 Q-Learning 相同，Sarsa 也需要求出现实和估计的差距并更新 Q 表里的 $Q(S_1, a_2)$。

Q-learning 是在 $Q(S_{n+1}, a)$ 中选择 max Q 来更新 $Q(S_n, a)$，使用 ϵ-greedy 策略选择行为执行。而 Sarsa 此处更新时用 ϵ-greedy 策略选取行为的 Q 值来计算 loss 更新上个状态的 Q 值，然后继续使用这个行为来执行。因为更新 Q 的行为和执行的行为相同，即策略相同，动作也是同一个，所以称其为现时策略学习。对比 Q-learning 和 Sarsa 算法，可以发现，从算法来看，Sarsa 是可以根据策略实现在线学习，而 Q-learning 则属于离线学习。

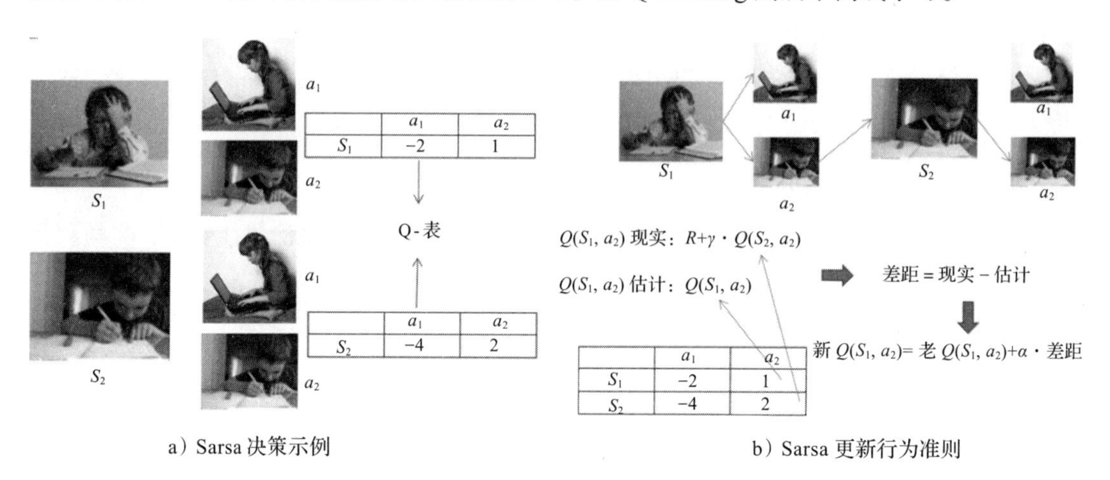

	a_1	a_2
S_1	−2	1

	a_1	a_2
S_2	−4	2

	a_1	a_2
S_1	−2	1
S_2	−4	2

a）Sarsa 决策示例　　b）Sarsa 更新行为准则

图 3-3　Sarsa算法决策和更新示例

3.6.3 DQN

DQN 是深度强化学习（Deep Reinforcement Learning，DRL）的开山之作，它第一次将深度学习引入强化学习中，构建了从感知到决策的端到端架构。在 2013 年机器学习领域顶级会议 NeurIPS 上，作者 Mnih 第一次提出了 DQN 这一概念 [10]，随后 Mnih 又添加了双重 Q-Learning 框架与优先经验回放（Prioritize Experience Reply）技术，并把最新成果发表在了 *Nature* 上 [11]。

具体来说，DQN 是指在 Q-Learning 的整体框架下，对于 $(S, a) \rightarrow \mathbf{R}$ 奖励的获取方式的一种改进。其两大区别于 Q-learning 的创新点在于：采用回放缓存（replay buffer）保存历史记录样本；使用 DQN 模型代替 Q- 表。但 DQN 算法仍会遇到两个挑战：其一，机器学习模型的训练样本通常都是独立同分布的，但是交互序列中的状态行动存在一定的相关性，无法满足独立同分布的要求，使得学习得到的值函数模型可能存在很大的波动，影响模型的效果；其二，使用梯度下降法进行模型更新时，模型训练通常需要经过多轮迭代才能收敛。因此，每一轮迭代，需要使用一定数量的样本计算梯度，若每次计算的样本在计算一次梯度后被丢弃，那么需要花费更多的时间与环境交互并收集样本，从而降低了交互数据的使用效率。因此，为了提高交互数据的使用效率，需要设计合适的采样策略来平衡训练效果和数据采样的效率。DQN 算法采用样本缓冲区机制来提升采样策略和采样的准确性。样本缓冲区结构图如图 3-4 所示。

总的来说，样本缓冲区包含收集样本和采样样本两个过程。其一是收集样本。按照时间先后顺序存入结构中，如果样本缓冲区经存满样本，那么新的样本会将时间上过期的样本覆盖；其二是采样样本。若每次都取最新的样本，那么算法就与在线学习类似。一般来说，样本缓冲区会从缓存中均匀地随机采样一批样本进行学习。

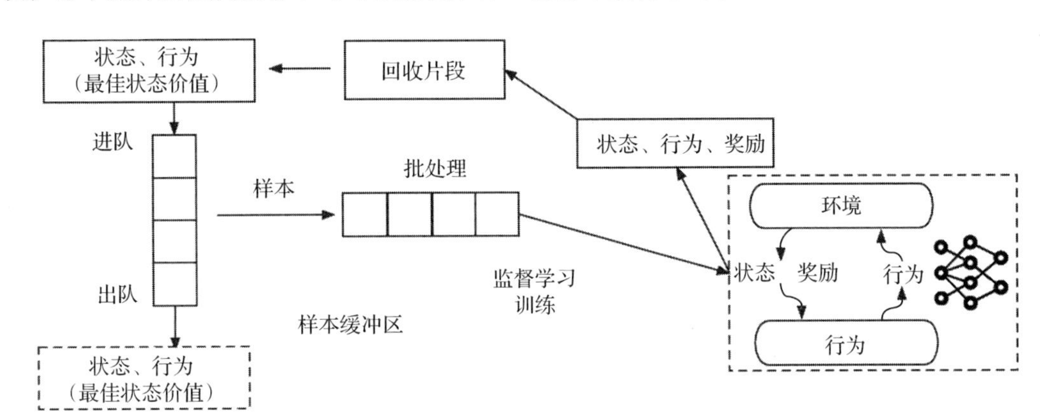

图 3-4　样本缓冲区结构图

然而采用均匀采样是因为交互得到的序列存在时间维度上的相关性，每次交互得到的序列只能代表当前状态下的一次采样轨迹，无法代表所有可能的轨迹，这会导致估计结果和期望结果存在差距，并随着时间的增长而累积。如果使用完整序列进行训练，模型容易出现大幅波动，因为不同的轨迹估计值之间可能差异较大。采用均匀采样后，每次训练的样本通常来自多个交互序列，从而减轻了单个序列波动的影响，提高了训练效果的稳定性。此外，同一份样本可以被多次利用进行训练，提高了样本的利用效率。针对目标网络（target network），模型不稳定的另外一个原因来自算法本身，从 Q-Learning 的计算公式可以看出，算法可以分成如下两个步骤：①计算当前状态行动下的价值目标值；②网络模型的更新。

模型通过当前时刻的回报和下一时刻的价值估计进行更新，此时由于数据样本差异可能造成一定的波动而导致一些隐患。由于数据本身存在着不稳定性，每一轮迭代都可能产生一些波动，这些波动会立刻反映到下一个迭代的计算中，因而很难得到一个平稳的模型。为了减轻相关问题带来的影响，要尽可能地将价值回报的预测和数据样本采样这两个部分进行解耦。在论文[11]中，论文作者引入了目标网络，而原本的模型被称为行为网络（behavior network）。具体步骤包括：

1）在训练开始时，两个模型使用完全相同的参数。

2）在训练过程中，行为网络负责与环境交互，得到交互样本。

3）在学习过程中，由 Q-Learning 得到的目标价值由目标网络得到。然后用它和行为网络的估计值进行比较得出目标值并更新行为网络。

4）每当训练完成一定轮数的迭代，行为网络模型的参数就会同步给目标网络，这样就可以进行下一个阶段的学习了。

5）通过使用目标网络，计算目标价值的模型在一段时间内将被固定，减轻模型的波动性。具体来说，DQN 的算法如算法 3-1 所示。

算法 3-1 DQN 算法

DQN 算法

输入：初始化容量为 N 的样本缓冲区：D，初始化状态行为价值模型 Q 和参数，ω 初始化目标网络 $\hat{Q}$ 和参数 $\hat{\omega}$

for episode = 1, M do

  初始化环境，得到初始状态 s_1，并预处理得到 $\varphi_1=\varphi(s_1)$

for t = 1, T do

    以 ϵ 的概率随机选择一个行动 a_t，或者根据模型选择当前最优 $a_t = \max_a Q^*(\varphi(s_t), a; \theta)$

    执行行动 a_t，得到新一轮的状态 s_{t+1} 和回报 r_{t+1}

    预处理得到 $\varphi_{t+1}=\varphi(s_{t+1})$

    将 $\{\varphi_t, a_t, r_{t+1}, \varphi_{t+1}\}$ 存储到 D 中

    从 D 中采样一批样本 $\{\varphi_k, a_k, r_{k+1}, \varphi_{k+1}\}$

    计算 $y_k = \begin{cases} r_{j+1}, & \text{当}\varphi_{k+1}\text{是迭代中最后一步} \\ r_{j+1} + \gamma \max_a Q(\varphi_{k+1}, a'; \theta^-), & \text{其他情况} \end{cases}$

    根据目标函数 $(y_k-Q(\varphi_k, a_k; \theta))^2$ 进行梯度下降法求解

    每隔 C 轮完成参数更新 $\theta^- \leftarrow \theta$

  end for

end for

本章小结

本章主要介绍机器学习的基础知识，包括概念、定义、分类。并且分别介绍了监督学习、无监督学习、半监督学习、深度学习、强化学习的概念。然而受限于篇幅，诸如卷积神经网络、循环神经网络、长短期记忆网络、朴素贝叶斯算法等算法或模型都没有详细展开，感兴趣的读者可以自行寻找一些其他的资料、书籍或上网进行浏览学习。

参考文献

[1] ROSENBLATT F. The perceptron: a probabilistic model for information storage and organization in the brain[J]. Psychological review，1958，65(6)：386-408.

[2] 周志华 . 机器学习 [M]. 北京：清华大学出版社，2016.

[3] 李航 . 统计学习方法 [M]. 北京：清华大学出版社，2012.

[4] BISHOP C M，NASRABADI N M. Pattern Recognition and Machine Learning[M]. New York：Springer，2006.

[5] VINCENT P, LAROCHELLE H, LAJOIE I, et al. Stacked denoising autoencoders: Learning useful representations in a deep network with a local denoising criterion[J]. Journal of Machine Learning Research, 2010, 11(12): 3371-3408.

[6] DHILLON I S. Co-clustering documents and words using Bipartite Spectral Graph Partitioning[C]//Proceedings of the seventh ACM SIGKDD international conference on Knowledge discovery and data mining. [S.l.]: ACM, 2001: 269-274.

[7] ZHA H Y, HE X F, DING C, et al. Spectral relaxation for k-means clustering[J]. Advances in neural information processing systems, 2001, 14(1): 1-8.

[8] MEILA M, SHI J. A random walks view of spectral segmentation[C]//Proceedings IEEE Conference on Computer Vision and Pattern Recognition (CVPR). [S.l.]: IEEE, 2001: 663-668.

[9] WATKINS C J C H. Learning from Delayed Rewards[D]. Cambridge: King's College, 1989.

[10] MNIH V, KAVUKCUOGLU K, SILVER D, et al. Playing Atari with Deep Reinforcement Learning[J]. arXiv preprint arXiv:1312.5602, 2013.

[11] MNIH V, KAVUKCUOGLU K, SILVER D, et al. Human-level control through deep reinforcement learning[J]. Nature, 2015, 518(7540): 529-533.

CHAPTER 4

第 4 章

TinyML

TinyML（Tiny Machine Learning，微小机器学习）是 TinyML Asia[㊀]提出的，具体指机器学习在微控制器上以超低功耗运行的边缘侧人工智能。随着 TinyML 的发展，出现了诸如面向设备的边缘人工智能，使 TinyML 不仅仅局限于微控制器，也可在微处理器中使用。本章将详细介绍 TinyML 的发展和应用。

4.1 TinyML 与边缘嵌入式设备

据估计，现今可能有数千亿台嵌入式设备正在被使用且遍布消费、医疗、汽车和工业设备等领域。而作为机器学习、边缘计算和嵌入式设备结合的产物，TinyML 受到了软件和硬件行业的广泛关注，如英伟达、ARM、高通、谷歌、微软、三星等，其影响力和潜力可见一斑。

在传统物联网中，嵌入式设备更像是数据收集者。嵌入式设备不进行数据处理，而是将数据直接发送到云端进行处理。这种工作模式势必会导致以下问题或者带来一些痛点，如隐私、延迟、存储等，具体来说包含以下几点。

1）隐私。任何的数据传输都面临着数据被截获的风险。其中，智慧工厂等场景对于数据隐私具有极高的要求，而解决这种隐私问题的一种根本性方法就是尽可能减少数据传输，即尽可能在本地或者边缘处理数据，而不是选择将所有的数据直接发送到云端等待处理。

2）延迟。随着互联网应用的飞速发展，延迟敏感型应用大量涌现，如自动驾驶、虚拟现实、云游戏等。虽然云端有着大量的计算资源，可以加快计算，将计算的时间压缩得尽可能低，但是，网络链路的状况无法预测，以至于网络传输的质量往往难以保证，导致延

㊀ TinyML Asia 是 TinyML Foundation 旗下区域性的非营利性专业组织，致力于在边缘端支持和培育快速发展的超低功耗机器学习技术和方法来应对机器智能，网址：www.tinyml.org。

迟完全受限于通信状况。

3）存储。从数据源获取的数据并非全部是有用的，如监控视频中的大量静止帧、野生动物监控网络中不含目标野生动物的图像帧，某些内容大概率是无意义或者价值极低。因此，对于所获取的数据直接进行传输、存储显然是不经济、不明智的。

以上提及的这些问题和一些其他的原因催生了边缘计算的发展，人们开始萌生在边缘侧处理全部或部分数据的想法。据调查显示，未来有越来越多的数据会在边缘产生并倾向于在边缘侧进行处理，但目前的现实是边缘侧嵌入式设备的处理能力仍受到存储、能耗、处理器性能等多种因素的限制。而 TinyML 的提出，为海量的边缘侧设备带来了新的契机，为内存空间、计算能力和功耗方面都受到高度限制的设备提供了新的可能。使得微处理器仅靠一颗 CR2032 纽扣电池，在沙漠、荒原等环境恶劣地区运行一个机器学习应用的愿景成为现实。

4.2 TinyML 的核心技术

提及机器学习，大多数人都会联想到 GPU。更大、更强似乎成了机器学习的一种发展方向，大量的存储空间、算力、能耗俨然成了机器学习的标志。2020 年 5 月，人工智能非营利组织 OpenAI 发布了 GPT-3 [1]，其神经元数目高达 1750 亿，据悉，该模型的训练大概花费了 1000 万美元，仅其训练期间的耗电量大约需要一座核电站工作 3h。

然而，TinyML 面向的目标是边缘嵌入式设备，如 51 单片机、ARM 系列等，这些设备有些甚至只有 8 位，有些设备算力仅有平台的几十分之一，有些主存甚至不足 1 兆字节，有些因为缺少内存管理单元而无法运行操作系统。

机器学习的复杂与边缘嵌入式设备的简单之间的强烈反差，便是 TinyML 所要面临的核心挑战，即要如何把需要大量存储、算力、能量的深度学习模型在存储、算力、CPU 位数有限且能耗要求极高的嵌入式设备上部署并运行。要在嵌入式设备上实现深度神经网络（Deep Neural Network，DNN）推理，就需要对 DNN 进行压缩和加速。现如今，这方面的研究主要从算法和硬件两个层面开展 [2]，本文主要介绍在算法层面对 DNN 进行压缩和加速的方法。本文主要将算法层面的压缩方法分为模型剪枝 [3]、数据量化 [4]、知识蒸馏 [5]、轻量化模型设计 [6] 四类。这些方法能够减少 DNN 应用的内存访问的次数，同时由于减少了内存访问次数，使得 DNN 应用能够更高效地获取模型的参数和中间状态，从而进一步缩短了计算延迟。其中，模型剪枝会减去 DNN 中作用不明显的连接（参数），从而减少整个模型的参数数量实现模型压缩；数据量化则通过降低模型数据的比特数来将高精度的浮点运算转换为定点运算，从而降低模型的大小和尺寸；知识蒸馏（knowledge distillation）方法是使用大量数据训练一个大模型，然后再使用大模型来更快地训练一个较小的模型；轻量化模型设计则是从头设计一个较小来实现模型压缩，例如：设计更加轻量化的卷积核。

4.2.1　模型剪枝

DNN 的全连接层和卷积层中包含大量的冗余参数，这些参数的数值大部分都趋近于 0，最近的研究 [7] 表明减去这些参数只会带来很小的精度损失，但是模型的尺寸能够显著地变小。模型剪枝的基本思想是通过剪去 DNN 中冗余的参数，来减少模型的参数量和计算量，同时减少模型的内存访问次数提升模型的稀疏度，并以此实现对模型的压缩和加速。

1. 经典流程

Zhu 等学者 [8] 提出了一种简单易用的渐进式剪枝方法，该方法只需要在剪枝之后进行微调就能够恢复模型的性能，同时可以无缝地结合到 DNN 的训练过程中，在各种 DNN 架构上都具有较好的实用性和性能。该工作也是经典的模型剪枝工作，并且已经被应用到 TensorFlow 的模型优化工具包中，下面本文将具体介绍该方法，使读者能够了解模型剪枝的经典流程。

模型剪枝如图 4-1 所示，该方法以权重为单位对深度神经网络进行剪枝。对于要剪枝的每一层，该方法都会添加一个二值掩码变量。这个变量与对应层的权重张量具有相同的大小和尺寸，其中每一个元素都对应一个权重，而变量决定了该层哪些权重会参与模型的前向传播。同时该方法在 TensorFlow 的训练过程中添加了对应的操作，使得 TensorFlow 在模型的训练过程中能够按绝对值大小对权重进行排序，去掉模型中最小的那一部分权重，即掩码变量的对应位置为 0，直到整个模型的稀疏度达到预先的设定值。同时在反向传播的过程中被剪枝的权重也不会更新。该方法开发了一种自动的渐进式剪枝算法，其中从第 t_0 步训练开始，每隔 Δt 步就对模型进行一次剪枝，经过 n 次剪枝，模型的稀疏度从 s_i 逐步增加到 s_f，具体过程如式（4-1）所示。

$$s_t = s_f + (s_f - s_i)\left(1-\frac{t-t_0}{n\Delta t}\right)^3 \tag{4-1}$$

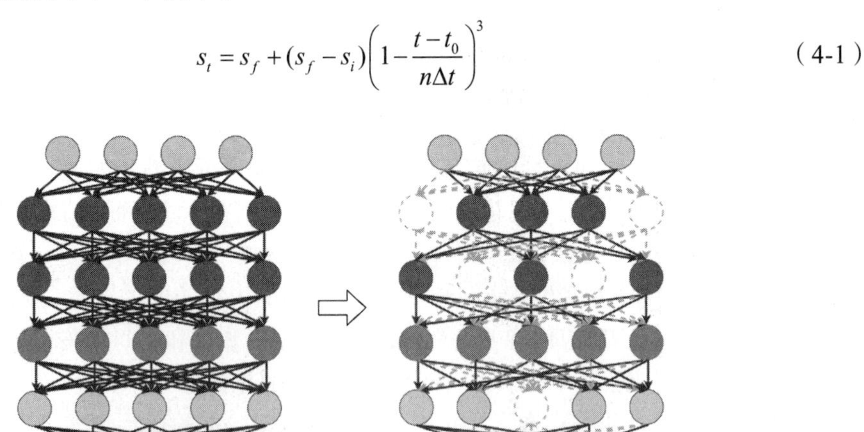

图 4-1　模型剪枝

随着模型的训练过程中二值掩码变量每隔 Δt 步更新一次，以此逐步提高模型的稀疏度，同时，当对权重的剪枝引起模型精度的较大损失时，允许被剪枝的权重重新恢复。从式（4-1）可以看出，在训练（剪枝）的初始阶段，冗余的权重（连接）比较多，此时被剪枝的权重（连接）数量也比较多，而随着剪枝的进行，模型中剩余的权重越来越少，被剪枝的权重也越来越少，直到模型的稀疏度达到 s_f。该方法的整个剪枝过程相当于一个迭代的过程。首先根据权重的绝对值大小来衡量权重的重要性，然后减去重要性最小的一组权重并且进行微调，最终通过迭代直到模型的稀疏度达到 s_f。

2. 问题建模

上述方法将剪枝问题视为一个启发式的搜索问题，同时直接使用绝对值大小来衡量权重的重要性。Zhu 等学者 [8] 使用的是一种渐进式的剪枝方法，而在文献 [7] 中则直接设定一个阈值，在进行剪枝时直接将绝对值小于阈值的所有权重都减去，通过阈值的设定来反映模型稀疏度和精度之间的权衡。这种朴素的基于启发式搜索剪枝方法非常直观，但缺点是缺乏有效的精度保证，通常会导致精度大幅下降，特别是在进行粗粒度的剪枝的情况下。

为解决上述问题，一些研究也会将剪枝建模为一个优化问题，通过对优化问题的求解来决定剪枝的位置，通过这种方法能够更好地获得最优解，从而在相同稀疏度的情况下尽可能获得更高的精度。此外，从剪枝的粒度方面将剪枝分为非结构化的剪枝和结构化的剪枝，其中结构化的剪枝可以减少索引产生的开销。同时，为了能够更好地获得硬件层面的支持，可以采用将这两种分类角度相互交叉的方式进行剪枝操作，下面本文将主要从问题建模的角度进行阐述。

（1）基于启发式搜索的方法

剪枝方法都受到 LeGun 等人 [9] 和 Hassibi 等人 [10] 的工作的启发。Liu 等的研究工作 [7] 表明即使构建了大量的连接边，模型的精度仍旧没有很大的损失。同时最近的研究 [8] 表明，在相同内存条件下，相对于从头开始训练的小型的稠密模型，经过剪枝之后的大型的稀疏模型（例如：CNN、RNN 等）始终具有更高的精度。这些研究都表明了剪枝方法的潜力。

文献 [8] 中就是一种基于启发式搜索的剪枝方法，其中在进行训练时如果出现较大的精度损失时，可以将被剪枝的权重恢复。另一种思路则是基于梯度来进行考虑 [11]，当对应的梯度显著增加时再将被剪枝的权重恢复。同时，基于启发式搜索的剪枝方法主要以权重为单位来对模型进行剪枝，该方法会导致额外的索引开销，如果没有额外对于稀疏计算的支持，则在实践中很难获得真正的加速。因此，最近的研究开始更多地考虑粗粒度结构化的剪枝。Ji 等学者 [12] 通过迭代地对稀疏的权重进行排序产生了块层级的稀疏。Yu 等学者 [13] 通过对权重进行分组，然后对重要性较小的一组权重进行剪枝，由此能够更好地利用 SIMD 单元的数据长度，加速模型推理速度。Li 等学者 [14] 则直接对 CNN 中的过滤器进行剪枝，当对一个卷积层的一个过滤器进行剪枝之后，可以同时移除前一层和后一层中与该过滤器关联的部分，由此带来更大的提升。与此同时，被剪枝的过滤器也可以在之后的训练过程中被恢复，称之为软过滤器剪枝（soft filter pruning）[15]。

同时，还可以通过计算对应参数对损失函数的二阶导数大小来衡量权重的重要性[9]，二阶导数越小说明对应参数对损失函数的影响越小，从而尽可能保持剪枝之后模型的精度。

（2）基于优化问题的方法

相较于基于启发式搜索的方法，最近的研究更多地关注于基于优化问题的方法来对模型进行剪枝，该方法能够在尽可能保持模型精度的情况下提升模型的稀疏度。

结构稀疏化学习[16]是一种基于优化问题的剪枝方法，该方法将权重分组为结构化的形状，并且根据绝对值大小为每一组添加正则项，最后模型的损失函数被修改如式（4-2）所示。

$$\min_{W} L = L_0(W) + \lambda \sum_{g=1}^{G} \left\| W^{(g)} \right\|_2 \tag{4-2}$$

式中，G 是结构化权重分组的个数，λ 是对应的惩罚因子，其大小会影响模型的稀疏度，$L_0(W)$ 是普通的损失函数。需要注意的是，为了简便起见，这里省略了偏置系数。在经过结构稀疏化学习之后，就可以对权重较小的分组进行剪枝，同时尽可能地减少模型的精度损失。在这个剪枝方法中可以对权重进行不同层级的分组，从而形成不同的稀疏化结构。

与此同时，最近的研究开始将交替方向乘子法（Alternating Direction Method of Multipliers，ADMM）的优化框架引入模型剪枝问题实现高精度的剪枝[17–20]。

总的来说，模型剪枝方法的关键就在于如何实现模型的稀疏度和模型的精度之间的权衡，在提高模型稀疏度的情况下尽可能保持模型的精度。以下是三条经验性的结论：其一是之前的模型剪枝主要关注对权重的剪枝，这是非结构化的剪枝。而现在的工作则更多地关注结构化的剪枝，因为在现有的深度学习框架和硬件加速框架中，结构化的剪枝更便于实现和加速。其二是相对于早期启发式的剪枝方法，基于优化的剪枝方法以及自动化的剪枝方法能够更好地减少精度损失。其三是相对于全连接层，卷积层本身的稀疏度更高，使得剪枝方法能够带来的提升也更少。

4.2.2 数据量化

数据量化就是使用更少的比特数来表示和存储 DNN 中的数据，以此来降低模型的尺寸并且对模型推理进行加速。常用的数据量化主要是 8 比特量化，该方法将 32 位的浮点数量化为 8 位的定点数，极大地减小模型的尺寸。相对于其他模型压缩方法，数据量化能够有效地降低模型的内存占用和推理延迟。如图 4-2 所示，使用 Tensorflow 提供的工具对模型进行量化之后模型尺寸变为了原始的四分之一，模型的推理速度也有了较大的提升。同时相较于其他压缩方法，数据量化是更加硬件友好的，量化之后的模型在一些通用硬件（如 CPU 或 GPU）以及特定的硬件（如 FPGA）上都能够实现比较好的加速效果。

1. 量化的数据对象

从图 4-3 中可以看到 DNN 主要分为前向传播、反向传播、模型更新三个阶段，在这三个阶段中主要有五个可以被量化的数据对象：权重（W）、激活值（A）、损失（E）、梯度（G）以及模型的更新（U）。这里的损失（E）特指模型激活值的梯度，而梯度（G）特指模型参数的梯度。

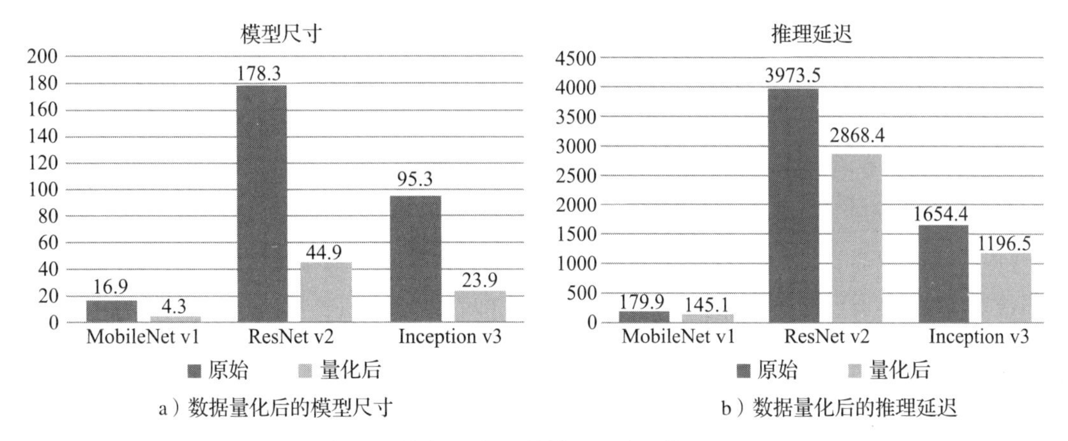

a）数据量化后的模型尺寸　　b）数据量化后的推理延迟

图 4-2　数据量化后的模型尺寸和推理延迟

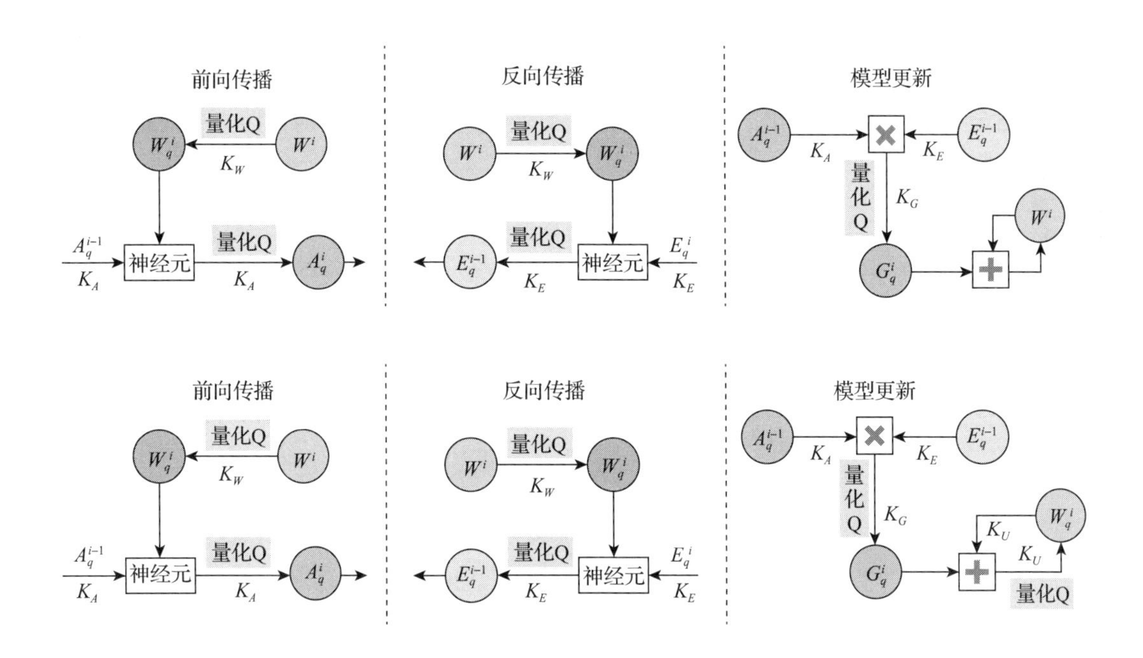

图 4-3　量化的数据对象

通常来说，根据量化的数据对象可以将量化方法分为两类，其中第一类方法如图 4-3 上面部分所示，首先高精度（如 32 位浮点数）的权重被量化为 K_W 位的定点数，其次在前向传播和反向传播中分别将模型的激活值（A）和损失（E）量化为 K_A，K_E 位定点数，在得到梯度（G）之后再将其量化到 K_G 位，最后累加得到权重的最终更新值执行模型更新。第二类方法如图 4-3 下面部分所示，与第一类方法的主要区别是第二类方法对累加之后的模型更新（U）也进行了量化，将其量化为 K_U 位定点数。总的来说，量化的数据对象分为三个层级：一是模型权重（W）；二是前向传播和反向传播中的数据（A, E）；三是梯度和模型更新（G, U）。

2. 量化的数据分布

在经过量化之后，数据将被离散化，这些离散化的数据可能会有不同的数据分布。量化的数据分布主要有三种：均匀分布、对数分布以及动态分布，如图 4-4 所示。

1）均匀分布 [21] 是现在实践中运用最广的一种数据量化技术，非常易于实现，特征是所有相邻的离散点之间的步长是相等的。但是这种分布不能很好地反映原始数据的分布，原始数据的分布很可能是非均匀的，若使用均匀的数据分布对其进行量化，则不同的离散点对应的原始数据数量是不同的，这可能会造成模型的精度损失。

2）相较于预先选择一个固定的步长，非均匀量化相邻的离散点之后的步长可以根据原始数据的分布动态变化，这使得量化之后的离散点分布与原始数据的分布尽可能匹配，从而提升模型的精度。对数分布 [22] 是一种典型的非均匀分布，步长呈指数型变化，通常为 2 的指数。同时，通过训练，对数分布的量化方法可以通过移位来快速实现乘法运算。

3）若将量化问题建模为一个优化问题，此时目标就是找到一个离散分布使得分布与原始的数据分布最为接近，动态分布时所有的离散点都可以根据真实的数据分布动态选择以实现更高的精度。

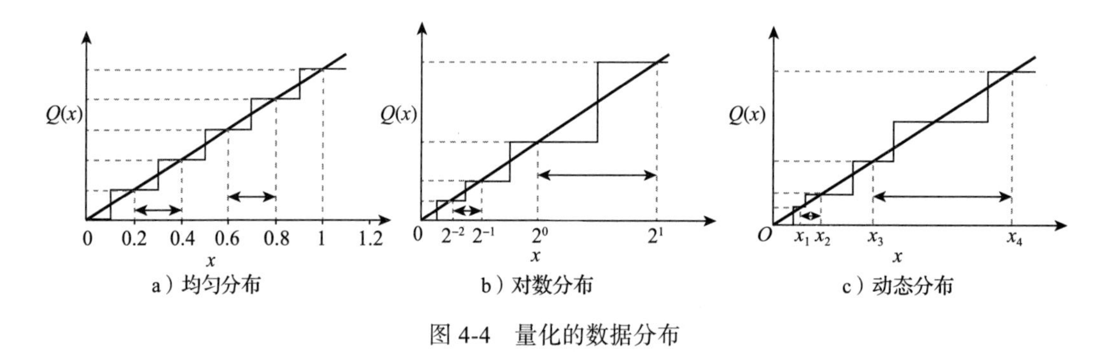

图 4-4 量化的数据分布

3. 主流量化方法

数据量化方法的兴起源于最早的二值化网络 [4,23-25] 和三值化网络 [26-29]，其中二值化网络的量化函数如式（4-3）所示。

$$\begin{cases} Q(x)=1, & x \geqslant 0 \\ Q(x)=-1, & \text{其他} \end{cases} \tag{4-3}$$

其中，二值化网络直接将 DNN 中的数据量化为 {−1, 1} 两个数值，同时也有些工作将

$\{-1, 1\}$ 替换为 $\{0, 1\}$。同样的三值化网络的量化函数可通过式（4-4）表示。

$$\begin{cases} Q(x) = -1, & x < -0.5 \\ Q(x) = 1, & x > 0.5 \\ Q(x) = 0, & \text{其他} \end{cases} \tag{4-4}$$

在研究中还有许多基于上述二值化网络和三值化网络的变体。Wen 等 [30] 提出了一种随机的三值化网络，其中一个数据对应的离散点是根据一个概率函数来决定的，同时还添加了一个放缩因子 $\alpha = \max(|x_i|)$，此时 $Q(x) \in \{-\alpha, 0, \alpha\}$。不同于基于启发式的量化思路，数据量化问题还可以被建模为优化问题 [25]，对于二值化网络，问题可以被描述如下：

$$\min_{\alpha \in R^+, Q^B} \left\| X - \alpha Q^B(X) \right\|_2^2 \ \text{s.t.}\ Q_i^B \in \{-1, 1\} \tag{4-5}$$

式中，α 为放缩因子，通过求解这个优化问题，就能够得到效果更好的放缩因子，以此提升量化之后模型的精度。二值化网络和三值化网络都是极低比特的量化方法，这种量化方法能够最大程度地压缩模型的尺寸，加快模型推理的速度。但是对于一些负载的网络，极低比特的量化方法降低了模型的表达能力，使得量化之后的模型精度不可接受。而另一种主流的量化方法是 8 比特量化，Jacob 等学者 [31] 提出了一种 8 比特量化方法，这种量化方法通过一个量化函数将所有的浮点数映射到一个 8bit 的定点数上。同时可以使用量化值的整数运算高效实现模型推理。8 比特量化对应的变换函数如式（4-6）所示。

$$r=S(q-Z) \tag{4-6}$$

式中，r 对应真实浮点数据值，q 是对应的量化整数值，S 是放缩因子，是一个浮点数，Z 和 q 的数据类型一致，相当于一个偏移量，使得量化值的 0 和真实值的 0 相对应。在数据量化中还有基于权重聚类的量化方法 [7,32]，如图 4-5 所示，该方法首先通过聚类算法将模型的权重分为几类，然后将所有属于一类的权重都量化为同一个数值，以此实现对整个模型的压缩。

4. 总结与讨论

在上述提到的数据量化技术以外，还有很多数据量化技术，例如量化感知训练等，本文不做详细阐述。在数据量化领域现如今还存在一些挑战，下面本文将从前向传播和反向传播这两个角度进行总结。首先，对于前向传播而言，其一是模型精度和数据量化之间的权衡。数据量化降低了模型中数据的精度，这在一定程度上降低了模型的表达能力，因此模型的准确性也会降低，如何才能更好地实现这两者之间的权衡。其二是数据的范围和数据精度之间的权衡。在数据量化中，如果使用的比特数是确定的，则量化之后数据的范围和数据的精度是成反比的，这两者对模型精度的影响不同，如何才能更好地实现这两者之间的权衡。其三是均匀量化和非均匀量化之间的权衡。非均匀量化能够对模型实现更好的压缩，同时尽可能提升模型的精度，非均匀量化在硬件层面难以加速。而均匀量化是硬件友好的，能够更好地实现硬件加速。而对于反向传播而言，在进行数据量化之后，由于量化函数的影响，模型参数的梯度难以求解，如式（4-7）所示。

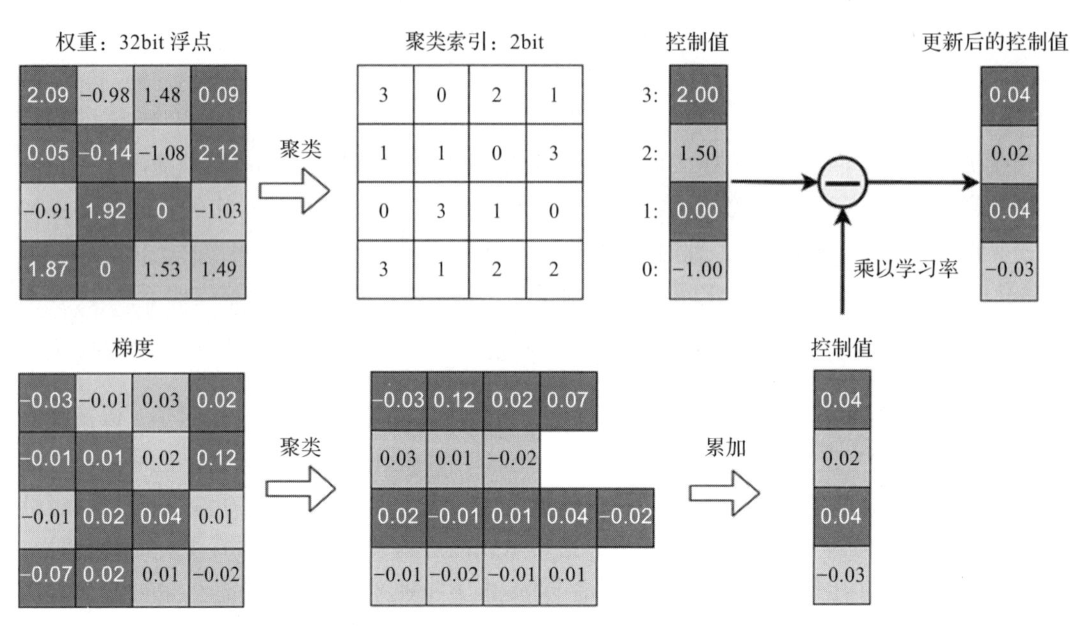

图 4-5　基于权重聚类的量化[7]

$$\frac{\partial L}{\partial \boldsymbol{W}_f^{\mathrm{T}}}=\frac{\partial L}{\partial P(a)}\frac{\partial P(a)}{\partial a}\frac{\partial a}{\partial Q(\boldsymbol{W}_f^{\mathrm{T}})}\frac{\partial Q(\boldsymbol{W}_f^{\mathrm{T}})}{\partial \boldsymbol{W}_f^{\mathrm{T}}} \tag{4-7}$$

式中，a 为激活值，$Q(\cdot)$，$P(\cdot)$ 分别是激活值的量化函数和模型参数的量化函数。由于一般的量化函数的梯度都为 0，所以通过式（4-7）难以对模型参数的梯度进行求解。

4.2.3　轻量化模型设计

现如今 DNN 在越来越多的任务中表现出杰出的性能，而这些性能的提升大多源于越来越深的网络结构，但越来越深的网络结构通常会极大地降低模型的推理速度。与上述介绍的模型剪枝和数据量化技术不同，轻量化模型设计不是基于对一个原始模型的修改，而是从头设计一个 DNN 的模型或者模块，以此来实现模型的压缩和加速。CNN 是现如今应用最广的 DNN，而 CNN 的计算量主要由其中的卷积操作决定，所以本文主要关注轻量化卷积模块的设计，并且从层内的空间相关性和层与层之间的通道相关性两个角度进行介绍。除此之外，例如神经网络架构搜索[33]（neural architecture search）等技术也是轻量化模型设计的一个重要方向，但由于篇幅的限制本文不做具体介绍。

1. 空间相关性

相对于多层感知机，CNN 的重要特点在于共享权重的局部连接，使得卷积操作对于空间变换具有不变性，同时在感受野内部具有较高的空间相关性。在 CNN 中感受野的大小会极大地影响模型的表达能力 [34]，因此，在层内的空间相关性层面，可以对卷积操作进行优化，使其在相同的尺寸下具有更大的感受野，由此实现轻量化卷积模块的设计。

首先一种直观的增大感受野的方法就是简单地增大卷积核的尺寸，但这种方法会导致对应参数量和计算量的二次增长。将一个大的卷积核拆分为多个小的卷积核的堆叠可以在降低计算量的情况下实现相同大小的感受野。例如，两个 3×3 的卷积的感受野和一个 5×5 的卷积的感受野相近，但是参数量和计算量减少了 28%。这种通过多个较小的卷积核（例如：3×3 的卷积核）的堆叠实现更大感受野的方法在现代 CNN 中已经被普遍应用。

另一种增加感受野的方法是空洞卷积 [35]，图 4-6 是原始的卷积操作，可以看到空洞卷积在原始的卷积操作中加入空洞，使得在相同的计算量和参数量的情况下极大地扩大了 CNN 的感受野，从而实现了轻量化的卷积。这种卷积操作特别适用于语义分割、语音生成、机器翻译这类任务。

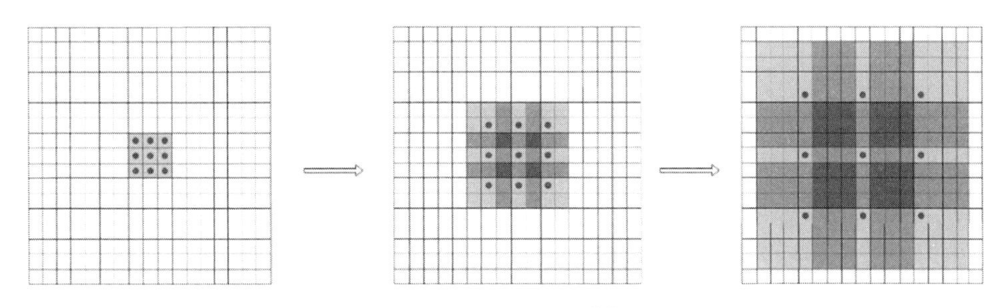

图 4-6　空洞卷积 [36]

可变卷积 [36] 是空洞卷积的拓展，如图 4-7 所示，可变卷积通过为卷积核的每个位置设置一个二维的偏移量来动态地设定采样的位置，其中偏移量可以通过学习获得。通过这种方法不仅可以扩大模型的感受野也可以增大模型对于空间变化的表达能力。

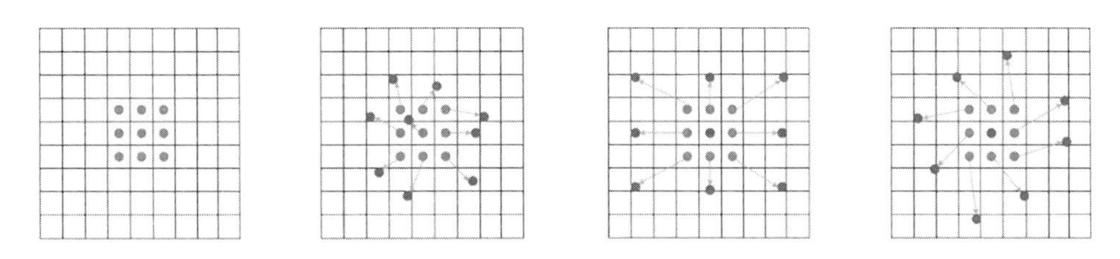

图 4-7　可变卷积 [37]

2. 通道相关性

大部分 DNN 都是由简单的层和模块依次组成，随着网络深度的逐渐增加，其带来的性能提升增益将会递减，而对应的计算量和参数量呈现二次增长。通过改变一个卷积层内通道间的拓扑来修改标准卷积操作，减少卷积操作的参数量和计算开销，成为模型轻量化的一种新思路。对于每一个输出通道，标准的卷积操作可以分为两步：第一步是每个通道的输入与卷积核对应的通道做卷积操作；第二步是将不同通道的结果线性聚合得到最后的卷积结构。基于以上分析，可以对卷积操作进行修改实现轻量化的卷积操作。

首先可以通过引入 1×1 卷积操作来减少参数的数量，1×1 卷积本质上只是对所有特征的线性投影，不会改变特征图的空间相关性，但可以在尽可能保持模型表达能力的前提下降低通道的数量，从而极大地降低参数量和计算量。这就是所谓的 bottleneck 结构[37,38]。

另一种实现轻量化卷积的方法就是分组卷积[39]，这种方法将输入的特征图按通道分为 k 组，同时也将卷积核按通道分为 k 组，输入特征图的分组仅与对应的卷积核分组做卷积操作，最后将所有卷积操作的结果连接得到最后的卷积结果，这个计算可以使用式（4-8）来表达。

$$x_{l+1}=[\mathrm{Conv}_l^1(x_l^1),\mathrm{Conv}_l^2(x_l^2),\cdots,\mathrm{Conv}_l^k(x_k^2)] \tag{4-8}$$

式中，将特征图分为 k 组，最后得到的卷积操作的参数量是标准卷积操作的 $1/k$。当单块 GPU 无法满足计算需求时，适合在多个 GPU 上采用分组卷积方法实现分布式的训练。ResNeXt[39] 是分组卷积和 ResNet[40] 的结合版本，可以提升模型的精度。分组卷积也存在一些问题，分组卷积最后的输出特征图中每一个通道的信息都只由输入特征图的部分通道信息决定，这使得分组卷积无法综合多个通道的信息提取更高维度的高层特征，降低了模型的表达能力。

另一个在轻量化模型设计方面非常著名的方法是深度可分离卷积。该方法能够极大地压缩模型的参数量和计算量，也是 MobileNet[41] 的主要思想，可以加速模型在 CPU 设备和嵌入式设备（例如：手机）上的推理速度。具体来说，深度可分离卷积主要分为两步，第一步是深度卷积操作，如图 4-8 所示，与分组卷积类似，输入特征图的每一个通道都只与卷积核的部分通道做卷积，与分组卷积不同的是，深度卷积采取了一种更加激进方式。深度卷积令卷积核的通道数与输入特征图的通道数相等，并将输入特征图的每一个通道都视为一个分组并与卷积核的一个通道做卷积，得到的结果作为输出特征图的一个通道。

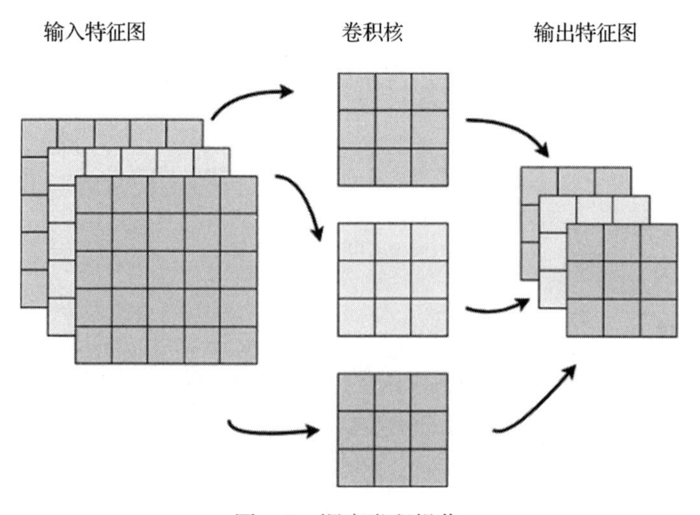

图 4-8　深度卷积操作

深度可分离卷积的第二步是一个 1×1 的卷积操作，也叫逐点卷积，如图 4-9 所示，通过添加逐点卷积操作，深度可分离卷积就能综合高层的特征，降低输入特征图的通道数量，减少参数的数量。相比分组卷积，深度可分离卷积不仅可以综合高层特征，提高模型的表达能力，通过改变输出特征图的通道数进一步压缩模型。整个深度可分离卷积背后的基本假设是标准卷积操作中实现的空间相关性和通道相关性可以被充分地解耦并且分步实现。

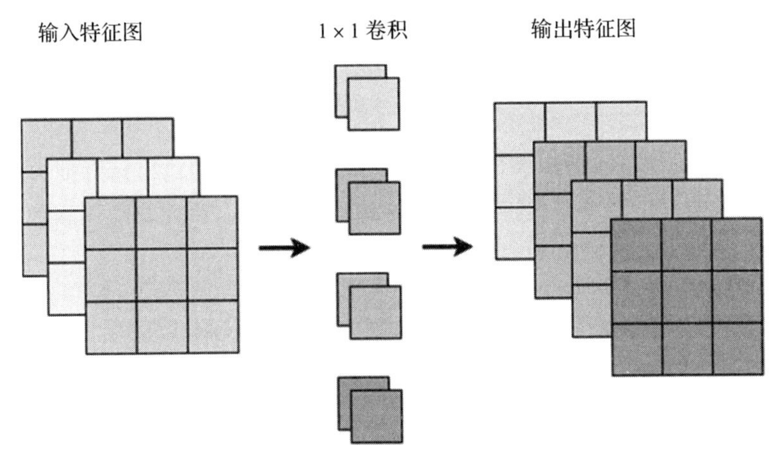

图 4-9 逐点卷积

4.2.4 知识蒸馏

具体来说，知识蒸馏是另一种模型压缩技术[5]，主要思路是先利用数据集训练一个大模型，并将其称为教师模型，即“teacher model”。然后使用教师模型来训练一个相对较小的学生模型，即“student model”，学生模型能够从教师模型中学到更多的信息达到和教师模型相近的性能，从而达到使用模型压缩的目的。这背后的基本假设是从头训练一个较大的模型要比从头训练一个较小的模型更加容易[42]。

以分类任务为例，如图 4-10 所示，需要注意的是在使用教师模型训练学生模型的时候不是直接使用教师模型最终的输入与学生模型最终的输入计算损失，而是根据两者 Softmax 函数的输出结果来计算损失。具体来说：教师模型 Softmax 输出的有关负标签的信息也是重要的。通过计算 Softmax 的损失，学生模型能够从教师模型中学习到更多的信息。例如，对于手写数字识别任务，教师模型 Softmax 函数的输出是当前图像属于各个数字的概率。假设输入 1 时，教师模型的输出 1 的概率为 0.8，输出 7 的概率为 0.2，此时学生模型根据这个结果计算损失，不仅可以学到有关数字 1 的信息，也可以学到数字 1 和数字 7 是比较相似的信息。通过这种训练方法就能使学生模型从教师模型中快速地学习更多的知识，在较小的网络结构下实现更好的性能。

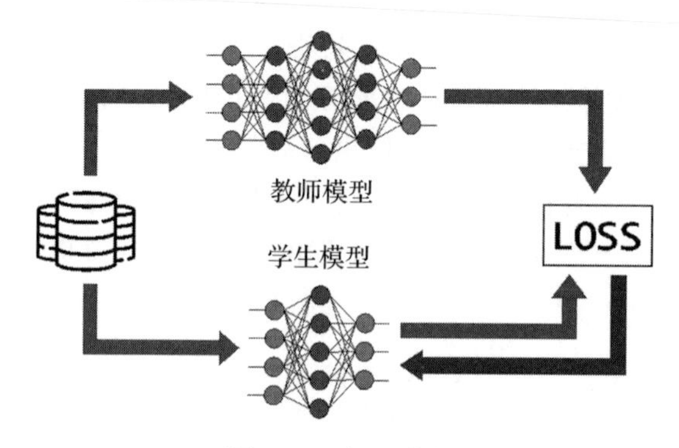

图 4-10 知识蒸馏

同时从式（4-9）中可以看出若使用原始的 Softmax 函数的输出计算损失，由于指数函数的影响，负标签对应的概率都接近于 0，不利于学习效率。因此，使用教师模型训练学生模型时，会将 Softmax 函数修改为式（4-10）的形式。

$$q_i = \frac{\exp(z_i)}{\Sigma_j \exp(z_j)} \tag{4-9}$$

$$q_i = \frac{\exp(z_i / T)}{\Sigma_j \exp(z_j / T)} \tag{4-10}$$

与式（4-9）比较，修改之后的 Softmax 函数增加了 T，这被称为知识蒸馏的温度系数。当 T 越大时，Softmax 函数的输出分布越平滑，学生模型就能够更多地从负标签中学习到相关的信息。综上所述，知识蒸馏的损失函数如式（4-11）～式（4-13）所示。

$$L = \alpha L_{\text{soft}} + \beta L_{\text{hard}} \tag{4-11}$$

$$L_{\text{soft}} = -\sum_{j}^{N} p_j^T \log(q_j^T) \tag{4-12}$$

$$L_{\text{hard}} = -\sum_{j}^{N} c_j^T \log(q_j^1) \tag{4-13}$$

式中，L_{soft} 表示根据教师模型的输出同时使用修改的 Softmax 函数计算学生模型的损失；L_{hard} 表示根据真实标签和原始 Softmax 函数计算的学生模型的损失。通过添加 L_{hard}，当教师模型出现错误时，学生模型也能够从真实标签中学习正确的信息。

4.3 TinyML 相关研究

为了使机器学习模型更加轻量化，业界和学术界在芯片架构、数据结构、算法模型等方面都进行了大量的研究。

Bankman 等学者 [43] 描述了一种混合信号二进制卷积神经网络处理器。该处理器首先通过使用二值网络来极大简化乘法运算并集成所有片上存储；接着，通过采用了适用于低电压操作的高能效开关电容神经元，解决二值网络的宽向量求和；此外，其体系结构具有高并行性、参数重用性和局部性㊀等特点。同时，由于其执行一项图像分类任务时，仅使用内存计算，不存在芯片外 DRAM㊁访问，因此极大降低了其分类的能耗。作者所提供的数据表明，该处理器在 CIFAR-10㊂上进行一次分类的能耗仅为 3.8μJ 且准确率高达 86%。

Kumar 等学者 [44] 开发了一种新颖的基于树的算法 Bonsai，可用于资源严重受限的嵌入式设备（如 ATmega328P㊃）上进行高效的预测，同时该算法是微软嵌入式学习库（Embedded Learning Library，ELL）㊄的一部分。Bonsai 设计的基准为：尽可能减小模型的大小、缩减运行时所需内存、缩短预测时间和优化预测能耗，不惜以增加训练成本为代价。Bonsai 的特点在于，其学习一个单一、浅且稀疏的树。同时，Bonsai 通过一个学习过的稀疏投影矩阵将每个输入特征向量投影到一个低维空间，这样做的好处在于：一是因为所有参数都是在一个低维空间学习的，因此减小了模型的大小；二是更好地满足设备寄存器大小的约束；三是学习过的投影矩阵可以有效提升模型的预测精度。论文作者在文章中表明，Bonsai 即使在低频微控制器上，其预测也可以做到毫秒级，并在多个基准数据集上实现了极高的预测精度，较当时的同类算法高出 30%。

4.4 TinyML 应用

许多学者和从业者有这样一个共识：如果可以以低于 1W 的功率运行神经网络模型，则可以实现许多全新的应用 [46]。目前，TinyML 应用越来越多，其中典型的有：①启动指令监测，如“OK, Google”“Hi, Siri”“YES/NO”和“ON/OFF”等；②人物检测，如暗光环境下检测到人出现时开灯；③动作检测，如拿起手机时唤醒屏幕。

因此，本节整理了一些有趣的 TinyML 相关应用，首先是 Arduino 团队和 TensorFlow Lite 团队共同在 Arduino Nano 33 BLE Sense㊅上实现了许多令人感到惊奇的 TinyML 应用。在 TensorFlow 的博客网页㊆上，展示了他们实现的三款应用，具体描述如下。

㊀ 是指 CPU 访问存储器时，存取指令和数据所访问的存储单元都趋于聚集在一个较小的连续区域。

㊁ Dynamic Random Access Memory，动态随机存取存储器。

㊂ CIFAR-10 数据集由 10 个类别的 60000 张 32 × 32 彩色图像组成，每个类别有 6000 张图像。其网址为 http://www.cs.toronto.edu/~kriz/cifar.html。

㊃ 基于 Arduino Uno。其网址为 https://www.arduino.cc/en/Main/ArduinoBoardUno/，8 位微控制器，不支持浮点运算，时钟为 16 MHz，具有 2 KB RAM 和 32 KB Flash。

㊄ 微软的嵌入式人工智能和机器学习开源库，https://microsoft.github.io/ELL/。

㊅ 一款尺寸为 45mm × 18mm 的微控制器，时钟为 64 MHz，板上有 1 MB Flash 和 256 KB SRAM，拥有惯性测量单元（LSM9DS1）、麦克风（MP34DT05）、手势光线接近传感器（APDS9960）、气压传感器（LPS22HB）和温湿度传感器（HTS221）。

㊆ https://blog.tensorflow.org/2019/11/ how-to-get-started-with-machine.html。

1）Micro_speech。使用板载麦克风实现语音识别。通过 TensorFlow Lite Micro 的支持，可以在 Arduino 板上运行语音关键字识别应用，比如听到“YES”时板载 LED 亮绿灯，听到“NO”时板载 LED 亮红灯。

2）Magic_wand。使用板载惯性测量单元（IMU）进行手势识别。利用板载惯性测量单元监测到的数据，对手势进行识别，如握拳、举手、屈肘等。

3）Person_detection。使用外部 ArduCam 相机[㊀]进行人物识别任务，对相关人员进行识别和检测，判断人物位置、姿态和人员识别。

纵使上述视觉任务功能简单，但这是在时钟为 64MHz、板上仅有 1MB Flash 和 256KB SRAM、尺寸仅为 45mm × 18mm 的微控制器上实现的。除此之外，Audio Analytic 有限公司对于声音方面也有很多 TinyML 相关的研究。通过构建了适用于 ARM Cortex-M0+ 设备的 AI 模型，用来对特定的声音（如婴儿的哭泣声、报警器的声音、狗的叫声、窗户被打破的声音等）进行识别，一个具体的例子就是将一个预测婴儿哭泣的模型运行在了 NXP Kinetis KL82[㊁]上。可以合理推测出，来自 Audio Analytic 的模型，可以被用于入室盗窃报警、老人摔倒预警等广泛的智慧家居场景，从而提升人们的生活质量以及更大程度地减少各种危险情况的伤害。而这些甚至都不需要任何的互联网连接，所有数据的处理都可以由设备本身完成，充分保护了人们的隐私。另外，值得一提的是，出自该公司的 ai3 以及 ai3-nano 嵌入式软件平台[㊂]通过简单的 API，使得电子产品能够对特定的音频事件或声学场景进行反应。

可以有充分的证据进行断言：捕获到的数据远远多于使用的数据。TinyML 正在得到越来越多的关注，可以进一步挖掘数据内在价值的途径。当 TinyML 与边缘计算融合，在诸多场景下，可以实现从“以计算为中心”到“以数据为中心”的范式变革。可以预见的是，当 TinyML 与边缘计算结合，TinyML 将会被应用到越来越多新颖、富有吸引力的场景。

本章小结

本章介绍了 TinyML，这是可运行在微控制器上的机器学习技术。首先，从 TinyML 和边缘嵌入式设备展开，阐述了现有的“以计算为中心”的计算范式所面临的挑战，即：为什么需要 TinyML。接着，通过逐个介绍了 TinyML 中涉及的一些核心技术：模型剪枝、数据量化、轻量化模型设计和知识蒸馏。特别是对模型量化这一关键技术进行了详尽阐述。最后，为大家介绍了业界和学术界中，有关 TinyML 的研究和一些典型的应用。

㊀ https://www.arducam.com/arducam-usb3-0-camera-shield/。

㊁ 一款 ARM 微控制器，其上仅有 128KB Flash 和 96KB RAM 且不包含 DSP 或其他专用处理 IP。

㊂ https://www.audioanalytic.com/product/。

参考文献

[1] BROWN T B, MANN B, RYDER N, et al. Language Models are Few-Shot Learners[J]. CoRR, 2020, 3(3): 1897-1901.

[2] DENG L, LI G Q, HAN S, et al. Model Compression and Hardware Acceleration for Neural Networks: A Comprehensive Survey[J]. Proceedings of the IEEE, 2020, 108(4): 485-532.

[3] HAN S, POOL J, TRAN J, et al. Learning both Weights and Connections for Efficient Neural Networks[J]. Advances in neural information processing systems, 2015, 28(1): 1-9.

[4] HUBARA I, COURBARIAUX M, SOUDRY D, et al. Binarized neural networks[J]. Advances in neural information processing systems, 2016, 29(1): 1-9.

[5] CHEN Z, ZHANG L, CAO Z, et al. Distilling the knowledge from handcrafted features for human activity recognition[J]. IEEE Transactions on Industrial Informatics, 2018, 14(10): 4334-4342.

[6] SANDLER M, HOWARD A, ZHU M, et al. MobileNetV2: Inverted Residuals and Linear Bottlenecks[C/OL]. [2021–12–22]. https://openaccess.thecvf.com/content_cvpr_2018/html/Sandler_MobileNetV2_Inverted_Residuals_CVPR_2018_paper.html.

[7] LIU K, LIU W, MA H, et al. A real-time action representation with temporal encoding and deep compression[J]. IEEE Transactions on Circuits and Systems for Video Technology, 2020, 31(2) : 647-660.

[8] ZHU M, GUPTA S. To prune, or not to prune: exploring the efficacy of pruning for model compression[C/OL]. arXiv preprint arXiv:1710.01878, 2017[2024-03-17]. https://arxiv.org/abs/1710.01878.

[9] LECUN Y, DENKER J, SOLLA S. Optimal brain damage[J]. Advances in neural information processing systems, 1989, 2(1): 598-605.

[10] HASSIBI B, STORK D. Second order derivatives for network pruning: Optimal brain surgeon[J]. Advances in neural information processing systems, 1992, 5(1): 1-8.

[11] GROSSBERG S. Recurrent neural networks[J]. Scholarpedia, 2013, 8(2): 18-88.

[12] JI Y, LIANG L, DENG L, et al. TETRIS: Tile-matching the tremendous irregular sparsity[J]. Advances in neural information processing systems, 2018, 31(1): 1-8.

[13] YU J, LUKEFAHR A, PALFRAMAN D, et al. Scalpel: Customizing DNN Pruning to the Underlying Hardware Parallelism[J]. ACM SIGARCH Computer Architecture News, 2017, 45(2) : 548–560.

[14] LIN S, JI R, LI Y, et al. Toward compact convnets via structure-sparsity regularized filter pruning[J]. IEEE Transactions on Neural Networks and Learning Systems, 2019, 31(2): 574-588.

[15] HE Y, DONG X, KANG G, et al. Asymptotic soft filter pruning for deep convolutional neural networks[J]. IEEE Transactions on Cybernetics, 2019, 50(8): 3594-3604.

[16] WEN W, WU C, WANG Y, et al. Learning structured sparsity in deep neural networks[J]. Advances in neural information processing systems, 2016, 29(1): 1-9.

[17] GUO J, XU D, OUYANG W. Multidimensional Pruning and Its Extension: A Unified Framework for Model Compression[C/OL]. New York: IEEE Transactions on Neural Networks and Learning Systems, 2023[2024-04-30]. DOI: 10.1109/TNNLS.2023.3266435.

[18] LEE K, HWANGBO S, YANG D, et al. Compression of Deep-Learning Models Through Global Weight Pruning Using Alternating Direction Method of Multipliers[J]. International Journal of Computational Intelligence Systems, 2023, 16(1): 17-28.

[19] ZHOU S, XU X, BAI J, et al. Combining multi-view ensemble and surrogate lagrangian relaxation for real-time 3D biomedical image segmentation on the edge[J]. Neurocomputing, 2022, 5(12) : 466-481.

[20] CHOWDHURY K, WANG Y, IOANNIDIS S. Radio Frequency Fingerprinting on the Edge[J]. IEEE Transactions on Mobile Computing, 2022, 21(11): 147-156.

[21] ZHONG K, NING X, DAI G, et al. Exploring the potential of low-bit training of convolutional neural networks[J]. IEEE Transactions on Computer-Aided Design of Integrated Circuits and Systems, 2022, 41(12): 5421-5434.

[22] YAO J, CAO X, HONG D, et al. Semi-active convolutional neural networks for hyperspectral image classification[J]. IEEE Transactions on Geoscience and Remote Sensing, 2022, 60(1): 1-15.

[23] COURBARIAUX M, BENGIO Y, DAVID J P. Binaryconnect: Training deep neural networks with binary weights during propagations[J]. Advances in neural information processing systems, 2015, 28(1): 163-176.

[24] LIU H, LIU M, LI D, et al. Recent advances in pulse-coupled neural networks with applications in image processing[J]. Electronics, 2022, 11(20): 32-64.

[25] RASTEGARI M, ORDONEZ V, REDMON J, et al. XNOR-Net: ImageNet Classification Using Binary Convolutional Neural Networks[C]//Cham: Springer International Publishing, 2016: 525-542.

[26] LI F, ZHANG B, LIU B. Ternary weight networks[C]//2023-2023 IEEE International Conference on Acoustics, Speech and Signal Processing (ICASSP). New York: IEEE, 2023: 1-5.

[27] ZHU C, HAN S, MAO H, et al. Trained ternary quantization[EB/OL]. [2024-04-30]. https://arxiv.org/abs/1612.01064.

[28] HWANG K, SUNG W. Fixed-point feedforward deep neural network design using weights+ 1, 0, and−1[C]//2014 IEEE Workshop on Signal Processing Systems (SiPS). New York: IEEE, 2014: 1-6.

[29] OTT J, LIN Z, ZHANG Y, et al. Recurrent neural networks with limited numerical precision[EB/OL]. [2023-10-28]. https://arxiv.org/abs/1608.06902.

[30] WEN W, XU C, YAN F, et al. Terngrad: Ternary gradients to reduce communication in distributed deep learning[J]. Advances in neural information processing systems, 2017, 30(1): 1-10.

[31] JACOB B, KLIGYS S, CHEN B, et al. Quantization and training of neural networks for efficient integer-arithmetic-only inference[C]//Proceedings of the IEEE conference on computer vision and pattern recognition. New York: IEEE, 2018: 2704-2713.

[32] WU J, WANG Y, WU Z, et al. Deep k-means: Re-training and parameter sharing with harder cluster assignments for compressing deep convolutions[C]//International Conference on Machine Learning. [S.l.: s. n.], 2018: 5363-5372.

[33] ZOPH B, LE Q V. Neural architecture search with reinforcement learning[C/OL]. arXiv preprint arXiv:1611.01578, 2016[2023-10-28]. https://arxiv.org/abs/1611.01578.

[34] LUO W, LI Y, URTASUN R, et al. Understanding the effective receptive field in deep convolutional

neural networks[J]. Advances in neural information processing systems, 2016, 29(1): 1-8.

[35] ZHANG J, LIN S, DING L, et al. Multi-scale context aggregation for semantic segmentation of remote sensing images[J]. Remote Sensing, 2020, 12(4): 701-714.

[36] WANG X, CHAN K C K, YU K, et al. Edvr: Video restoration with enhanced deformable convolutional networks[C]//Proceedings of the IEEE/CVF conference on computer vision and pattern recognition workshops. New York: IEEE, 2019: 10-20.

[37] SZEGEDY C, VANHOUCKE V, IOFFE S, et al. Rethinking the inception architecture for computer vision[C]//Proceedings of the IEEE conference on computer vision and pattern recognition. New York: IEEE, 2016: 2818-2826.

[38] HUANG G, LIU Z, VAN DER MAATEN L, et al. Densely connected convolutional networks[C]//Proceedings of the IEEE conference on computer vision and pattern recognition. New York: IEEE, 2017: 4700-4708.

[39] XIE S, GIRSHICK R, DOLLÁR P, et al. Aggregated residual transformations for deep neural networks[C]//Proceedings of the IEEE conference on computer vision and pattern recognition. New York: IEEE, 2017: 1492-1500.

[40] HE K, ZHANG X, REN S, et al. Deep residual learning for image recognition[C]//Proceedings of the IEEE conference on computer vision and pattern recognition. New York: IEEE, 2016: 770-778.

[41] HOWARD A G, ZHU M, CHEN B, et al. Mobilenets: Efficient convolutional neural networks for mobile vision applications[EB/OL]. [2023-10-28]. https://arxiv.org/abs/1704.04861.

[42] FRANKLE J, CARBIN M. The lottery ticket hypothesis: Finding sparse, trainable neural networks[EB/OL]. [2023-10-28]. https://arxiv.org/abs/1803.03635.

[43] BANKMAN D, YANG L, MOONS B, et al. An Always-On 3.8 u J/86% CIFAR-10 mixed-signal binary CNN processor with all memory on chip in 28-nm CMOS[J]. IEEE Journal of Solid-State Circuits, 2018, 54(1): 158-172.

[44] KUMAR A, GOYAL S, VARMA M. Resource-efficient machine learning in 2 kb ram for the internet of things[C]//International conference on machine learning. [S. l.: s. n.], 2017: 1935-1944.

[45] SHAFIQUE M, THEOCHARIDES T, REDDY V J, et al. TinyML: current progress, research challenges, and future roadmap[C]//2021 58th ACM/IEEE Design Automation Conference (DAC). New York: IEEE, 2021: 1303-1306.

[46] WARDEN P, SITUNAYAKE D. Tinyml: Machine learning with tensorflow lite on arduino and ultra-low-power microcontrollers[M]. Sebastopol: O'Reilly Media, 2019.

CHAPTER 5

第 5 章

分布式机器学习与联邦学习

随着云计算和大数据技术的不断发展，进入了一个前所未有的大数据时代，训练数据的规模飞速扩大，对计算机软硬件都提出了更高的要求。现有的机器学习算法在实际应用中，面临问题复杂程度高、训练数据庞大等挑战。因此，需要使用更复杂的机器学习模型，同时调用计算机集群来完成数据处理。分布式机器学习正是研究如何使用计算机集群来训练大规模机器学习模型，从而加快模型收敛速度，达到更好的训练效果。

机器学习的模型训练需要大量的优质数据，但实际生活中绝大多数企业和用户都存在数据量少、数据质量差的情况。此外，这些数据中还包含大量的个人隐私、商业机密等信息，会引发数据隐私安全的问题。国内外也纷纷出台相关法律法规，对数据隐私保护的监管也愈发严格。为解决与传统中心化机器学习在隐私保护方面的局限与挑战，提出了联邦学习这一技术。联邦学习[1]是一种隐私保护的分布式机器学习框架，在保证数据隐私安全以及合法、合规的条件下，各参与方共享数据资源，就可以进行数据联合训练，提升机器学习模型的效果。本章将依次对分布式机器学习和联邦学习进行详细的介绍。

5.1 分布式机器学习

本节将从分布式机器学习的基本概念、基本框架与分布式学习所面临的挑战与机遇来介绍。

5.1.1 基本概念

分布式机器学习（Distributed Machine Learning，DML）指利用多个计算节点进行机器学习的算法和系统，旨在提高性能、保护隐私，并可扩展至更大规模的训练数据和更大的模型。随着数据规模的不断增大，机器学习的优化问题也变得越来越复杂。为了解决这些问题，许多优化算法都扩展了随机版本和并行化版本，而分布式机器学习正是其中的一种。当需要处理的数据集非常大且有计算机集群可以利用时，那么分布式随机梯度下降（Stochastic Gradient Descent，SGD）算法就是一个很好的选择。它可以大幅提高训练速度，但是由于 SGD 算法本质是串行的，所以如何进行异步处理仍然是一个问题。虽然串行能够保证收敛，但是如果训练集较大，速度会成为一个瓶颈；而如果进行异步更新，就可能导致不收敛。因此，如何在分布式机器学习中实现有效的 SGD 算法，是一个重要的课题。

在分布式机器学习中，如图 5-1 所示，深度学习中的梯度计算任务将分成 n 份，交给 n 个从机进行计算，再将计算后的梯度返还到主机，用于模型的更新。当数据集规模、神经网络参数量较大时，相较于单个主机进行计算，该方式可以极大地提升计算速度。但是，这种方法也同样存在问题，假设在分布式系统上使用 SGD 算法，从机每次输入一个样本数据（x_i, y_i），就需要将梯度计算出来送入主机进行更新，主机与从机的交流损耗就会大幅度增加。因此，需要简化传输过程中的梯度进行压缩、取值，从而减小传输过程中的时间损耗。

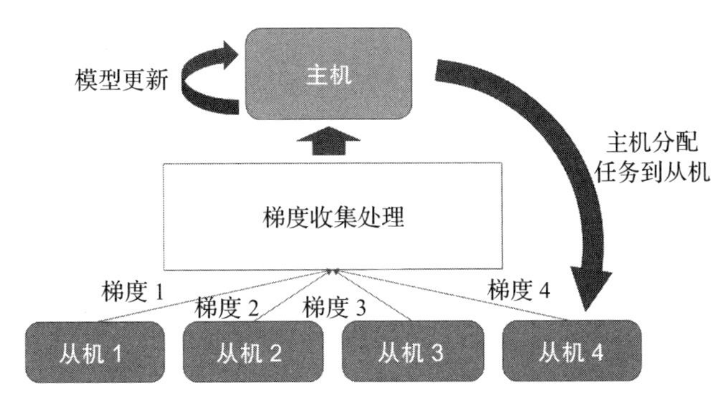

图 5-1　分布式机器学习架构

面对这种情况，许多新型的软硬件技术应运而生，比如图形处理器（Graphics Processing Unit，GPU）和大规模计算机集群。GPU 具有较高的并行度和计算能力，可以大大提高计算效率。然而当训练数据量大、计算复杂度高时，单块 GPU 的能力仍然不足以胜任，需要利用分布式集群，特别是 GPU 集群来完成训练任务。大数据、大模型、GPU 集群为机器学习的发展打下了坚固基础，但如何训练出出色的机器学习模型，仍然存在一定的难度。

5.1.2　基本框架

分布式机器学习涉及如何划分训练数据、分配训练任务、调配计算资源、整合分布式的训练结果。在实际应用中，大致有三种需要使用分布式机器学习的情形：一是计算量过大、二是训练数据太多、三是模型规模太大，这三种情形常是掺杂在一起发生的。

分布式机器学习系统框架可以用图 5-2 进行描述，其由以下几个重要模块构成：数据与模型划分模块、单机优化模块、通信模块以及数据与模型聚合模块。在不同的算法和系统中，这些模块的具体实现方式和相互关系可能各不相同，但基本原理是互通的。

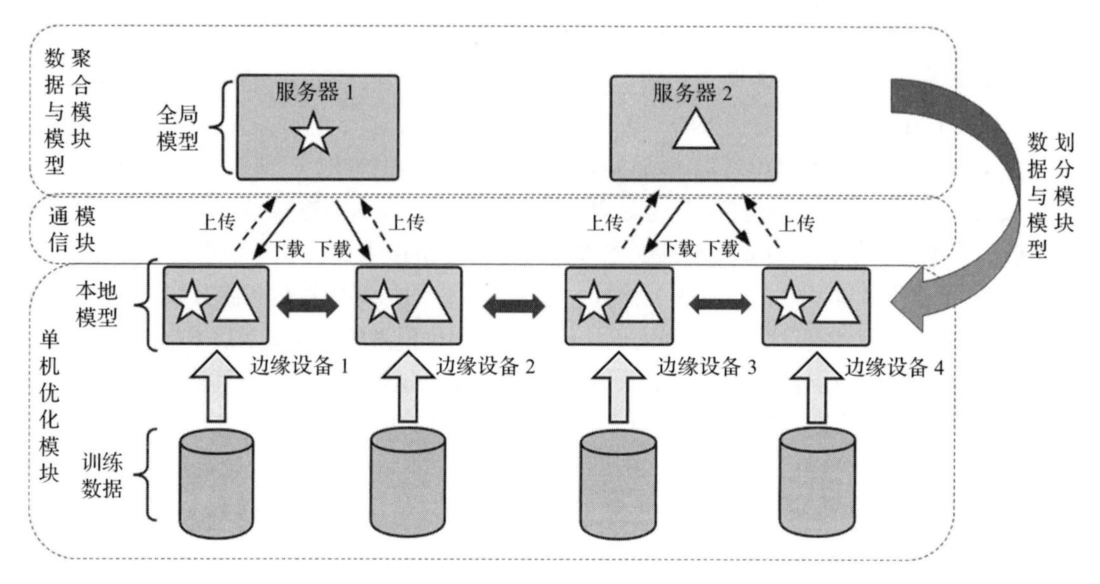

图 5-2 分布式机器学习系统框架

下面本节将对这些主要模块进行分别介绍。

1）数据与模型划分模块。当拥有大量训练数据或者大规模机器学习模型、无法由单机完成存储和计算时，需要将数据或模型进行划分并分配到各个工作节点。这里主要有两个操作的角度：其一是对训练样本进行划分；其二是对每个样本的特征维度进行划分。

2）单机优化模块。每个工作节点只需要根据分配给自己的局部训练数据和子模型来进行训练，即计算经验风险（所有训练样本上的损失函数之和），利用某种优化算法（如 SGD）通过最小化经验风险来学习模型的参数。

3）通信模块。为了实现全局的信息共享，需要把各个子模型或子模型的更新（如梯度）作为通信的内容。通信的拓扑结构有：基于迭代式 MapReduce 或 AllReduce 的通信拓扑、基于参数服务器的通信拓扑、基于数据流的通信拓扑。通信的步调有：同步的、异步的、半同步的和混合同步的。为了减小通信带宽需求，可以采取模型压缩、模型量化、模型参数随机丢弃等方法。

4）数据与模型聚合模块。参数服务器收到来自不同工作节点的本地模型后，可以通过简单平均，求解一个一致性优化问题或模型集成来获得全局模型。

5.1.3 挑战与机遇

分布式机器学习技术发展迅猛，提供了各种架构、算法、性能和效率的解决方案。为了更好地利用该技术，必须克服一些基本的挑战，例如，提出有效的并行数据处理机制，并将处理结果聚合成一致性模型。尽管已有成熟的分布式机器学习系统，但仍有许多未解决的开放性问题亟待解决。

1）性能。目前提高性能的一种方式是通过增加额外的资源，以牺牲效率为代价减少训练时间。当计算资源足够时，为了达到快速训练模型的目标，大幅增加总计算资源和相关能耗也是可以接受的。使用GPU可以提高性能，但效率会受限于其他硬件性能的瓶颈。基于同步SGD的框架的性能问题更加严重，这些框架在基准测试中只能实现线性加速，而大多数基准测试最多只测试几百台机器，而证明TensorFlow的规模可能会大几个数量级。因此，学术界有必要进行更多的研究，这些研究将报告这些系统在更大、更现实的应用中的性能、可扩展性，以及工作负载优化和系统架构的研究结果，从而提供宝贵的见解。

2）容错性。分布式机器学习中基于同步AllReduce[2]的方法比传统的参数服务器方法（达到一定的集群大小）具有更好的可伸缩性，但缺乏容错能力。若一台机器发生故障，整个训练过程都会被影响。当节点数量属于较小的范围时，这仍然是一个可控的问题。但是当节点数量过大，超过某一个临界值时，任一节点出现故障的概率会变得很高，从而导致训练的失败。异步实现不会受到这个问题的影响，它们被设计为明确容忍分散的和失败的节点，对训练性能的影响很小。那么，性能和容错很难同时兼顾，混合方法则提供了一种自定义这些特征的方法，尽管它们还不经常被使用。因此，需要探索是否有更好的方法存在或探索是否有一种有效的方法来实现容错AllReduce。

3）隐私性。在某些情况下，训练数据的不同子集合相互隔离是必要的。最严格的情况是，每个数据集都位于不同的机器或集群上，并且在任何情况下都不能位于同一地点，甚至不能移动。另一种在隐私敏感的上下文中训练模型的方法是使用分布式集成模型，它允许训练数据子集的完美分离，但是需要找到一种方法来适当地平衡每个训练模型的输出以获得无偏差的结果。另外，基于参数服务器的系统也可以用于隐私环境，因为训练模型可以从训练结果中分离出来。联邦学习系统也可以部署，多方共同学习准确的深度神经网络，同时保持数据本身的本地性和机密性，通过应用差分隐私来保护各自数据的隐私。但是，基于生成对抗网络的攻击表明记录级差异隐私在联邦学习系统中通常无效。

4）可移植性。随着机器学习技术的普及，市面上涌现了许多用于创建和训练神经网络的不同库和框架，但是每种框架都使用自定义格式来存储结果，限制了模型在生产中的部署。此外，由于X86_64和ARM处理器架构分别是服务器和移动设备市场上执行应用程序的主流，同时也出现了GPU硬件高效执行神经网络模型及定制ASIC，为了让模型能够在各种硬件平台上运行，可移植性变得越来越重要。为此，ONNX格式出现了，它定义了一个协议缓冲区架构，可以定义一个可扩展的计算图模型以及标准运算符和数据类型。支持ONNX的框架有Caffe、PyTorch、CNTK和MXNet等，并且存在转换器，如TensorFlow。

5.2 联邦学习

联邦学习是在进行机器学习的过程中，各参与方可借助其他方数据进行联合建模。联邦学习的机制与分布式机器学习有相似之处，但它所面对的学习环境更为复杂，并且更加注重用户数据的隐私保护，以满足日益严格的数据安全监管法律的要求。深圳前海微众银行股份有限公司出版的《联邦学习白皮书 V1.0》中对于联邦学习给出定义：在各方的数据不出本地的情况下，进行数据联合训练，建立共享的机器学习模型[3]。联邦学习架构如图 5-3 所示。在联邦学习中，将每个参与共同建模的企业称为参与方，各个参与方的数据集是非独立同分布的，根据参与方之间数据分布不同，可以把联邦学习分为三类：横向联邦学习、纵向联邦学习和联邦迁移学习。

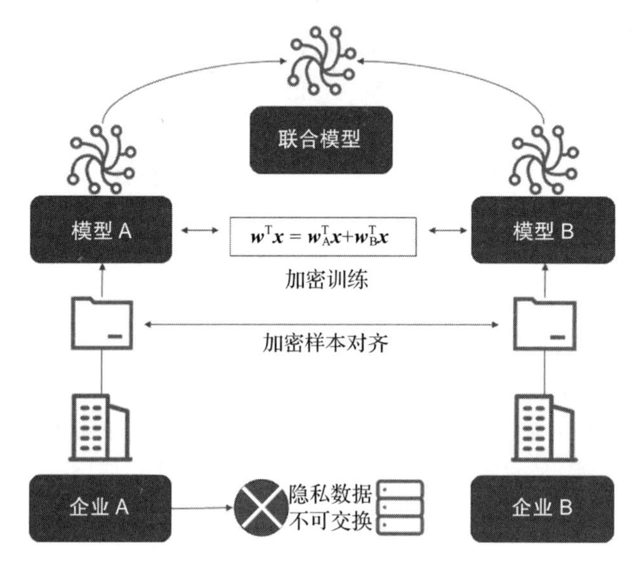

图 5-3 联邦学习架构

5.2.1 横向联邦学习

当特征重叠较多且用户重叠较少的两个数据集按照用户维度进行横向切分时，这种联邦学习方式称为横向联邦学习。横向联邦学习结构与分布式机器学习相似，同时更加注重对用户数据的隐私保护，以应对越来越严格的数据安全监管法律。它包含了机器学习样本的联合，例如：两家银行分别位于不同的地区，它们服务的客户群体不同，但是两家银行提供的业务相似，因此记录的用户特征相同，可以使用横向联邦学习。

在传统的机器学习建模中，通常把模型训练需要的数据集合到一个数据中心后再训练模型和执行预测。横向联邦学习的基本架构如图 5-4 所示，可以视为基于样本的分布式模型训练，分发全部数据到不同的机器。每台机器从服务器下载模型，然后利用本地数据训练模型，之后返回给服务器需要更新的参数；服务器聚合各机器上返回的参数，更新模型，再把最新的模型反馈到每台机器。在这个过程中，每台机器下都是相同且完整的模型且机器之间不交流、不依赖，在预测时每台机器也可以独立预测，可以把这个过程看作基于样本的分布式模型训练。谷歌最初就是采用横向联邦学习的方式解决终端用户在本地更新模型的问题。

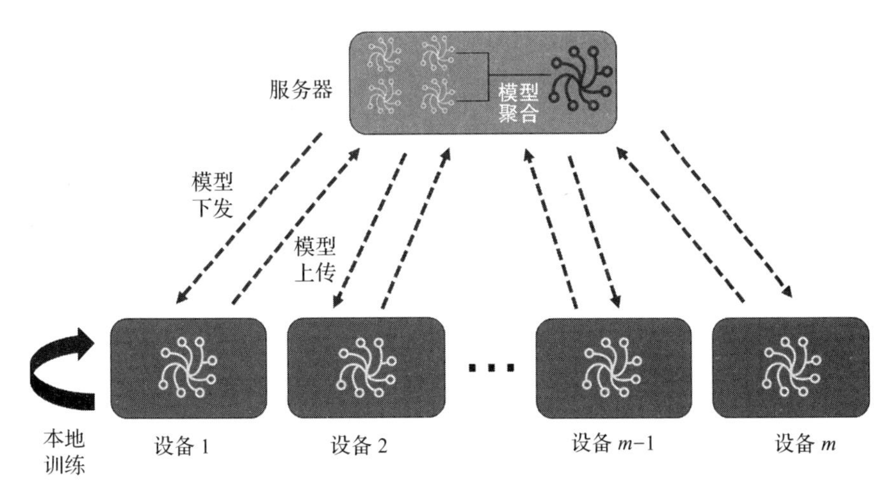

图 5-4　横向联邦学习的基本架构

5.2.2　纵向联邦学习

在两个数据集的用户重叠较多而用户特征重叠较少的情况下，按照特征维度对数据集进行纵向切分，取出用户相同而用户特征完全不同的数据进行训练，这种联邦学习方式称为纵向联邦学习。纵向联邦学习的本质是交叉用户在不同业态下的特征联合。例如，位于同一个地区的一家银行和一家电商，它们是两个不同的机构，但是它们的用户群体大部分是该地的居民，因此用户的交集比较大。因此，可以通过纵向联邦学习的方式，在加密的状态下对特征进行聚合，增强模型的能力。

纵向联邦学习的本质是交叉用户在不同业态下的特征联合，纵向联邦学习的基本架构如图 5-5 所示。比如公司 A 和公司 B，在传统的机器学习建模过程中，需要将两部分数据集中到一个数据中心，然后再将每个用户的特征结合成一条数据用来训练模型。因此，需要双方有用户交集（基于结合结果建模），并有一方存在标签。但由于隐私安全，数据无法集中到一个数据中心，需要采用纵向联邦学习方式处理隐私数据。

纵向联邦学习的学习步骤可分为两步：第一步是加密样本对齐，这是在系统级做这件事，因此在企业感知层面不会暴露非交叉用户。第二步是对齐样本进行模型加密训练，首先由第三方 C 向 A 和 B 发送公钥，以加密需要传输的数据；接着 A 和 B 分别计算与自身相关的特征中间结果并加密交换，以得到各自的梯度和损失；然后 A 和 B 分别计算加密后的梯度，并加上掩码发送给 C，同时 B 计算加密后的损失发送给 C；最终 C 解密梯度和损失，并将其发回给 A 和 B，A 和 B 分别去除掩码并更新模型。

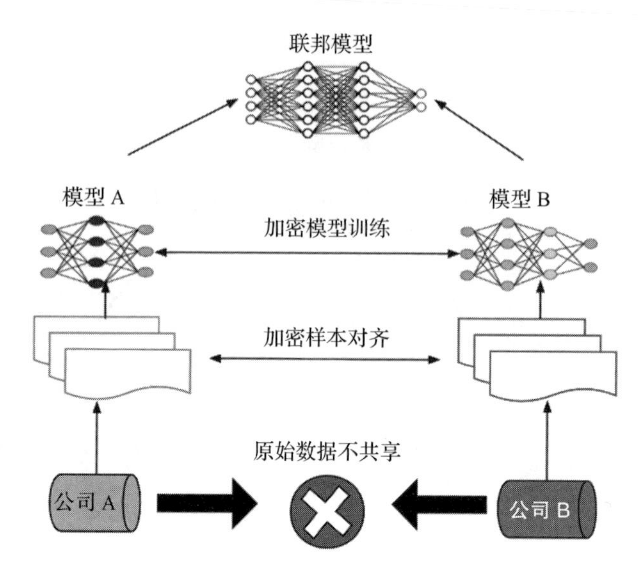

图 5-5 纵向联邦学习的基本架构

5.2.3 联邦迁移学习

迁移学习[4]是一种利用数据、任务和模型间相似性，将在原领域学习过的模型迁移到目标领域的学习方法。迁移学习的关键在于发现原领域与目标领域之间的相似性。当不同数据集的用户和用户特征重叠度都较低的情况下，无法对数据进行切分，联邦迁移学习可以应用于解决数据或者标签缺少的问题，尤其是以深度神经网络为基本模型的场景。例如，有两个位于不同地区的不同的机构，一家是 A 地银行，另一家是 B 地电商公司，由于地域的限制，它们的用户群体几乎没有重叠，这导致它们的用户数据集的数据特征也几乎没有重合。在这种样本量小、标签数量少的情况下，为了保证联邦学习的有效性，引入迁移学习是获得高效的训练模型的一种有效方法。

联邦迁移学习是纵向联邦学习的一种拓展，它是为了解决在保护隐私的前提下，数据或标签不足的问题而提出的。它的特点在于不仅可以应用于两个样本，还可以应用于两个不同的数据集，并且两个数据集的用户特征维度重叠部分也很少，只能说两份数据在某种程度上处于相同类别，联邦迁移学习就是为了寻找这种共同点而提出来的，以实现在任何数据分布、任何实体上均可以进行协同建模，以学习全局模型。

联邦迁移学习的基本架构如图 5-6 所示。首先构建一个联邦学习的网络架构，其中包括多个服务器节点，每个节点都拥有自己的模型和数据集。在联邦学习的网络中，各个节点都会运行自己的本地训练算法，以便从本地数据集中学习模型参数。随后在训练过程中，参与者之间会定期交换模型参数，以便从其他参与者的数据集中学习模型参数。最后在模型训练完成后，参与者间会再次交换模型参数，以便最终训练出一个集成模型，该模型可以以联邦的方式提取最佳模型参数。

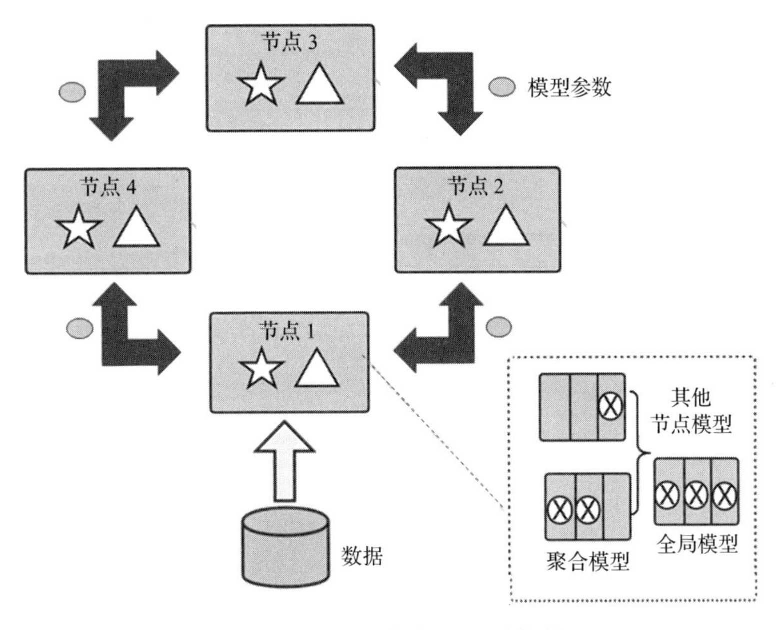

图 5-6　联邦迁移学习的基本架构

5.2.4　联邦学习框架

联邦学习能够有效解决数据孤岛问题，使参与方在不共享数据的基础上联合建模，从技术上打破数据孤岛。但是，目前这一技术在落地上存在一些困难。很多企业正努力推动联邦学习技术的落地，市面上也出现了许多联邦学习开源平台，目前主流的开源联邦学习框架有 FATE、TFF（TensorFlow Federated）、PaddleFL、PySyft、AngelFL 等。

1. FATE

微众银行 AI 队自主研发的 FATE（Federated AI Technology Enabler）[5] 是全球首个联邦学习开源框架，2019 年 2 月发布，旨在提供安全的计算框架来支持联邦 AI 生态。它采用 Python 语言开发，基于数据隐私保护的分布式安全计算框架，实现了基于同态加密和安全多方计算协议，为机器学习、深度学习算法提供高性能的安全计算支持，同时支持横向联邦学习和纵向联邦学习，底层基于 EggRoll 技术，可视化界面等周边比较完善。图 5-7 展示了 FATE 的架构。

2. TFF

TFF[6] 是谷歌开发的一款开源联邦学习平台，它可以利用大量的移动智能设备和边缘端计算设备的计算能力，在不离开本地的情况下，训练本地机器学习模型，并且通过谷歌开发的 Federated Averaging 算法，以较差的网络通信环境为前提，实现保密、高效、高质量的模型汇总和迭代流程，而且用户体验也不会受到任何影响。TFF 的架构如图 5-8 所示。

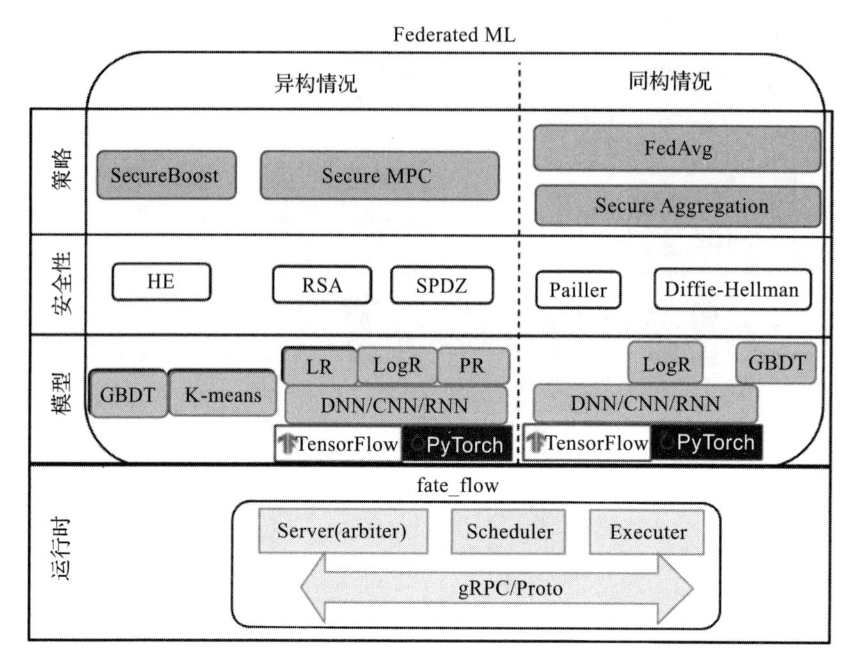

图 5-7 FATE 的架构

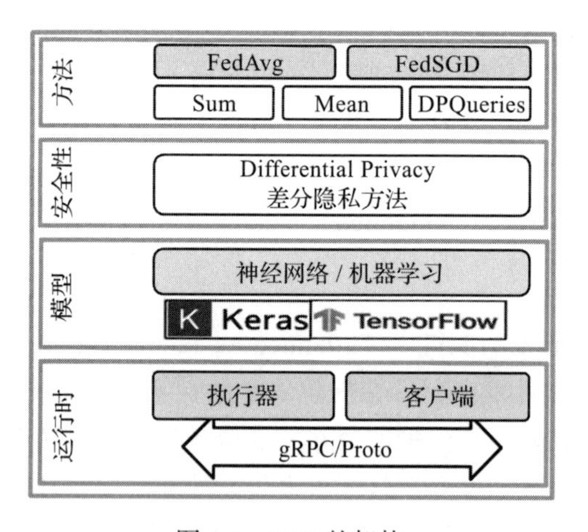

图 5-8 TFF 的架构

3. PaddleFL

2016 年，百度开源了飞桨（PaddlePaddle）深度学习平台[7]，为开发者提供了联邦学习的基础编程框架——PaddleFL，其中实现了横向联邦学习算法和纵向联邦学习算法，定义了包括多任务学习、迁移学习和主动学习在内的训练策略，并且封装了一些公开的联邦学习数据集。PaddleFL 在设计时将联邦学习的训练分为编译态和运行态，编译态下主要包括定义联邦学习策略、实现多种优化算法以及定义机器学习模型结构和训练策略，而运行态则通过 FL Job Generator 生成的 FL-Job 来开始联邦学习的模型训练。此外，飞桨还提供了丰富的模型库和预训练模型，让研究人员能够快速上手，并且可以应用于自然语言处理、计算机视觉和推荐算法等领域。PaddleFL 的架构如图 5-9 所示。

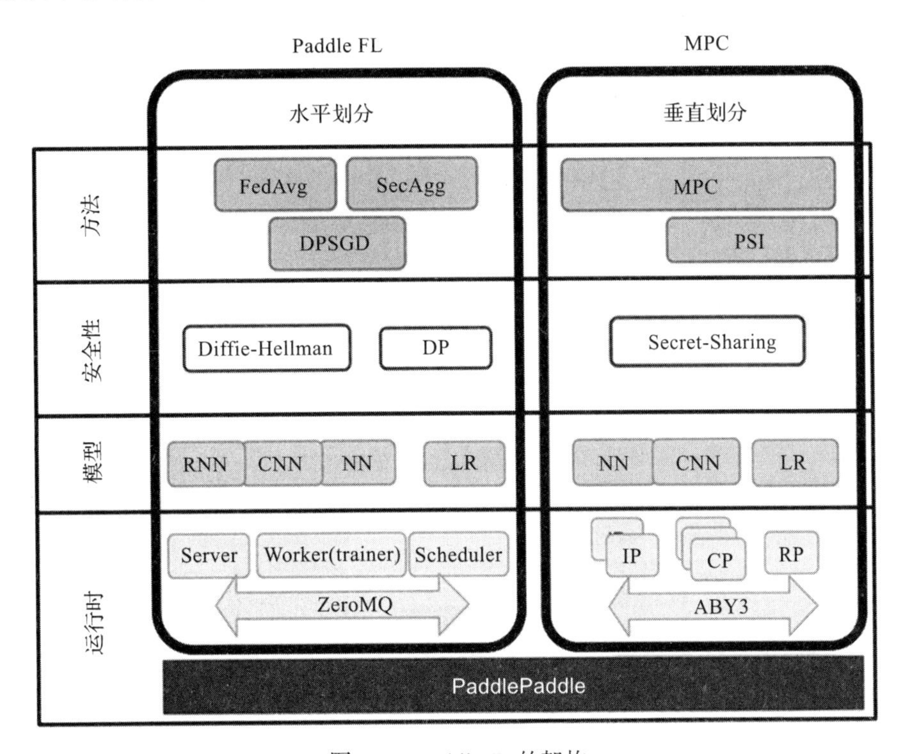

图 5-9 PaddleFL 的架构

4. PySyft

OpenMined 社区开发的 PySyft[8] 是一个基于安全及隐私保护的深度学习库，它将多种隐私计算策略（包括联邦学习、安全多方计算和差分隐私）应用到 PyTorch、Keras、TensorFlow 等开发的模型上，从而实现模型的隐私训练。PySyft 提供了抽象接口，让开发者可以灵活选择和组合使用多种隐私计算框架（如联邦学习、差分隐私）和安全工具（如 SecureNN、SPDZ）。目前，PySyft 主要支持横向联邦学习，未来还将支持纵向联邦学习。PySyft 的架构如图 5-10 所示。

5. AngelFL

腾讯开源的 Angel[9] 是一款全栈机器学习引擎，涵盖了机器学习的各个阶段，而基于它推出的 AngelFL 联邦学习库，其核心组件是 Angel-PS 参数服务器，基于 Spark 搭建，兼容性高，可与大数据系统如 HDFS 等数据打通，主要用于纵向联邦学习的场景。AngelFL 的架构如图 5-11 所示。

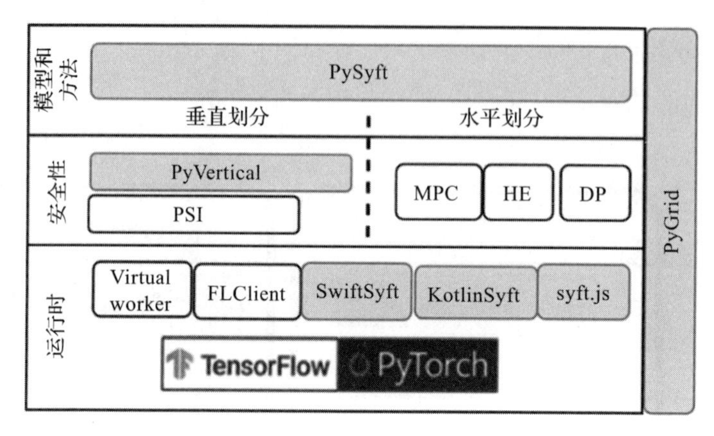

图 5-10 PySyft 的架构

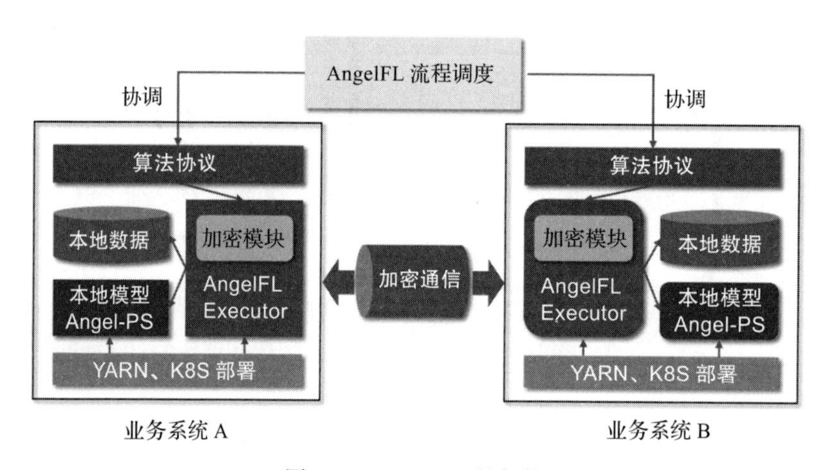

图 5-11 AngelFL 的架构

5.3 联邦学习与数据隐私

保护数据隐私是分布式机器学习的一个重要研究课题，特别是在处理大型用户（如企业、银行）拥有的敏感信息（如客户信息）、小型用户拥有的敏感信息（如定位、偏好等）方面。联邦学习作为一种特殊的分布式学习系统，可以提供一种可行的解决方案来加强数据隐私和安全性。它将训练任务下放到用户端，只将训练得到的模型参数结果或模型梯度发送给服务端，但由于双方交换的信息仍与用户群体的隐私有关，因此在通信过程中对信息的保护非常重要。随着全球范围内越来越多的国家出台保护用户隐私的法律，联邦学习开发团体也必须不断提高用户隐私保护技术。本节将介绍联邦学习中当前使用的数据隐私保护技术、数据隐私研究及发展方向。

5.3.1 数据隐私保护技术简述

在基于传统机器学习算法的联邦学习研究中，为了保障隐私，使用密码学技术处理数据传输过程是一个重要手段，其中重要的技术有差分隐私、同态加密和隐私保护集合交集等。

1. 差分隐私

差分隐私通过对用户数据进行加密处理，将其上传到服务器，以计算出群体的相关特征，而不能解析出个体的信息。为了达到这一目的，常用的办法是为数据加入噪声，其中指数、拉普拉斯和高斯等噪声机制是最常用的。然而，添加噪声时要量力而行，过多会导致数据失真，过少则无法起到保护作用。因此，必须对加入的噪声有一定的要求，如图 5-12 所示，对原始数据集 D，通过加入噪声 M 得到数据集 D'，再从 D' 中取出一个记录，再加入噪声 M 得到 D''，计算结果必须与 D' 一致才可以。

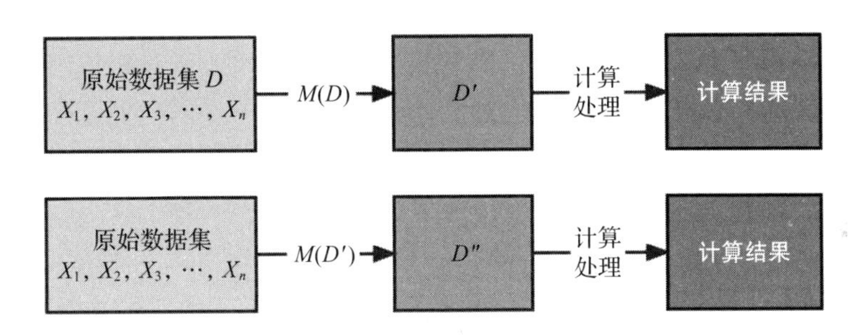

图 5-12　加入噪声数据处理流程图

差分隐私有两种工作模式：全局隐私和本地隐私。全局隐私是数据中心统一加噪声后再对外提供服务，这是分布式机器学习大多采用的方案。而在边缘设备属地差异过大的情况，采用本地隐私处理是更准确、更保守、更安全的模式。结合联邦学习技术，当机器学习模型在用户本地设备训练完成后，将权重参数加密后发送给服务器进行模型的参数聚合。但这种方式也是有缺点的。首先，对于小型数据不适用；其次，加入噪声对数据准确度要求高的机器学习任务也不适用，如：异常监测任务中如何加干扰项成为问题。

2. 同态加密

同态加密属于密码学领域，是一种加密形式，它允许人们对密文进行特定形式的代数运算，得到的结果仍然是加密的，将其解密所得到的结果与对明文进行同样的运算的结果一样，同态加密流程图如图 5-13 所示。

在同态加密的流程中，客户端会生成一个随机的密钥，用其公钥加密后发送给服务端，服务端利用私钥解密得到密钥，客户端使用该密钥对要发送的数据进行加密，服务端使用客户端发送的密钥解密，同时使用公钥加密要发送给客户端的数据，客户端最终使用私钥解密，获取服务端发送的数据。

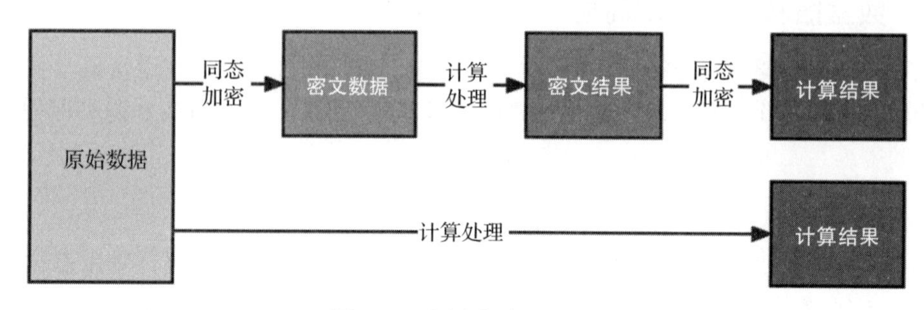

图 5-13　同态加密流程图

1978 年，Rivest、Adleman 以及 Dertouzos 提出了隐私同态这一概念，但直到 2009 年，斯坦福大学的博士生 Gentry 才开发出首个全同态加密方案 [10]，从此同态加密发展显著。近十年来，全同态加密已经取得了长足的进步，可以划分为三个阶段。第一阶段方案是基于理想格和基于最大近似公因子问题的变种，但密钥尺寸大、效率低下。第二阶段方案基于" Learning with Error（LWE）"假设 [11]，计算简单，但需要增加大量矩阵用于密钥交换，从而导致公钥长度增加。第三阶段方案是基于矩阵近似特征向量的全同态加密方案，Gentry 等人利用"近似特征向量"技术，设计出一种不需要计算密钥的全同态加密方案 [12]，后续的方案都是基于同态加密的优化，不再需要密钥交换与模转换技术。

另外还有半同态加密或部分同态加密，包含两种同态加密方法：乘法同态和加法同态。乘法同态表现为 $E(m_1)E(m_2)=E(m_1m_2)$，例如 RSA 算法是建立在因子分解困难性假设基础上的公钥加密算法 [13]；ElGamal 算法建立在计算有限域上离散对数困难性假设基础上 [14]。Paillier 等学者 [15] 提出加法同态性，具体表现为 $E(m_1)E(m_2)=E(m_1+m_2 \bmod n)$，该表现是建立在合数模的高阶剩余计算困难性假设基础之上的。

考虑在联邦学习设置中使用同态加密，会遇到谁该持有该模式的密钥这一问题。虽然每个客户机加密其数据并将其发送到服务器端进行同态计算的想法很有吸引力，但服务器不应该解密单个客户机提交的数据。克服这一问题的一个简单方法是依赖一个持有密钥并解密计算结果的外部非合谋方。然而，由于易受选择密文攻击 [16]，大多数同态加密方案要求密钥经常更新。此外，使用信任的非共谋方不在标准的联邦学习设置中。

3. 隐私保护集合交集

安全多方计算 [17] 是一种解决分布式环境下多个参与者在计算过程中隐私保护的技术，其中保护个人隐私的集合运算是一个重要研究分支，而隐私保护集合交集则是这一领域的特定应用问题。隐私保护集合交集可以让双方匿名地加入集合，并计算出他们共同的标识符。一般使用不经意问题的协议，只标识加密的标识符，不会泄露任何信息。当数据由多个管理者持有时，通过此方法可以同时保护隐私和共享信息。此问题可以抽象为两方各自拥有的用户集，其中有一部分是共有的，在不泄露用户隐私信息的情况下，通过计算实现数据打通。

5.3.2　国内外联邦学习数据隐私研究

联邦学习因设备独立、数据异构、数据分布不均衡及安全隐私设计等特点，比集中式模型训练更容易受到对抗攻击的影响，因此，防御隐私攻击更加困难。目前，联邦学习研究的主要方向是差分隐私、同态加密、后门攻击和模型压缩。

1. 差分隐私

2006 年，Dwork 等人 [18] 开创了差分隐私的最初工作，在差分隐私中，为了达到隐私的要求，数据通常被可信第三方加入噪声处理。而在联邦学习中，服务器作为差分隐私机制的可信任参与者，以确保隐私输出。为了减少可信任参与者的参与，近年来提出了一些方法，包括本地差分隐私、分布式差分隐私和混合模型。

首先是本地差分隐私。它通过让每个客户端在与服务器共享数据前对其数据应用差分隐私，实现隐私保护，不需要依赖于集中服务器的信任。相比差分隐私，本地差分隐私不需要可信的第三方，并且隐私保护在数据发送之前就已经实现了。然而，本地差分隐私保护的同时也会降低数据的可用性。因此，需要在差分隐私和本地差分隐私之间找到一种平衡，例如分布式差分隐私或混合差分隐私。它们的局限性在于数据可用性较弱。这是因为引入的噪声必须与数据中信号的大小相当，可能需要在客户端之间进行合并。因此，要获得更高的实用性需要更大的用户数量和更大的 ε 参数 [19]。

其次是分布式差分隐私。在此模型中，客户端首先计算并编码一个最小的（特定于应用程序的）报告，然后将编码的报告发送到一个安全的计算函数，其输出对于中心服务器来说是可用的且满足隐私要求 [20]。编码的目的在于保护客户端隐私。安全计算函数有多种形式，可以是多方计算协议，也可以是可信执行环境上的一个标准计算，或者两者的结合。分布式差分隐私有两种实现方式：安全聚合 [21] 和安全洗牌 [22]。

一种实现方式是安全聚合，安全聚合是一种技术，它既能够确保中心服务器获得聚合结果，也能保护参与者的参数不被泄漏。这种技术与联邦学习相符合，因为联邦学习也可以通过聚合来识别异常数据并将其剔除。然而，联邦学习中参与设备难以区分哪些是隐私数据，同时，每个设备接触到的模型参数和训练数据都有可能遭到恶意篡改，从而影响全局模型的准确性。为了进一步确保聚合后的结果不会显示额外的信息，可以使用本地差分隐私（如设备在安全聚合之前对本地模型参数进行扰动以实现本地差分隐私），但其有一定的局限性，包括：假设服务器是半诚实的；允许服务器查看每轮的聚合（可能会泄露信息）；对稀疏向量无效；缺乏强制客户端良好输入的能力。另一种实现方式是安全洗牌，对本地数据进行本地差分隐私，然后将输出的结果传给安全洗牌器。洗牌器随机排列报告，然后发送给服务器进行分析。其局限性有：一是需要可信中间媒介，二是洗牌模型的差分隐私保证与参与计算的敌对用户数量成比例降低。

最后是混合模型。它是一种按照用户的信任模型偏好对用户的多个信任模型进行划分的机制 [23]。其中，最低信任模型提供了最低实用性，但可以在所有用户上应用；最信任模型提供了很高的实用性，但只能应用在值得信任的用户上。混合模型机制可以从给定用户群中获得更高的效用，例如，在一个系统中，大多数用户在本地隐私模型中贡献他们的数据，小部分用户贡献他们的数据在可信第三方。然而，混合模型也存在局限性。它无法为用户的本地隐私信息添加噪声，也不清楚哪些应用领域和算法能够最好地利用混合信任模型数据。因此，放宽假设，即不管用户的信任偏好如何，他们的数据来自同一个分布，这对于联邦学习尤其重要，因为信任偏好和实际用户数据之间的关系可能是非常重要的。

2. 同态加密

5.3.1 节对同态加密技术进行了简要介绍，在联邦学习场景中，现阶段成熟的联邦学习框架 FATE 框架使用 Paillier 半同态加密算法来保护横向联邦训练过程中的数据隐私。Paillier 半同态加密算法由 Paillier 在 1999 年提出 [15]，是非对称加密算法的一种实现，能够在加密的情况下对加密数据进行操作，然后对加密结果进行解密，得到的结果与直接在明文数据下操作的结果相同。但是，Paillier 并不满足乘法同态运算，但是其计算效率比其他同态加密方法大大提升，因此在工业界被广泛应用。

3. 后门攻击

后门攻击是联邦学习中比较常见的一种攻击方式。攻击者意图让模型对具有某种特定特征的数据进行错误的判断，但模型不会对主任务产生影响。在横向联邦场景下的后门攻击行为是现阶段主要研究的领域，如图 5-14 所示。

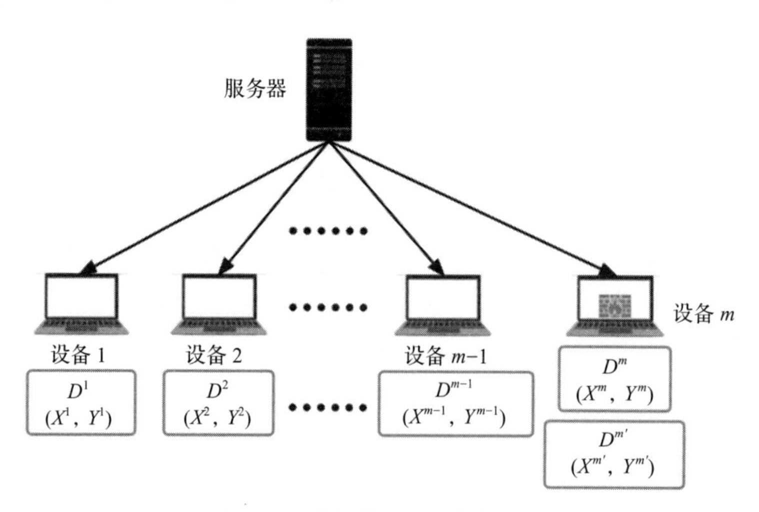

图 5-14 联邦学习后门攻击示例

图 5-14 中展示的横向联邦场景中有 m 个边缘设备，记为 $\{C_i\}_{i=1}^{m}$。假设设备 C_m 被攻

击者挟持，其他设备都正常，所有设备都包含本地数据集 D^i。对于被挟持设备还额外包含被嵌入后门的篡改数据集 $D^{m'}$。Xie 等学者[24]对联邦学习的后门攻击策略进行了深入研究，提出了分布式后门攻击，该方法充分利用联邦学习的分布式特性设计了新型威胁评估框架。

4. 模型压缩

模型压缩是深度学习领域常见的一种技巧，旨在减少模型参数和大小，提高训练和推断速度。模型压缩在联邦学习中有两个重要作用：其一是减少模型参数传输量，从而降低成本；其二是提升安全性，因为模型的压缩导致模型传输的不是原始的参数数据，即便攻击者获得中间模型参数，也很难还原。

稀疏化是模型压缩常用的方法，在联邦学习领域研究稀疏化方法时，通过只上传部分重要的梯度来进行全局模型的更新，所以如何选择这些梯度成为该方法的关键。Avent 等学者[25]采用一种固定稀疏率的 Top-K 方法，每次仅传输前 k 个最大梯度。此外，由于联邦学习模型的参数存在显著冗余，Rothschild 等人[25]使用了一种专门的数据结构，即计数草图，来压缩客户端的梯度并减少冗余。研究[26]指出，大部分深度神经网络可以仅使用很少部分权值就可达到与原网络接近的性能，这种思想被大规模应用在模型压缩上。其优势在于减少了传输的数据量，同时也提高了安全性，因为缺少全局信息很难反推原始数据。

5.3.3 联邦学习数据隐私发展方向

1978 年，RSA 非对称加密和同态加密概念首次被提出，而半同态加密系统的落地（如：Paillier）和 2009 年的首个全同态加密算法，使得今日有多种同态加密算法库可供选择（如 HElib、SEAL）。1982 年，姚期智教授提出的百万富翁问题[27]，引入了秘密共享等多种安全计算协议，最终与机器学习相结合，构建了联邦学习这一技术概念。

从隐私保护的视角出发，联邦学习的发展由来已久，它融合了数据挖掘与隐私保护机器学习，并从合规性、实用性、可落地性等方面考虑，提出了新概念、新方法。然而，当前联邦学习是否发挥了数据挖掘和隐私保护机器学习的优势，是否存在多余步骤，以及是否有更优的技术解决方案，需要结合数据挖掘与隐私保护机器学习的研究成果去挖掘探索。

尽管当前学术界主要集中在横向联邦场景的研究，但事实上，联邦学习概念最初被提出时，仅限于横向联邦学习，而微众银行随后才将其衍生至纵向联邦学习和联邦迁移学习。因此，研究者想要获取纵向联邦学习的研究成果仍然存在困难。然而数据挖掘和隐私保护机器学习在提出时就已经包含了水平分区（横向）和垂直分区（纵向）的概念，研究成果也十分显著。因此，纵向联邦学习的研究者可以从数据挖掘和隐私保护机器学习领域获取一些现有的方案设计和模型防御策略，以更有效解决存在的安全问题，尤其在工业界。表 5-1 为现阶段工业界常用隐私保护数据挖掘方法对比分析。

表 5-1　现阶段工业界常用隐私保护数据挖掘方法对比分析

分类	保护技术	典型应用	优点	缺点
加密技术	SMC	分布式关联规则挖掘、分布式分类挖掘、分布式聚类挖掘	隐私保护水平强	计算开销及通信开销高、应用难度大
数据失真	随机化阻塞变形	各类隐私保护数据挖掘：关联规则挖掘、决策树分类器构建	实现简单、各类开销低	数据效用低、严重依赖于数据
数据匿名	k- 匿名 l- 多样性 t- 闭合	在数据匿名化数据的基础上进行各种数据挖掘：关联规则挖掘、决策树分类构建、聚类挖掘	通用性较高、通信开销低、数据真实	存在一定的数据缺损和隐私保护漏洞、实现最优化的计算开销大

随着移动通信、嵌入式、定位等技术的发展，数据获取能力和维数急剧增加，导致隐私保护者无法准确了解攻击者所采用的方法和所属信息，从而导致维数灾难问题，即：当维数较高时，无法实现对高维数据的隐私保护且对算法的性能也会有很高的要求。然而，在现实世界中，高维数据往往是稀疏的，因此数据挖掘中有许多处理高维稀疏数据的隐私保护算法，例如：多关系 k- 匿名算法 [28]、多维数据的 l- 多样性算法 [29] 等。在联邦学习中，对高维稀疏数据的特殊处理方案还不多，可以借鉴数据挖掘中的这些处理方法或者处理思想，来优化联邦学习本地明文和密文的计算逻辑。

5.4　联邦学习的激励机制

作为分布式机器学习的一种实现，边缘计算与联邦学习存在着千丝万缕的联系，首先它们都是分布式学习的一种实现形式。实际上，联邦学习可以被看成边缘计算的一种特殊形式，边缘端就是用户设备，用户设备除了作为数据源收集数据，还直接作为数据的处理设备，对本地数据进行处理 [30]。

联邦学习作为一种新的数据训练范式，其本质是在保护数据隐私安全的前提下，协同各方的数据共同训练 AI 模型。高质量数据对于模型训练来说相当于高质量石油对于内燃机工作，要想通过联邦学习获得高精度模型，需要各参与方持续提供高质量的训练数据。可以通过激励机制激励数据提供者贡献有价值的数据，以更好地调动各参与方的积极性。为了激励更多的设备参与联邦学习训练，设计一个公平的机制是很重要的，因为当各参与方是拥有更多数据的企业而不是个人时，许多数据所有者不会积极参与模型培训，对不同数据所有者的贡献进行评估是非常必要的，这样才能公平地分配贡献。合理的贡献评估标准有助于激励机制更加公平。

21 世纪的数据就像 18 世纪的石油，是一笔巨大的、尚未开发的宝贵资产。那些看到数据的基本价值并学会提取和使用数据的人将会有巨大的回报。数据作为一种商品进行交易，是当前数字经济和互联网不断发展的必然趋势。联邦学习可以实现在不暴露原始数据的情况下实现大规模用户设备的大规模机器学习。它使参与训练的用户设备在保护自身隐私信息前提下，依靠用户设备分散的本地数据训练出高精度的机器学习模型。然而，当用户设备参与联邦学习时，不可避免地消耗自身资源，包括数据资源、计算资源、通信资源和能源等。如果不设计一种激励机制对参与联邦学习消耗自身资源的用户设备进行有效补偿，用户设备是不会自愿参与训练来分享自身资源的[31]。在不同的激励机制下，用户设备将执行不同的训练策略，因此需要在联邦学习中设计一个合理的激励机制来激励用户设备参与训练。

同样，要想数据交易市场在一个良性的环境下持久运行，需要一种激励机制，通过激励数据所有者贡献有价值的数据，更好地调动参与者的积极性。激励可分为积极激励和消极激励。为了招募更多的用户设备参与训练，积极激励用来补偿消耗自身资源为全局模型精度提升贡献度较大的用户设备；消极激励则通过惩罚恶意干扰模型训练的用户设备，以避免用户设备的恶意行为。当参与者使用本地数据集参与联邦学习时，他们往往会获得一些收入，如图 5-15 所示。因此，有必要评估不同数据提供者的贡献，以便适当分配学习系统所获得的利润，合理的贡献评价标准有助于激励机制吸引更多的用户设备参与，来实现联邦学习的可持续发展。

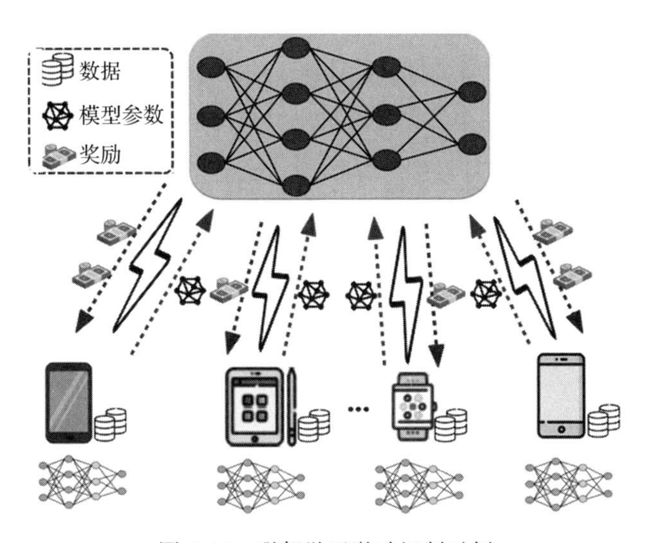

图 5-15　联邦学习激励机制示例

5.4.1　基于博弈论设计的激励机制

博弈论是一门研究系统内不同参与者之间的博弈行为的学科。它涉及分析参与者之间的激励和决策，以及参与者在交互中如何达成最佳协议的研究，将博弈论和联邦学习结合可以帮助参与者之间更好地协调、激励和决策，从而提高模型的性能。例如，参与者可以使用博弈论的激励机制来促进有效的数据共享，从而改善模型的性能。此外，参与者还可以使用联邦学习的技术来优化博弈论的决策，以帮助参与者达成最佳协议。

诺贝尔奖得主 Shapley 于 1951 年提出了 Shapley 值[32]，这是一种用于定量评估用户边际贡献度的常用指标，起源于合作博弈。在联邦学习中，Shapley 值可用来评估每个设备对模型聚合的边际贡献量，并被广泛用于组织和个人数据价值评估。Song 等人[33]基于 Shapley 值提出了一种高效的贡献指数，以避免计算不同工作人员（worker）贡献指数的巨大成本开销。为了激励更多的设备参与模型训练，博弈论是分析多个参与者以及其行为的强大工具，Zeng 等人[34]提出了一种多维动态边缘资源的激励框架，Zhang 等人[35]则结合博弈论和深度强化学习提出了一种基于 DRL 的联邦学习激励机制，将参数服务器和设备之间制定为斯塔克尔伯格（Stackelberg）博弈模型，以预期效用引导参数服务器选择最优的设备来训练机器学习模型。

5.4.2 基于契约理论设计的激励机制

契约理论是一种被广泛采用的处理私人信息问题的有前途的理论工具，不同于基于非合作博弈论的方法。契约理论是一种研究社会关系的理论，它认为社会关系是一种双向的契约，即当事人之间存在着一种相互约定的关系。契约理论与联邦学习结合，可以在设备和任务发布者之间建立一种多层的契约关系。这样，任务发布者可以使用设定契约来约束设备训练，从而学习到有用的信息、提高整体模型的性能。

Ding 等人[36]提出的多维契约理论方法，可以帮助任务发布者在计算节点多维私人信息场景下设计最优激励机制，包括完全不完全信息、弱不完全信息和强不完全信息，揭示信息不对称对激励机制设计的影响。计算节点的类型由其本地数据质量（比如准确性和可靠性）决定，具有高质量本地数据的计算节点可以获得更大的效用。恶意工作人员发起的中毒攻击会降低其本地数据的准确性，从而影响本地模型更新的质量。契约理论可以防止恶意工作人员出于个人理性而选择签署高于其类型的合同项目，因此，基于契约理论的计算节点效用函数可以激励高质量的计算节点加入联邦学习，而不会产生不良行为。

5.4.3 基于区块链技术设计的激励机制

区块链是一种分布式账本技术，它可以用来追踪和存储交易数据，以及其他数据，如智能合同和资产等。区块链与联邦学习结合起来，可以构建一种区块链联邦学习系统，它可以分析和存储交易数据。通常情况下，激励机制可以由中央服务器或区块链托管，区块链中的激励机制是一种提高联邦学习合作训练积极性的很好的解决方案。例如，Pokhrel 等人[37]针对无人驾驶场景提出了基于区块链的新的联邦学习框架，该框架主要针对谷歌的联邦学习框架应用到无人驾驶场景时存在的两个问题。首先是中心化问题，如果中央服务器出现故障，会造成较大的风险；其次是缺少激励机制，本地的驾驶数据对无人驾驶来说非常重要，需要一定的激励机制鼓励用户提供数据进行模型训练。因此，采用区块链技术来解决去中心化的问题，并设计了一套激励机制，从而使数据提供者可以从中获取回报。Weng 等人[38]设计了一个协助训练框架，其中客户共同参与深度学习模型培训，每个客户端的本地梯度在区块链中共享，工人们收集和验证每个交易内容中包含的本地梯度，并将它们打包成块。此外，提出了一种具有兼容性和行为特性的激励机制，根据客户处理的数据量和诚实行为来奖励客户。然而，如果多个客户端中止训练或将格式错误的参数发送到参数服务器，则联邦学习可能会失败，因为这种错误行为不可审核，参数服务器可能由于单点故障而计算错误。

5.4.4　联邦学习的激励机制未来的发展方向

目前，联邦学习的激励机制设计尚未完善，为了确保机器学习应用能够快速增长，需要增加大量的用户设备。因此，未来联邦学习激励机制可能会朝着以下三个方向发展。多方联邦学习通过建立多方参与的激励机制，以提高用户参与度，促进联邦学习的发展；激励驱动的联邦学习通过提供有竞争力的激励，鼓励用户参与联邦学习，以提高学习效率；安全的联邦学习通过开发高效的安全机制，保护用户的隐私，以确保联邦学习的安全性。

首先多方联邦学习是一种合作优化的技术，其中一组客户端采用多方合作的方式优化自己的模型。然而，由于以前的工作忽视了激励机制，这将显著降低该技术在实践中的有效性[39]。为了提高有效性，研究工作要集中在保护数据隐私[40]和学习过程中的学习性能上，同时考虑各方之间的利益冲突，提出一种有效的激励机制，以便各方获得自己的收益。

其次是激励驱动的联邦学习，目前的研究基于激励驱动的联邦学习，将激励机制应用于联邦学习，以鼓励客户参与联邦学习，但未真正与联邦学习算法相结合[41-43]。为此，可以通过调整每个客户在每一轮培训中记录的本地数据的数量，来控制本地轮次，从而调整联邦学习算法。现有研究中有两种常见的学习策略，一种要求参数服务器在每轮训练中给客户端更少的资金，客户端利用更少的局部时间训练局部机器学习模型，从而获得较少的模型精度改进。另一种则需要参数服务器在每轮训练中给客户端提供更多的资金，客户端利用更多的本地时间训练更复杂的机器学习模型，这使得模型的精度得到了更高的提升。这两种学习策略在什么情况下使用可以获得最大收益则需要针对不同环境条件来研究。

最后是安全的联邦学习，尽管有许多研究集中在设计联邦学习的激励机制，但并没有考虑安全性这一关键问题。一种恶意行为是客户端可能在联合学习期间存在恶意行为，例如随意选择输入，以产生错误的梯度，从而误导联邦学习过程，因此安全性的设计也应该是联邦学习激励机制的重要组成部分。另一种恶意行为是客户在联邦学习系统中节省资源，他们使用较少的训练数据训练本地机器学习模型，以此提前中止本地训练，从而减少对联邦学习系统的贡献。因此未考虑安全即采用联邦学习算法不仅会浪费更多的资金，而且会产生质量较低的模型。

本章小结

本章介绍了分布式学习和联邦学习。首先，对分布式机器学习的概念和框架、分布式机器学习面临的机会和挑战进行了介绍；然后介绍了联邦学习的框架、隐私保护、激励机制。具体来说，分布式机器学习也称分布式学习，强调在一个计算机集群内，通过模型并行、数据并行的方式，利用多个计算节点协同进行机器学习或者深度学习算法，可以加速训练过程，提高性能，还能扩展至更大规模的训练数据和模型。联邦学习是分布式机器学习的框架之一，但联邦学习强调对参与者的隐私保护、打破数据孤岛，但由于其训练特点，联邦学习的通信的复杂度提高，传输数据的开销也变大。总之，联邦学习在通信、隐私保护、激励机制等方面有很多的探索空间，是一个非常有前景的研究方向。

参考文献

[1] MCMAHAN B, MOORE E, RAMAGE D, et al. Communication-efficient learning of deep networks from decentralized data[C]//Artificial intelligence and statistics. New York: PMLR，2017：1273-1282.

[2] PATARASUK P, YUAN X. Bandwidth optimal all-reduce algorithms for clusters of workstations[J]. Journal of Parallel and Distributed Computing, 2009，69(2)：117-124.

[3] 深圳前海微众银行股份有限公司．联邦学习白皮书 V1.0[EB/OL]. (2018-09-01) [2024-03-17]. https://aisp-test-1251170195.cos.ap-guangzhou.myqcloud.com/fedweb/1552378152162.pdf.

[4] TORREY L, SHAVLIK J. Transfer learning[M]//Handbook of research on machine learning applications and trends: algorithms, methods, and techniques. IGI global，2010：242-264.

[5] FedAI. FATE[EB/OL]. (2023-10-1) [2023-10-29]. https://fate.fedai.org/.

[6] TensorFlow. TensorFlow Federated：基于分散式数据的机器学习 [EB/OL]. (2023-10-29) [2023-10-29]. https://tensorflow.google.cn/federated.

[7] 飞桨．源于产业实践的开源深度学习平台 [EB/OL]. (2023-10-29) [2023-10-29]. https://www.paddlepaddle.org.cn/.

[8] OpenMined. PySyft[EB/OL]. (2023-10-29) [2023-10-29]. https://github.com/OpenMined/PySyft.

[9] Angel. Angel ML: A High-Performance and Full-Stack Distributed Machine Learning Platform[EB/OL]. (2023-10-17) [2023-10-29]. https://angelml.ai/.

[10] GENTRY C. Fully homomorphic encryption using ideal lattices[C]//In: STOC09. New York: ACM, 2009：169-178.

[11] LYUBASHEVSKY V, PEIKERT C, REGEV O. On ideal lattices and learning with errors over rings[C]//Advances in Cryptology–EUROCRYPT 2010: 29th Annual International Conference on the Theory and Applications of Cryptographic Techniques, French Riviera, May 30–June 3, 2010. Proceedings 29. Berlin: Springer Berlin Heidelberg，2010：1-23.

[12] GENTRY C, HALEVI S. Fully Homomorphic Encryption without Squashing Using Depth-3 Arithmetic Circuit[C]//Foundations of Computer Science(FOCS), 2011 IEEE 52nd Annual Symposium on. New York: IEEE，2011：107-109.

[13] RIVEST R, SHAMIR A, ADLEMAN L. A Method for Obtaining Digital Signatures and Public Key Cryptosystems[J]. Communications of the ACM, 1978，21(2)：120-126.

[14] ELGAMAL T. A public key cryptosystem and a signature scheme based on discrete logarithms[C]//

IEEE Transactions on Information Theory. New York: IEEE, 1985: 469-472.

[15] PAILLIER P. Public-Key Cryptosystems Based on Composite Degree Residuality Classes[C]//Advances in Cryptology-EUROCRYPT'99. Berlin: Springer, 1999: 223-238.

[16] CHENAL M, TANG Q. On key recovery attacks against existing somewhat homomorphic encryption schemes[C]//Progress in Cryptology-LATINCRYPT 2014: Third International Conference on Cryptology and Information Security in Latin America Florianópolis, Brazil, September 17–19, 2014 Revised Selected Papers 3. Berlin: Springer International Publishing, 2015: 239-258.

[17] PHONGL T, AONO Y, HAYASHI T, et al. Privacy preserving deep learning via additively homomorphic encryption[J]. IEEE Transactions on Information Forensics and Security. 2018, 13(5): 1333-1345.

[18] DWORK C. Differential privacy[C]//International colloquium on automata, languages, and programming. Berlin: Springer Berlin Heidelberg, 2006: 1-12.

[19] ALABI D, KOTHARI P K, TANKALA P, et al. Privately Estimating a Gaussian: Efficient, Robust, and Optimal[C]//Proceedings of the 55th Annual ACM Symposium on Theory of Computing. New York: ACM, 2023: 483-496.

[20] DWORK C, KENTHAPADI K, MCSHERRY F, et al. Our data, ourselves: Privacy via distributed noise generation[C]//In: Annual International Conference on the Theory and Applications of Cryptographic Techniques. Berlin: Springer, 2006, 486-503.

[21] GORYCZKA S, XIONG L, SUNDERAM V. Secure multiparty aggregation with differential privacy: A comparative study[C]//Proceedings of the Joint EDBT/ICDT 2013 Workshops. [S. l.]: EDBT-ICDT, 2013: 155-163.

[22] GIRGIS A, DATA D, DIGGAVI S, et al. Shuffled model of differential privacy in federated learning[C]//International Conference on Artificial Intelligence and Statistics. New York: PMLR, 2021: 2521-2529.

[23] AVENT B, KOROLOVA A, ZEBER D, et al. BLENDER: Enabling local search with a hybrid differential privacy model[C]//26th USENIX Security Symposium (USENIX Security 17). [S. l.]: arXiv 2017: 747-764.

[24] XIE C, HUANG K, CHEN P Y, et al. Dba: Distributed backdoor attacks against federated learning[C]//International conference on learning representations. [S. l.]: ICLR, 2020.

[25] ROTHCHILD D, PANDA A, ULLAH E, et al. Fetchsgd: Communication-efficient federated learning with sketching[C]//International Conference on Machine Learning. New York: PMLR, 2020: 8253-8265.

[26] SATTLER F, WIEDEMANN S, MÜLLER K R, et al. Robust and communication-efficient federated learning from non-iid data[J]. IEEE transactions on neural networks and learning systems, 2019, 31(9): 3400-3413.

[27] YAO A C. Protocols for secure computations[C]//23rd annual symposium on foundations of computer science (sfcs 1982). New York: IEEE, 1982: 160-164.

[28] MACHANAVAJJHALA A, KIFER D, GEHRKE J, et al. l-diversity: Privacy beyond k-anonymity[J]. ACM Transactions on Knowledge Discovery from Data (TKDD), 2007, 1(1): 3-55.

[29] WANG Q, XU Z, QU S. An Enhanced K-Anonymity Model against Homogeneity Attack[J]. Journal of software, 2011, 6(10): 1945-1952.

[30] 杨强，黄安埠，刘洋. 联邦学习实战 [M]. 北京：电子工业出版社，2021.

[31] TRAN N H, BAO W, ZOMAYA A, et al. Federated learning over wireless networks: Optimization model design and analysis[C]//IEEE INFOCOM 2019-IEEE conference on computer communications. New York: IEEE, 2019: 1387-1395.

[32] SHAPLEY L S. Notes on the n-person game—ii: The value of an n-person game[Z/OL]. RAND, 1951[2024-4-30]. https://www. rand.org/pubs/research_memoranda/RM0670.html.

[33] SONG T, TONG Y, WEI S. Profit allocation for federated learning[C]//2019 IEEE International Conference on Big Data (Big Data). New York: IEEE, 2019: 2577-2586.

[34] ZENG R, ZHANG S, WANG J, et al. Fmore: An Incentive Scheme of Multi-Dimensional Auction For Federated Learning in MEC[C]//2020 IEEE 40th international conference on distributed computing systems (ICDCS). New York: IEEE, 2020: 278-288.

[35] ZHAN Y, LI P, QU Z, et al. A learning-based incentive mechanism for federated learning[J]. IEEE Internet of Things Journal, 2020, 7(7): 6360-6368.

[36] DING N, FANG Z, HUANG J. Optimal contract design for efficient federated learning with multi-dimensional private information[J]. IEEE Journal on Selected Areas in Communications, 2020, 39(1): 186-200.

[37] POKHREL S R, CHOI J. Federated learning with blockchain for autonomous vehicles: Analysis and design challenges[J]. IEEE Transactions on Communications, 2020, 68(8): 4734-4746.

[38] WENG J, WENG J, ZHANG J, et al. Deepchain: Auditable and privacy-preserving deep learning with blockchain-based incentive[J]. IEEE Transactions on Dependable and Secure Computing, 2019, 18(5): 2438-2455.

[39] SONG L, WANG J, WANG Z, et al. pmpl: A robust multi-party learning framework with a privileged party[C]//Proceedings of the 2022 ACM SIGSAC Conference on Computer and Communications Security. New York: ACM, 2022: 2689-2703.

[40] ABADI M, CHU A, GOODFELLOW I, et al. Deep learning with differential privacy[C]//Proceedings of the 2016 ACM SIGSAC conference on computer and communications security. New York: ACM, 2016: 308-318.

[41] ZHAN Y, LI P, QU Z, et al. A learning-based incentive mechanism for federated learning[J]. IEEE Internet of Things Journal, 2020, 7(7): 6360-6368.

[42] ZHAN Y, ZHANG J. An incentive mechanism design for efficient edge learning by deep reinforcement learning approach[C]//IEEE INFOCOM 2020-IEEE conference on computer communications. New York: IEEE, 2020: 2489-2498.

CHAPTER 6

第6章

计算、训练与推理任务卸载

移动通信技术和互联网技术的快速发展推动了移动设备、智能终端大规模普及，各种网络应用和网络服务不断涌现，用户对于服务体验、服务质量和处理数据规模等方面的要求也与日俱增[1]。由于部分服务往往具有计算密集、时延敏感的特征，这些服务或应用程序在本地处理、计算时，移动设备的计算能力往往难以匹配其所需的计算量，导致移动设备难以成为处理这些服务或应用的可行计算平台。尽管新型移动设备所配备的计算资源，如CPU和GPU处理能力越来越强，但想要在用户满意的预期内以低时延、低功耗的方式处理海量服务，仍面临巨大挑战。因此，长时间执行相应任务对于用户设备的使用体验和运行效率都会造成负担，为了解决上述问题，边缘计算中任务卸载（或被称为计算卸载）技术产生，并成为一种可解决上述问题的计算范式[2-4]。与此同时，在边缘网络场景中存在多个用户设备，当多个用户同时发送服务请求时，如何在考虑带宽、任务处理设备计算容量等有限资源的前提下，有效地为用户分配卸载任务处理节点，尽可能降低应用时延与能耗、提升服务质量，即如何制定合理的计算卸载策略以面对服务需求，是计算卸载决策问题的重要挑战。[1-2]

本章将针对边缘计算的任务卸载技术和不同场景角度下的计算卸载策略进行介绍。首先本章将从基本概念、一般过程、划分标准、分类多个方面综合简述任务卸载技术。其次结合任务卸载技术的实际应用，介绍任务卸载技术的应用场景和任务卸载的系统示例。之后本章会简单概括任务卸载技术当前面临的一些问题挑战和未来研究方向。最后本章将对不同的任务卸载策略进行逐一介绍，并对任务卸载内容进行总结。

6.1 任务卸载概述

任务卸载是移动边缘计算解决任务在移动设备中处理困难的关键技术和方案，使用任务卸载可以弥补移动终端设备在算力、电池能耗和存储可用性方面存在的缺陷。

本节主要对任务卸载的基本概念、一般过程、划分标准和分类四个部分介绍任务卸载技术。

6.1.1 任务卸载的基本概念

在任务卸载的研究中通常将任务视为完成一项应用服务而执行的基本工作单位，对于开发者而言，任务是一个程序的逻辑单元，包含一系列实现特定功能的紧耦合或松耦合指令。根据应用程序的开发方式，一个任务可能是整个程序或程序中的一个或多个方法集。由于一个程序可以与其他应用程序的服务共享进程，因此一个应用程序也可以表示为一个独立任务（子任务）或有依赖关系的一系列任务（工作流）。具体来说，当一个应用程序在移动设备上运行时，它运行的任务，如单个程序（子任务）或链式工作流，可以为设备（或用户）提供所需的服务。例如，矩阵乘法，复杂函数的推导，复杂数学表达式的评估、搜索、排序，或执行特定算法也都可以被视为一个任务[5]。

一般来说，任务卸载是指利用外部的、资源丰富的平台处理本地产生的计算任务，即将本地设备所产生的计算任务按照全部或部分两种方式，卸载到其他平台进行处理，如云计算中心、边缘计算节点或 Cloudlet。作为移动边缘计算的重要技术之一，该项技术可用于加速资源密集型和时延敏感型的应用。现阶段，任务卸载在移动云计算架构中已经被广泛运用，在边缘计算架构中也有一定的研究成果[2-3]。总的来说，相比移动云计算，移动边缘计算架构在无线接入网侧部署边缘服务器，终端设备可以无须将任务经过核心网卸载到远端的云服务器，直接将计算任务卸载至边缘服务器，使得任务快速响应，降低数据传输时延。

任务卸载是一个复杂的过程，该过程涉及任务的划分、卸载决策的选择和分布式任务并行[6]，图 6-1 展示了边缘计算任务卸载的实际场景。图中包含三种不同层级的计算平台，分别是位于云层云计算中心、位于边缘层的边缘计算节点、位于接入层的本地设备，位于网络边缘的边缘层和接入层通过骨干网络与云层通信，时延较高。边缘层位于骨干网络和接入层之间，能够减少回程、传输网络的带宽消耗，能够减少传输时延，并且能够较好地支持时延敏感型应用，同时降低设备执行任务时所需的能耗、产生的时延，提高任务执行的可靠性和响应速度。

6.1.2 任务卸载的一般过程

介绍完任务卸载的定义，下面详细介绍任务卸载的一般过程。计算任务卸载过程大致包括搜索可用的边缘计算节点、程序分割、决定是否卸载、程序传输到服务器或在本地执行计算和接受计算及回传结果[8]。MEC 任务卸载详细过程如图 6-2 所示。

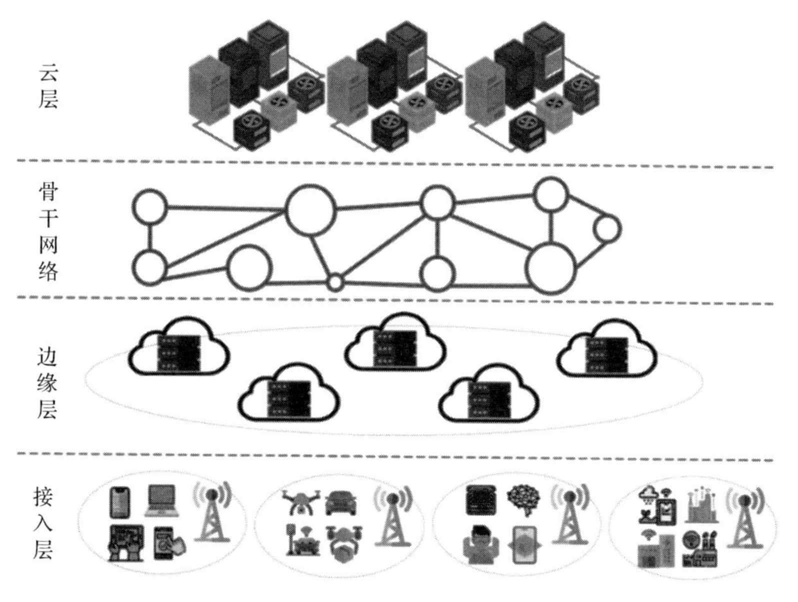

图 6-1　边缘计算任务卸载的实际场景

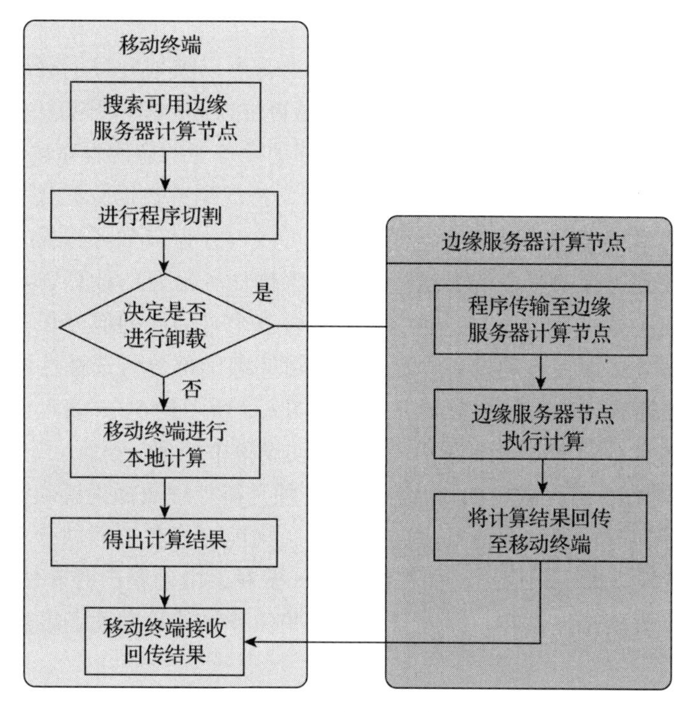

图 6-2　MEC 任务卸载详细过程

从图 6-2 中可以看出任务卸载的流程，具体来说：第一步是搜索节点，设备会寻找可用的 MEC 计算节点，用于后续对卸载程序进行卸载位置的决策。第二步是程序切割，该步骤中需要进行处理的任务程序会拆分成不同力度的子任务，被拆分的子任务尽量保持分割后的各部分程序的功能完整性，便于进行后续卸载操作。第三步是卸载决策，根据任务的数据量、边缘服务器位置和资源、时延约束等信息决定任务是否卸载及卸载到边缘计算节点的位置。其中，卸载策略可分为动态卸载及静态卸载两种：在执行卸载前决定好所需卸载的所有程序块的策略为静态卸载策略；根据卸载过程中的实际影响因素来动态规划卸载程序的策略为动态卸载策略。第四步是程序传输，根据上述计算卸载决策，将需要卸载的计算任务传输至相应的边缘计算节点。第五步是执行计算，不同的边缘计算节点对卸载到该服务器的程序进行并行处理。最后，将计算结果回传到本地设备中，将边缘计算节点进行计算处理后的结果传回移动设备终端，最终交付给用户。

为了实现上述步骤，通常在移动设备端运行的应用程序需要包含代码分析器、系统分析器和决策引擎这三个组件，代码分析器的职责是确定应用程序 / 计算任务是否可以卸载以及如何拆分程序代码文件（取决于应用程序类型和计算任务的特征）；系统分析器负责监控各种参数，例如，可用带宽、待卸载的数据量或在移动设备本地执行计算任务所消耗的电池能量；决策引擎基于卸载决策算法决定任务卸载和应用程序执行的顺序等策略信息 [7-8]。

6.1.3　任务卸载划分的标准

任务卸载是一个非常复杂的过程，判断任务是否可以被划分且了解任务怎样被划分是重要的一环。根据应用程序类型，待卸载的任务是否可以被分割、哪些任务支持卸载及如何进行任务拆分，可以按照以下三个标准对运行在移动设备上的应用程序进行分类 [8]。

1）根据任务的可卸载性。判断应用程序是否支持代码或数据分区化和并行化。支持卸载的应用可以分为两种类型：第一种类型的应用可以被分为多个可卸载的部分，所有的这些部分都可以卸载到边缘的服务端去运行，并且根据任务需要的计算资源和自身数据量进行相应的任务卸载决策；第二种类型的应用则包含多个可卸载的部分和一个不可卸载的部分，不可卸载的部分必须在移动设备本地执行，可卸载的部分可选择性地在移动设备的本地进行处理或者被卸载到边缘的服务端去运行。图 6-3 所示的 5～7 表示可以进行卸载的部分，1～4 表示不可卸载的部分，该部分只能在移动设备中处理、执行。

2）根据待处理任务数据规模的可预测性。一种是待处理数据规模确定的应用，如人脸识别、文件扫描等，即预先知道待处理的数据量，提前对任务进行划分和卸载决策；另一种是待处理数据规模不确定的应用，如在线交互式游戏，由于用户请求时间具有不确定性，需要处理的数据量规模难以预知，因此需要对这些任务设计具有动态感知的在线任务拆分和卸载决策方案。

3）根据卸载任务执行的相关性。同一应用的各个计算任务之间的关系可分为并行和串行两种情况讨论。在并行情况下，卸载到远程执行的各个任务可以同时卸载及并行处理。在串行情况下，计算任务之间的关系是相互依赖的，后一个任务的执行必须要等待前一个任务的结果，不能并行地处理多个任务。可以使用组件依赖图（Component Dependency

Graph，CDG）[9-11] 去衡量各个任务部分之间的依赖关系，如图 6-4 所示。

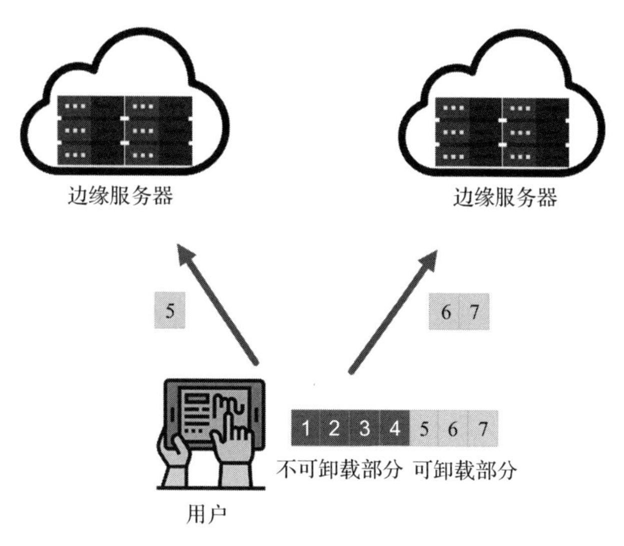

图 6-3　应用的可卸载部分和不可卸载部分

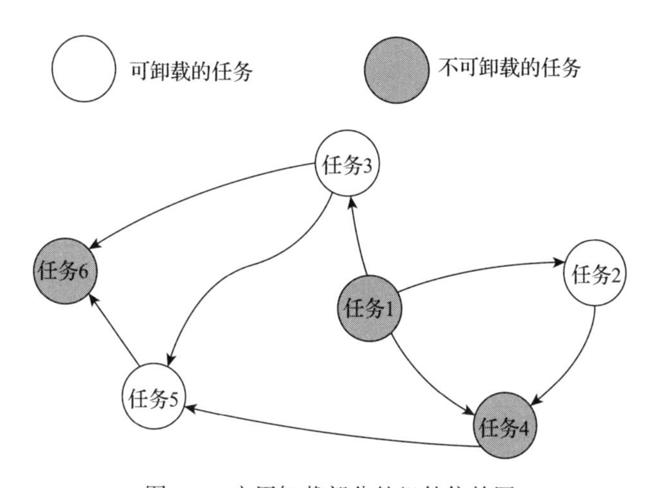

图 6-4　应用卸载部分的组件依赖图

6.1.4　任务卸载的分类

对于移动设备端，任务卸载的关键部分是制定合理的任务卸载策略。通常，按照卸载位置的不同将任务卸载决策分为以下三种：第一种是任务本地卸载，所有计算任务在移动设备中处理；第二种是任务全部卸载，将所有的计算任务卸载到边缘计算节点，由边缘计算节点处理全部的计算任务；第三种是任务部分卸载，一部分计算任务在本地移动设备中处理，其余部分则卸载到边缘计算节点中处理。图 6-5 中展示了三种不同的任务卸载方案。

按任务卸载协同方式分类可分为水平卸载和垂直卸载。水平卸载一般指在相同层的设备和服务器之间进行通信和协同计算；垂直卸载是根据计算能力将系统划分为云中心、边缘服务器、移动终端三层，卸载方向为低算力层到高算力层。值得注意的是由于边缘计算节点的计算能力强于移动设备，因此，同样的计算任务在边缘节点上的处理时间更短。

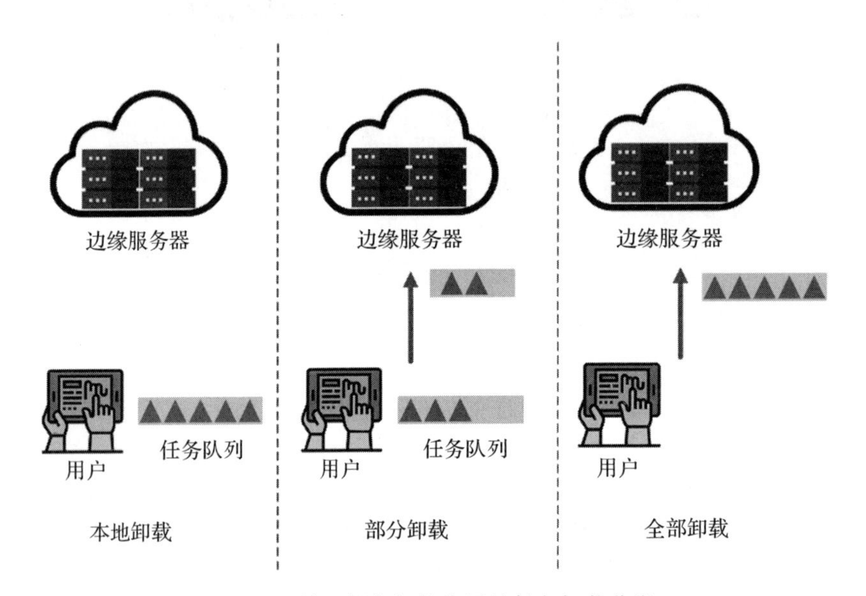

图 6-5 关于任务卸载位置的任务卸载分类

6.2 任务卸载的应用场景和系统实例

6.1 节内容为任务卸载概述，本节将通过实际的应用场景列举和系统实例介绍，帮助读者更加全面地了解任务卸载在移动边缘计算架构下不同使用场景中的具体作用。

6.2.1 任务卸载的应用场景

1）沉浸式应用。目前计算机视觉技术和算法的蓬勃发展使虚拟现实和增强现实应用的推出成为可能，如 VR 和 AR 应用，可以在无线环境下为移动设备提供沉浸式体验。同时，越来越先进的移动设备，如智能眼镜，可以辅助用户识别物体，在显示设备上叠加文本信息知识，并创建一个周围环境的三维视图。由于 VR/AR 应用日益丰富，越来越多的传感器数据或者智能设备数据需要被聚集、处理和服务，同时为保证用户的体验质量（Quality of Experience，QoE），需要高带宽和低响应时间的通信支持。因此，基于边缘的任务卸载机制可以应用在 AR/VR[12-14]，以减少移动设备的能耗，提高计算密集型响应速度，减少计算时延和平均 CPU 负载，在保证 QoS 可靠性的同时改善 QoE。

2）车联网应用。与沉浸式媒体服务类似，自动驾驶车辆也是可以利用任务卸载的应用。这里的关键目标是减少延迟和传输成本，提高交通管理效率，保证驾驶决策的实时性和可靠性。有关自动驾驶的服务包括：高速公路试点、停车试点、全自动车辆和按需车辆[15]。边缘计算强大的计算能力可以为车联网应用提供支持，由分布在路边的路侧计算节点（Road Side Unit，RSU）和部署在基站（Base Station，BS）中的边缘计算节点为地理位置临近的车辆提供计算、通信、存储服务。具体来说，RSU和边缘节点可以分析来自近距离车辆和路边传感器的数据，并以极低的延迟向司机广播信息[16]。例如，在智能交通系统中，设备可用于交通的决策过程[17]。具体来说，决策任务可以分布在边缘设备上，而不是将所有的数据发送到一个集中的服务器。因此，任务卸载可以实现实时交通管理、数据交互等功能[18]。

3）视频流媒体应用。一般来说，视频流媒体应用属于内容分发网络（Content Delivery Network，CDN）范畴。CDN网络的关键目标是通过保持足够的QoE，降低网络传输的成本和比特流数量[19]。其中，任务卸载可以在边缘云网络中实现，结合适当的资源分配技术可以用来提高服务质量[20]或降低CDN网络的部署成本[19]。不论是基于HTTP传输的在线视频、自适应比特率（Adaptive Bit Rate，ABR）视频流媒体应用，还是下一代全景视频应用，针对视频流的任务卸载技术都可以同时降低运行成本、提高传输吞吐率并提供高QoE。具体来说，通过使网关（或在基站中）执行适当的调度策略，可增强多用户移动媒体交付[21]。边缘基础设施也可以用来促进分布式的缓存和转码机制[22]。关于延迟，数据压缩任务可以在边缘侧卸载、执行[23]，消除本地压缩模型的负担，同时减少应用响应时间。任务卸载可以根据质量区分流量并在边缘执行视频压缩来实现，例如360度高质量视频流[24]。

4）物联网应用。物联网用例可以指健康、农业、智慧城市、工业和能源相关的应用等。由于物联网设备通常在可用计算和存储资源、电池容量等方面受限，资源密集型和时延敏感型应用程序难以高效执行。因此在物联网场景中，任务卸载决策对于物联网应用执行是至关重要的。物联网从一开始就主要基于以云为中心的方法，以卸载数据处理和分析来自数百万物联网设备的大量数据的任务[25]。然而，云计算带来的高延迟，加上新型物联网任务处理应用的出现，推动了学术界和工业界利用边缘概念。在边缘计算的场景下，物联网的任务卸载策略的重点在于如何缩短任务执行时间、响应时间；如何优化设备能耗；如何保证任务执行的可靠性。因此，边缘云网络赋能的物联网系统可提高物联网设备执行任务的效率，并有效降低任务的处理延迟[26]，同时最大限度地延长物联网设备的电池寿命。

5）灾害预测应用。在救灾过程中，需要依靠计算平台为灾害预测、抢险救灾、通信维护等服务提供相应的计算和通信，但由于灾害场景下网络链接可能是不稳定的，灾害现场与云之间直接通信造成大量的时延，灾害预测服务在该环境下部署面临困难。近年来部分研究将边缘计算引入灾害管理系统，通过任务卸载的方式将任务卸载到临近现场的边缘服务器中，这使得任务卸载决策会直接影响救援行动的效率。例如：无人驾驶飞行器（Unmanned Aerial Vehicle，UAV）拥有强大的移动性和多功能性，提供态势感知和计算资源成为灾害管理场景的核心。但是，由于它们是电池供电的，它们不能承担所有相关数据的全部计算，需要将任务卸载到靠近边缘计算的服务器上[27-29]。

6.2.2 任务卸载的系统实例

现有的任务卸载一般按照划分粒度进行分类，主要分为基于进程或功能函数进行划分的细粒度任务卸载和基于应用程序或虚拟机（Virtual Machine，VM）划分的粗粒度任务卸载。本节将以 MAUI 卸载系统[30]和 Cloudlet 卸载系统[31]为例，分别对两种粒度的卸载系统进行介绍。

1. MAUI

MAUI 是以动态方式实现卸载的基于代理的任务卸载系统，属于细粒度任务卸载下的一个实例。MAUI 任务卸载系统模型如图 6-6 所示。MAUI 卸载系统以降低客户端消耗能量和延时为目的，绕过了终端设备的限制，通过远程服务器执行计算功能。MAUI 提供一个编程环境，开发人员可以通过编写代码决定应用程序的哪些方法可以卸载到远端服务器。每次调用程序方法时，如果远程服务器可用，MAUI 系统会通过其优化框架决定是否卸载该方法。完成卸载决策后，MAUI 系统记录分析信息，用于更好地预测未来需要调用的程序方法是否应该卸载。

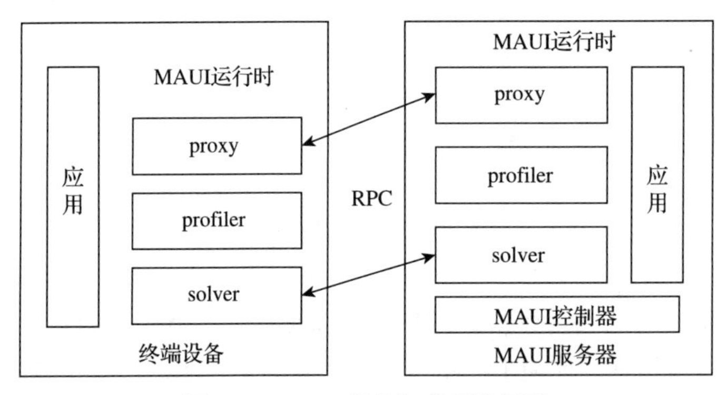

图 6-6　MAUI 任务卸载系统模型

MAUI 通过应用程序来确定卸载计算任务的成本，即远程执行计算任务所需的时延、能耗等，以及卸载所带来的优势（如由于卸载而节省的 CPU 周期数）。此外，MAUI 会不断检测网络连接，获取其带宽和时延信息，通过以上信息决定哪些方法应该被卸载到边缘服务器上，哪些应该继续在智能终端上本地执行。终端设备包含 solver、proxy 和 profiler 三个组件。solver 负责提供卸载决策引擎的接口；proxy 负责执行卸载过程中数据的传输与控制；profiler 用来监测应用程序并收集应用程序数据。服务器端包含 solver、proxy、profiler 和 MAUI 控制器四个组件。其中，solver 和 proxy 执行与其客户端相似的角色，proxy 周期性地优化线性规划的决策引擎，负责处理传入请求的身份验证和资源分配等。除了 MAUI 之外，还有很多细粒度任务卸载系统，如实现集群并发式卸载的系统 misco[32] 和动态卸载的框架 comet[33]。但是，细粒度的卸载系统由于程序划分、迁移决策等会导致额外的能量开销，也会增加程序员的负担。

2. Cloudlet

Cloudlet 是由卡内基梅隆大学提出的基于动态虚拟机合成技术的任务卸载系统，也是粗粒度卸载的实现实例。该系统实现了 MEC 的多个重要功能，如：快速配置（rapid provisioning）、虚拟机迁移（VM hand-off）和 Cloudlet 发现（Cloudlet discovery）等。

具体来说，快速配置指的是实现灵活的虚拟机快速配置。由于移动终端具有移动性，Cloudlet 与移动终端的连接是高度动态化的。具体来说，用户的接入与离开都会导致 Cloudlet 中计算、功能需求产生变化，因此 Cloudlet 必须实现灵活的快速配置。虚拟机迁移指的是为了维持网络连通性和服务的正常工作，Cloudlet 需要解决用户移动性的问题。用户在移动过程中，可能超出原 Cloudlet 的覆盖范围而进入其他 Cloudlet 的服务范围，这种移动将会造成上层应用的中断，严重影响用户体验，因此，Cloudlet 必须在用户的切换过程中无缝完成服务的迁移。Cloudlet 用于发现和选择合适的微云。Cloudlet 是地理上分布式的小型数据中心，在 Cloudlet 开始配置之前，移动终端需发现其周围可供连接的 Cloudlet，然后根据某些原则（如地理临近性或者网络状况信息）选择合适的 Cloudlet 并进行连接。Cloudlet 任务卸载系统模型如图 6-7 所示，由于 launch VM 和 base VM 之间存在二进制差异，当移动设备发现并准备启用 Cloudlet，须发送一个 VM overlay 到有 base VM 的 Cloudlet 上。然后基于 base VM 和 VM overlay 创建 launch VM，配置虚拟机实例准备为卸载的应用进行服务，当任务执行完毕后，将执行结果返回给 UE，并且释放 VM。

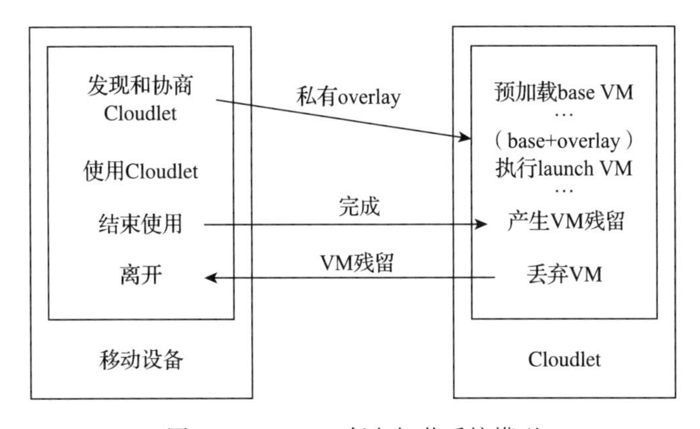

图 6-7　Cloudlet 任务卸载系统模型

6.3　任务卸载的挑战与研究方向

由于近年来各种应用的性能需求各不相同，因而学者们关注的移动边缘计算场景也纷繁复杂，研究方向极尽多样，验证边缘网络系统及其任务卸载策略有效性的标准指标也数量繁多。现列举任务卸载策略可靠性研究工作中常见的评价指标，这些指标作为移动边缘计算任务卸载问题中的单优化目标或联合优化目标之一。下文将简要地解释各个基本指标在任务卸载领域的含义，通过枚举对应研究工作的基本思路，便于读者初步了解对这些指标进行优化的各类研究成果。

6.3.1 常见术语介绍

一个典型的边缘任务卸载场景如图 6-1 所示。其中，常见的术语、名称、卸载的优化目标系统中可能存在的约束，将统一在下文中详细介绍并给出具体示例。

1. 用户设备

用户设备是卸载场景中发起请求的实体，通常也是卸载流程的起始和终止点。用户设备自身会具备一定的运算、通信、存储能力，部分任务卸载研究考虑将一部分任务留在本地，由用户设备进行处理，即本地卸载。

另一方面，用户设备也拥有能耗上限、移动性、可靠性、隐私保护、通信质量、服务质量下限、延迟等约束或要求，这些特性或要求包含着卸载算法的核心优化目标，同时也为卸载调度算法添加了很多必须保证和遵守的约束。

2. 请求

请求是由用户发出的一种抽象的信号数据，它表明用户希望与某个服务实体达成连接，并获取某种具体的服务。请求的本体可能是数据包、无线通信信号、视频流、车载控制信号等数据。它本身拥有一定的数据信息，例如数据量的大小、发送速率、发送时长、请求的服务类型等。请求的类型决定着请求的传输方式与处理方式，并带来时延、计算资源、通信资源、信息新鲜度 [34]、隐私性等方面的要求。

3. 任务

任务是一种与请求相关的、便于模型表达的、更细粒度的抽象概念。比如在很多请求可拆分的模型中，一个任务可以表示为某个请求数据的一部分或是请求处理过程的一部分。通过这种划分，可以对请求进行更细粒度的调度与安排，同时也更容易模拟某个请求数据复杂的处理流程，以及每个流程之间的依赖关系。举例来说，某个请求数据需要输入神经网络进行处理，可假设每一个神经元节点上的一次运算就是一个任务，任务与请求相关，是一种更细粒度的抽象，同时任务与任务之间呈现复杂的网状关系。通过任务的抽象与划分，能够更方便问题模型的建立和理解。

4. 服务器

服务器指能够提供服务的设备，通常指边缘服务器或云服务器。在一些特殊的网络模型中，例如：设备到设备（Device-to-Device，D2D）网络中，一台设备的请求可能由另一台设备完成。此时，完成请求的设备在当前连接关系中视作处理请求的服务器。

一般而言，边缘网络中的移动设备并不具备较强的计算能力，通常假设每个边缘网络的设备直接连接了一个边缘服务器来提供计算和处理的能力，共同组成模型中的边缘节点。有时，云服务器也会被看作一种特殊的边缘服务器，它的能力更强，距离用户也更远。与用户设备类似，服务器也可以使用计算能力、带宽资源等特征进行描述。如探究基站可靠性时，通常会考虑基站通信波动；而研究低能耗时，研究者更关心基站的发射功率等。

5. 在线调度

在线调度指的是调度器并不知道未来的序列化输入，只能根据已有的输入序列制定目前的局部最优策略。与之相反的是离线调度，即在调度的一开始就已知完整的输入序列，从而一开始就可以制定全局最优策略，获取最好效果。因此，大多数真实场景，都属于在线调度，而非离线调度。

在一个完整的任务卸载流程中，从用户设备向服务器发送一系列服务请求，到服务器会根据卸载调度算法进行分配和处理，到将任务卸载到服务器端，最终将处理结果返回用户。这个过程中的不同实体、设备、请求的需求不同，很难使用某种大而全的算法，将延迟、能耗、利润、移动性、可靠性、位置、通信成本等一系列指标同时达到最优化。因此，在调度算法设计的过程中，需要尝试在满足其他指标的约束下，从某个或某几个角度联合优化并逼近最优。

6.3.2　任务卸载的问题与挑战

本节总结了移动边缘计算任务卸载存在的一些问题和挑战，具体阐述如下所示。

1）网络通信环境的动态性。移动边缘网络是快速变化的接入网络，网络的环境实时多变，流量的大小实时变化。由于很难预先得到网络的一些环境影响因素的信息，如噪声、干扰、衰落和信号反射等，这些网络环境影响因素往往会显著影响无线通信的质量，改变无线传输的总体吞吐量和时延，使得计算卸载决策难以考虑所有环境所造成的影响。为了减少以上不良后果的产生，任务卸载决策需要对网络状况进行分析和预测，以便准确估计任务卸载决策何时会对性能产生积极影响。除此之外，预测可以与边缘的资源分配机制相结合，因为任务执行所需的资源量与用户任务的请求速率成正相关性。

2）移动边缘用户接入的动态性。移动边缘网络是位置感知的，终端设备可以通过卸载不同类型的任务来动态地重新关联到不同的应用程序。对于移动边缘网络而言，移动设备是可以随时接入随时退出的。如何让用户动态接入移动边缘网络的同时，合理设计云－边协同的卸载策略，也是一种挑战。

3）任务调度和资源分配的实时性。由于任务调度是任务卸载框架不可分割的一部分，因此需要高效的实时任务调度算法。任务卸载到边缘服务器后，为其中一个应用程序进程安排任务非常重要。由于任务调度算法本质上是非多项式时间复杂度难的（Nondeterministic Polynomial Hardness，NP-Hard），因此制定一个高效的任务调度算法是一个巨大的挑战。此外，在异构网络中，有效的实时分配方案仍处于起步阶段，实时地将边缘网络中异构性资源和分布式资源合理利用，可以基于历史的资源使用状况进行学习，并在线适应应用程序的统计数据。

4）节点、资源和应用的异质性。移动设备和边缘设备的特点是在硬件、软件和资源能力规格方面都有很大的异质性。基础设施在硬件和可用资源方面的异质性会为资源的统筹和调配带来困难。此外，大量具有不同性能要求的特异性应用程序动态地运行于不同终端设备，也可能会影响或限制任务卸载和任务执行的效率。因此，在保持服务交付和服务连续性的同时，也能在这样一个异构的场景中解决任务卸载问题，目前主流的方法研究仍处于起步阶段。

5）任务卸载策略的安全性与隐私性。由于终端用户设备成为攻击者的主要目标，针对移动设备的各种复杂攻击大大增加。此外，当计算任务卸载到第三方边缘基础设施时，也可能会产生隐私风险，造成用户对安全性的担忧。对于边缘基础设施，威胁主要集中在网络的不同节点之间的数据传输。建议的解决方案包括各种隐写术和同态加密技术，以及基于硬件的安全执行。然而，当单独使用时，这些解决方案大多在应用上有局限性。例如，加密密钥可能太大，从而大大增加了传输和存储的数据量。集中式的单体安全系统也需要演变为灵活的分布式解决方案，结合多种技术，以更好地适应边缘计算范式。因此，任务卸载解决方案应考虑到安全和保密性的限制而得到加强。如何在保证边缘计算节点通信信道稳定性的同时，考虑到用户数据泄露风险或被第三方窃取等问题，如何设置安全防御机制来避免类似问题的发生，值得进一步研究。

6）任务卸载的适应性和容错性。任务卸载策略的设计，需要加强适应性和容错性，以保证任务的成功传输和执行，并尽量减少终端用户设备的应用响应时间和能量消耗。举例来说：当地理位置最近的基站不托管边缘服务器时，所选择卸载的基站可能没有足够的资源来满足请求，请求的应用程序可能不可用，致使网络带宽和数据交换率因不匹配造成数据丢失。由于卸载到边缘服务器的大多数任务都是时延敏感的，因此在考虑到特殊情况的同时，高效地决定卸载任务的边缘服务器至关重要。

6.3.3　面向延迟的智能卸载

随着计算敏感型、资源敏感型应用的用户数量节节攀升，用户终端设备资源短缺的特性日益显现出来，具体表现为延迟高、能耗大等。而延迟恰恰是最影响用户体验的因素之一[35]。例如，为了获得最佳的游戏体验，第一人称射击类、即时策略类等多种在线游戏，期望延迟能够控制在 20ms 以内，而增强现实应用、自动驾驶的延迟期望为 10ms 以内，虚拟现实游戏则期望延迟控制在 5ms 内；而工厂的自动化、远程医疗等任务的实时性需求更高，对延迟的要求也更加苛刻，即低于 2ms[36]。因此，降低延迟是任务卸载问题需要考虑的一个核心优化目标[37-39]。

应用的延迟一般会在三个阶段产生，首先是用户将需要卸载的任务上传到边缘服务器或云端的传输延迟。紧接着，任务在资源中心接受处理时会产生处理延迟。在某些卸载方法中，也会考虑卸载任务在边缘网络中的传输延迟。最后，边缘服务器会将任务处理结果返回给用户，需要再次计算回传的延迟。

针对上下链路的传输延迟而言，延迟的大小通常与发送数据的大小、网络传输速率的快慢有关；而针对处理延迟，则更依赖待处理的数据量、服务器为当前请求分配的 CPU 资源，以及任务的数量等因素。最后，在任务卸载决策期间，额外的时延因素也可能是对任务时延进行最佳划分的决策时延。

为了能考虑尽可能多的请求对总延迟的影响，通常使用所有请求全部完成的最小延迟、所有任务的平均延迟或取它们的范数作为问题模型的优化目标。

除了延迟之外，响应时间也是一种较为常见的时间尺度指标。在 MEC 任务卸载中，响应时间被定义为从本地用户设备向远程边缘服务器开始卸载任务到在所述设备收到合适的计算结果的时间间隔。响应时间和卸载的传输时延不同。响应时间被定义为发送请求和接收合适的计算结果之间的总耗时。相比之下，卸载的传输时延被定义为在目的地接收所发送的请求所经过的时间。Ping 和 traceroute 是网络中测量响应时间的两个常用命令 [40]。

6.3.4 面向能耗的智能卸载

随着移动设备、传感器等大量受限终端连入互联网，以及部署在这些受限设备上应用的规模、数据量、运算复杂度爆炸式上涨，巨大的运算荷载对边缘设备、终端设备的电量、电池寿命、运算功率等能量功效造成了严峻的考验。

一般来说，任务卸载所消耗的能量是将任务从用户设备卸载到边缘服务器的能耗、在边缘服务器中执行任务所消耗的能量，以及将结果返回给用户设备所消耗的能量 [41]，即传输能耗、处理能耗和待机能耗。其中每个 CPU 周期的功耗、移动设备每比特任务所需的 CPU 周期、传输功率、要卸载的任务的数据大小、传输速率、无线信道的增益和带宽都是影响能耗的重要因素。由于接收时能耗远小于发送能耗，在有些研究中，也会忽略掉接受能耗。处理能耗主要与服务器和请求分配的计算资源有关，如分配的 CPU 周期数等，有时会被建模成二次方的关系，例如 $E_{\text{process}}=kf^2$，其中 k 表示能量系数，与执行任务的系统架构有关，f 表示 CPU 的周期数，即应用在处理数据上的计算资源。

由于任务卸载可以被分为完全卸载或部分卸载，因此在完全卸载中，待卸载任务的资源密集型部分必须事先确定。在部分卸载中，资源紧缺的部分被远程执行，而资源充足的部分则在本地执行。

更加接近现实的能耗优化，则应该同时考虑用于计算和传输任务能耗的智能卸载。单纯地满足用户端的时延需求可能会导致用户端的能量的快速消耗，会导致用户设备电池电量迅速下降，进而导致 CPU 降频运行，降低用户的使用体验。同理，单纯地满足用户端的能耗需求也会降低用户的使用体验。因此，需要恰当地解决能耗和时延之间权衡的问题。

毫无疑问，这种联合优化问题相比于从某个单一角度优化能量消耗更加困难，也更难得到理论上的最优解，因此，不少学者通过博弈论、凸优化等方法尝试近似最优解，也取得了很好的效果[42-43]。

6.3.5 面向资源的智能卸载

在任务卸载场景中，服务提供商通常需要提前将用户所需的服务放置在边缘服务器上，而放置的位置，往往取决于该节点可能服务的请求数量、当前边缘服务器上存在的资源量，以及放置服务的成本与利润。这种决策服务放置位置的问题，通常为服务放置或服务缓存问题[44]。在服务放置的核心优化目标是为了降低网络能耗、提高资源利用率，也可以视作面向资源的任务卸载。如果考虑定时更新服务位置，则问题将会更加复杂，资源的调度也将会更加频繁。

有些请求需要的服务并非为某一种应用，而是需要经过一系列服务按照固定的顺序进行处理。像这种顺序存在一定依赖关系的一系列服务，被称为服务功能链。服务功能链的放置与部署，也是服务放置问题中一个重要的研究方向[45-47]。

当用户将他们的任务分配到某个确定的边缘服务器上后，边缘服务器也需要对每个任务分配一定量的资源来处理请求，资源的分配方案决定着边缘网络中的能源消耗与处理延迟。因此，除了服务缓存问题以外，资源分配问题往往也是在卸载过程中需要思考的问题。

面向资源的智能卸载，主要指的是通过利用智能算法，在满足约束、能耗等约束的指标下，解决资源分配或服务放置等问题，制定出一个接近全局最优解的资源分配方案。通常来说，由于为每个任务分配的服务器位置与服务器上剩余资源有关，因此，服务放置、任务卸载、资源分配，通常是三个相互依赖的子问题，通常难以同时获得到最优解决方案，因此更多研究者通常需要进行联合优化或分步优化，兼顾各类子问题，同时逼近最优解[48-49]。

6.3.6 面向安全的智能卸载

任务卸载十分注重安全性和隐私性，同时安全和隐私也是边缘计算任务卸载需要考虑的技术难度。由于边缘服务器的分布式部署，单点的防护能力减弱，特别是物理安全，单点突破可能导致全局突破。另外，由于任务被卸载到边缘网络中，面临更加复杂的网络环境，原本用于云计算的许多安全解决方案也不再适用于边缘计算的计算卸载。

移动边缘计算中任务卸载面临的安全问题分布在各个层级，主要包括边缘节点安全、网络安全、数据安全、应用安全、安全态势感知、安全管理与编排、身份认证信任管理等。边缘节点安全即在边缘网络处提供安全的节点、软件加固和安全与可靠的远程升级服务，防止用户的恶意卸载行为。

网络安全需要保证包括防火墙、入侵检测系统、DDoS 防护、VPN/TLS 等功能，也包括一些传输协议的安全功能重用（如REST协议的安全功能）。数据安全指对卸载到边缘网络中的数据进行信任处理，同时也需要对数据的访问控制进行加强，数据安全包含数据加密、数据隔离和销毁、数据防篡改、隐私保护（数据脱敏）、数据访问控制和数据防泄漏等。其中，数据加密包含数据在传输、存储和计算时的加密；另外，边缘计算的数据防泄露也与传统的数据防泄露有所不同，因为边缘计算的设备往往是分布式部署，需要特别考虑这些设备被盗以后，相关的数据即使被获得也不会泄露。应用安全需要设置白名单、应用安全审计、恶意卸载内容防范等。

安全态势感知、安全管理与编排即需要采用主动积极的安全防御措施，包括基于大数据的态势感知和高级威胁检测，以及统一的全网安全策略执行和主动防护，从而更加快速响应和防护。再结合完善的运维监控和应急响应机制，则能够最大限度保障边缘计算系统的安全、可用、可信。

身份认证信任管理即网络的各个层级中涉及的实体需要身份认证，一些研究者提出可以通过限制共享信息来确保身份验证密钥的安全交换，完成验证过程。海量的设备接入使传统的集中式安全认证面临巨大的性能压力，特别是在设备集中上线时认证系统往往不堪重负。在必要的时候，去中心化、分布式的认证方式和证书管理成为新的技术选择。

根据图6-1所示的边缘计算模型，本文以最简单的设备与功能的可靠性为例，简单阐述以安全为目标的优化约束的建立过程。在文献[50]中，文献作者认为每个微云 c_j 都具备一个可靠性属性 $r(c_j)$，表示当前微云设备可靠的概率，因此，$1-r(c_j)$ 就表示这个微云设备不可靠的概率。在对每一个任务执行服务功能链的过程中，任务需要经过Cloudlet的处理，处理过程具有线性依赖性。由于每个任务 k 要求在处理过程中所有卸载位置的可靠性之积要高于阈值 $r_{th,k}$，即

$$\Pi_{c_j:X_{k,c_j}=1} r_{c_j} \geqslant r_{th,k}$$

6.3.7　基于博弈的智能卸载

移动边缘计算将云资源推到靠近用户的网络边缘，以最小化时延、延长终端设备的电池寿命为目标指定卸载策略。然而，受限于有限的计算和通信资源，需要找到一种权衡资源与延迟、能耗与利润的均衡，以满足用户需求。博弈论方法可以找到一个所有用户都满意的解决方案，在许多领域都证明了其最优性和公平性，因而也被许多学者用来求解边缘计算中的各种竞标与权衡问题。博弈论是一个模拟两个或两个以上用户之间交互的数学框架。通过在网络通信和计算方面权衡和决策，在用户请求异构且多样化下确保所有用户都具有良好的体验。借助博弈论，用户获得了稳定的解决方案，该解决方案得到的结果无法再经过其他决策进一步将结果优化，假设所有其他参与者的行为保持不变，并且系统处于平衡状态，称为纳什均衡（Nash Equilibrium，NE）。例如，在文献[51]中，文献作者就通过构建非合作博弈模型来模拟车辆用户的收益，并通过纳什均衡点达成了用户与网络运营

商之间的平衡。

另一种常见的博弈模型是拍卖与竞标，例如在文献 [52] 中，文献作者允许小基站和宏基站之间，以合作或竞争的方式占领通道，并设计了一种第二价格拍卖机制，保证在小基站与宏基站的博弈过程中，达成频谱租金的公平投标。

6.3.8 面向 QoS 和 QoE 的智能卸载

在 MEC 卸载中，研究者对 QoS 和 QoE 指标的处理方式有所不同。QoS 是以服务执行的效率、执行情况作为服务执行效用的评价指标。QoE 不同于 QoS，通常表示为以用户体验为中心的量化指标，从用户角度下对服务的执行评价、执行效率进行衡量。为了描述 QoE，目前有不同的技术，如平均意见分数、意见分数的标准偏差和净促进者分数 [53]。在现有的研究工作中，应用 QoE 和 QoS 的方法被认为是认识或权衡指标，共同考虑其他指标，如延迟、能耗和成本。此外，一些文献作者提出了一种保证 QoE 和 QoS 的方法 [40-41,54]，并通过实验证明了这些方案的有效性。

6.3.9 其他角度的智能卸载

除了上述研究方向，研究者还针对任务卸载问题的其他方面进行了深入思考：如考虑用户在网络中的移动性实现动态卸载 [55-57]、网络环境随机性 [58,38]、多目标优化 [48]、出于保护隐私目的的联邦学习 [59]、含无人机场景下的任务卸载 [60-61]、包含近地卫星的卸载问题 [62-64]、利用数字孪生方式协助解决任务卸载问题 [65-66] 等。这些方法各有精妙之处，限于篇幅，在此不做赘述。

6.3.10 任务卸载的未来研究方向

针对以上提出的任务卸载存在的问题，可以总结出下一步的研究方向。

1）以新兴应用为导向的计算卸载决策方法设计。随着未来大语言模型、自动驾驶、数字孪生等应用在工业物联网、智慧城市、航空航天等场景下实际落地部署，如何使用边缘计算中计算卸载技术，降低应用的执行时延与成本、提升应用执行效率是至关重要的。对于此类新兴应用而言，需要设计合理的计算卸载方法，针对性地弥补异构应用在不同场景下实际部署中的差异。这需要开发者根据每个应用开发所采用的实际技术和所需的性能指标，设计应用导向的计算卸载决策算法，优化应用程序实际部署的服务质量和用户体验。

2）在服务请求不确定情况下计算卸载决策方法设计。终端用户具有高度的移动性和动态性，以及异构的服务请求偏好与需求。现有的蜂窝网络数据切换策略虽能很好地支持用户自由移动、保障网络联通，但是忽视了无线接入点处部署的边缘服务器的计算资源、服务容量等限制条件。同时由于用户的服务偏好不确定导致难以为用户提高高质量的服务为响应，降低用户的服务体验。现有的方法通常采用基于深度学习的预测算法模拟用户移动或服务器的资源请求。但此类方法仍然面临预测精度不高、数据集较少等因素影响。因此，现有的工作仍需借助 D2D 通信技术、卸载预处理预测等技术，开发合适的计算卸载方法，满足边缘服务提供商在服务请求不确定的情况下进行计算卸载决策。

3）新一代空天地海网络架构下计算卸载网络架构设计。针对新一代空天地海一体化网络，需要设计新型的计算卸载网络架构，适配新的网络需求。综合考虑卫星所搭载的异构的传输协议和卫星内部封闭系统的软硬件架构，研究如何弥合跨域网络数据传输和计算的卸载优化算法。首先需要研究星间、星空、星地、星海之间的通信链路高效的计算卸载传输，其次需研究如何使用计算卸载技术解决软件定义卫星网络所面临的分发难、部署难、迭代慢、部署不敏捷等困难，助力在轨业务快速迭代更新以及保障跨域计算任务的互联与互通。

4）具有隐私保护和高容错要求的计算卸载框架设计。对于一些高精度工业控制、高敏感数据处理的场景，需要在卸载过程中保证数据信息安全性以及可靠性。针对数据隐私保护的要求，需要分析信道安全性能等指标，通过数据编码等方式制定具有一定安全性能的计算卸载策略，采用如可重构智能反射表面等技术，控制计算卸载数据传输的反射相位，从物理层保障计算卸载的隐私安全，同时采用一些隐私加密算法，降低数据的信息熵，保护数据的可用性。针对高容错的需求，计算卸载框架也需要考虑设计有容错冗余机制的调度策略，保证数据的安全性和可靠性，采用容错率为优化目标，设计计算卸载的优化框架，保障场景的可靠性和高容错需求。

5）面向未来碳中和与绿色计算的计算卸载算法设计。面向未来碳中和与绿色计算的计算卸载算法设计是一个前沿且重要的研究领域。为了响应国家新质生产力、节能减排的要求，计算卸载算法设计时需要考虑碳排放因素，将计算任务优先卸载到使用可再生能源的计算节点上，或者到碳排放更低的节点上。通过建立详细的能耗和碳排放模型，预测不同卸载方案的碳排放，并选择最优方案。具体来说，需要考虑动态电源管理、负载均衡、任务卸载重定向等技术，将计算任务合理分配到多个节点上，动态调整计算资源的电源状态来降低能耗，根据任务的紧急程度和计算需求，优化任务的调度顺序，避免节点过载和减少高能耗计算任务的比例，使得整体能耗最低。此外，根据任务的紧急程度和计算需求，优化任务的调度顺序，减少高能耗计算任务的比例。

本章小结

任务卸载是边缘计算技术中极为重要的技术之一，它使得边缘移动设备可以相互配合、与远端云配合，协同处理复杂、海量、智能化的任务，而不必担心设备因计算资源、存储资源、能耗等限制而无法低时延、高响应地完成任务。在本章中，首先介绍了任务卸载的基本概念；随后总结了任务卸载方向的困难与挑战；最后针对多种不同优化目标的卸载类型进行阐述，并选取了一部分前沿的研究成果作为参考。

参考文献

[1] LIN H, ZEADALLY S, CHEN Z, et al. A survey on computation offloading modeling for edge computing[J]. Journal of Network and Computer Applications, 2020, 169: 102781.

[2] DINH H T, LEE C, NIYATO D, et al. A survey of mobile cloud computing: architecture, applications, and approaches[J]. Wireless communications and mobile computing, 2013, 13(18): 1587-1611.

[3] OTHMAN M, MADANI S A, KHAN S U, et al. A survey of mobile cloud computing application models[J]. IEEE communications surveys & tutorials, 2013, 16(1): 393-413.

[4] WANG Y, CHEN I R, WANG D C. A survey of mobile cloud computing applications: Perspectives and challenges[J]. Wireless Personal Communications, 2015, 80(4): 1607-1623.

[5] ISLAM A, DEBNATH A, GHOSE M, et al. A survey on task offloading in multi-access edge computing[J]. Journal of Systems Architecture, 2021, 118: 102225.

[6] SAEIK F, AVGERIS M, SPATHARAKIS D, et al. Task offloading in Edge and Cloud Computing: A survey on mathematical, artificial intelligence and control theory solutions[J]. Computer Networks, 2021, 195: 108177.

[7] 张开元，桂小林，任德旺，等. 移动边缘网络中计算迁移与内容缓存研究综述 [J]. 软件学报，2019, 30(8): 2491-2516.

[8] MACH P, BECVAR Z. Mobile edge computing: A survey on architecture and computation offloading[J]. IEEE Communications Surveys & Tutorials, 2017, 19(3): 1628-1656.

[9] ZHANG W, WEN Y, WU D O. Collaborative task execution in mobile cloud computing under a stochastic wireless channel[J]. IEEE Transactions on Wireless Communications, 2014, 14(1): 81-93.

[10] DENG M, TIAN H, FAN B. Fine-granularity based application offloading policy in cloud-enhanced small cell networks[C]//2016 IEEE International Conference on Communications Workshops (ICC). New York: IEEE, 2016: 638-643.

[11] MAHMOODI S E, UMA R, SUBBALAKSHMI K. Optimal joint scheduling and cloud offloading for mobile applications[J]. IEEE Transactions on Cloud Computing, 2016, 7(2): 301-313.

[12] YOU D, DOAN T V, TORRE R, et al. Fog computing as an enabler for immersive media: Service scenarios and research opportunities[J]. IEEE Access, 2019, 7: 65797-65810.

[13] CHAKARESKI J. VR/AR Immersive Communication: Caching, Edge Computing, and Transmission Trade-Offs[C]//Proceedings of the Workshop on Virtual Reality and Augmented Reality Network. New York: Association for Computing Machinery, 2017: 36-41.

[14] LIU Q, HUANG S, OPADERE J, et al. An edge network orchestrator for mobile augmented reality[C]//IEEE INFOCOM 2018-IEEE conference on computer communications. New York: IEEE, 2018: 756-764.

[15] FRAEDRICH E, CYGANSKI R, WOLF I, et al. User Perspectives on Autonomous Driving: A Use-Case-Driven Study in Germany[M]. [S. l.: s. n.], 2016.

[16] MEHRABI A, SIEKKINEN M, YLÄ-JÄÄSKI A, et al. Mobile Edge Computing Assisted Green Scheduling of On-Move Electric Vehicles[J]. IEEE Systems Journal, 2022, 16(1): 1661-1672.

[17] CHEN Z G, ZHAN Z H, KWONG S, et al. Evolutionary Computation for Intelligent Transportation in Smart Cities: A Survey [Review Article][J]. IEEE Computational Intelligence Magazine, 2022,

17(2): 83-102.

[18] WANG X, NING Z, WANG L. Offloading in Internet of Vehicles: A Fog-Enabled Real-Time Traffic Management System[J]. IEEE Transactions on Industrial Informatics, 2018, 14(10): 4568-4578.

[19] PAPAGIANNI C, LEIVADEAS A, PAPAVASSILIOU S. A Cloud-Oriented Content Delivery Network Paradigm: Modeling and Assessment[J]. IEEE Transactions on Dependable and Secure Computing, 2013, 10(5): 287-300.

[20] BEBORTTA S, SENAPATI D, PANIGRAHI C R, et al. Adaptive Performance Modeling Framework for QoS-Aware Offloading in MEC-Based IIoT Systems[J]. IEEE Internet of Things Journal, 2022, 9(12): 10162-10171.

[21] FAJARDO J O, TABOADA I, LIBERAL F. Improving content delivery efficiency through multi-layer mobile edge adaptation[J]. IEEE Network, 2015, 29(6): 40-46.

[22] TRAN T X, PANDEY P, HAJISAMI A, et al. Collaborative multi-bitrate video caching and processing in Mobile-Edge Computing networks[C]//2017 13th Annual Conference on Wireless On-demand Network Systems and Services (WONS). [S. l.]: arXiv, 2017: 165-172.

[23] REN J, YU G, CAI Y, et al. Latency Optimization for Resource Allocation in Mobile-Edge Computation Offloading[J]. IEEE Transactions on Wireless Communications, 2018, 17(8): 5506-5519.

[24] YANG S, HE Y, ZHENG X. FoVR: Attention-based VR Streaming through Bandwidth-limited Wireless Networks[C]//2019 16th Annual IEEE International Conference on Sensing, Communication, and Networking (SECON). New York: IEEE, 2019: 1-9.

[25] GUBBI J, BUYYA R, MARUSIC S, et al. Internet of Things (IoT): A vision, architectural elements, and future directions[J]. Future Generation Computer Systems, 2013, 29(7): 1645-1660.

[26] XU Z, REN W, LIANG W, et al. Schedule or Wait: Age-Minimization for IoT Big Data Processing in MEC via Online Learning[C]//IEEE INFOCOM 2022-IEEE Conference on Computer Communications. New York: IEEE, 2022: 1809-1818.

[27] KIM K, HONG C S. Optimal Task-UAV-Edge Matching for Computation Offloading in UAV Assisted Mobile Edge Computing[C]//2019 20th Asia-Pacific Network Operations and Management Symposium (APNOMS). New York: IEEE, 2019: 1-4.

[28] CHEN S, WANG Q, CHEN J, et al. An Intelligent Task Offloading Algorithm (iTOA) for UAV Network[C]//2019 IEEE Globecom Workshops (GC Wkshps). New York: IEEE, 2019: 1-6.

[29] AVGERIS M, SPATHARAKIS D, DECHOUNIOTIS D, et al. Where ThereIs Fire There Is SMOKE: A Scalable Edge Computing Framework for Early Fire Detection[J]. Sensors, 2019, 19(3): 639.

[30] CUERVO E, BALASUBRAMANIAN A, CHO D, et al. Maui: making smartphones last longer with code offload[C]//Proceedings of the 8th international conference on Mobile systems, applications, and services. New York: ACM, 2010: 49-62.

[31] PANG Z, SUN L, WANG Z, et al. A Survey of Cloudlet Based Mobile Computing[C]//2015 International Conference on Cloud Computing and Big Data (CCBD). New York: ACM, 2015: 268-275.

[32] KOSTA S, AUCINAS A, HUI P, et al. ThinkAir: Dynamic resource allocation and parallel execution in the cloud for mobile code offloading[C]//2012 Proceedings IEEE INFOCOM. New York: IEEE,

2012: 945-953.

[33] GORDON M S, JAMSHIDI D A, MAHLKE S, et al. COMET: code offload by migrating execution transparently[C]//Proceedings of the 10th USENIX conference on Operating Systems Design and Implementation. USA: USENIX Association, 2012: 93-106.

[34] LI C, LIU Q, LI S, et al. Scheduling With Age of Information Guarantee[J]. IEEE/ACM Transactions on Networking, 2022, 30(5): 2046-2059.

[35] LI Q, WANG S, ZHOU A, et al. QoS Driven Task Offloading With Statistical Guarantee in Mobile Edge Computing[J]. IEEE Transactions on Mobile Computing, 2022, 21(1): 278-290.

[36] HUEDO E, MONTERO R S, MORENO-VOZMEDIANO R, et al. Opportunistic Deployment of Distributed Edge Clouds for Latency-Critical Applications[J]. Journal of Grid Computing, 2021, 19: 2.

[37] HO T M, NGUYEN K K. Joint Server Selection, Cooperative Offloading and Handover in Multi-Access Edge Computing Wireless Network: A Deep Reinforcement Learning Approach[J]. IEEE Transactions on Mobile Computing, 2022, 21(7): 2421-2435.

[38] QU Y, DAI H, WU F, et al. Robust Offloading Scheduling for Mobile Edge Computing[J]. IEEE Transactions on Mobile Computing, 2022, 21(7): 2581-2595.

[39] LIU T, FANG L, ZHU Y, et al. A Near-Optimal Approach for Online Task Offloading and Resource Allocation in Edge-Cloud Orchestrated Computing[J]. IEEE Transactions on Mobile Computing, 2022, 21(8): 2687-2700.

[40] ENZAI N I M, TANG M. A taxonomy of computation offloading in mobile cloud computing[C]//2014 2nd IEEE international conference on mobile cloud computing, services, and engineering. New York: IEEE, 2014: 19-28.

[41] LIN L, LIAO X, JIN H, et al. Computation offloading toward edge computing[J]. Proceedings of the IEEE, 2019, 107(8): 1584-1607.

[42] DENG X, SUN Z, LI D, et al. User-Centric Computation Offloading for Edge Computing[J]. IEEE Internet of Things Journal, 2021, 8(16): 12559-12568.

[43] LYU X, TIAN H, NI W, et al. Energy-Efficient Admission of Delay-Sensitive Tasks for Mobile Edge Computing[J]. IEEE Transactions on Communications, 2018, 66(6): 2603-2616.

[44] DAI X, XIAO Z, JIANG H, et al. Task Offloading for Cloud-Assisted Fog Computing With Dynamic Service Caching in Enterprise Management Systems[J]. IEEE Transactions on Industrial Informatics, 2023, 19(1): 662-672.

[45] JIA J, YANG L, CAO J. Reliability-aware Dynamic Service Chain Scheduling in 5G Networks based on Reinforcement Learning[C]//IEEE INFOCOM 2021 - IEEE Conference on Computer Communications. New York: IEEE, 2021: 1-10.

[46] SETAYESH M, WONG V W S. Service Function Chain Reconfiguration in 5G Core Networks Using Deep Learning[C]//2021 IEEE Global Communications Conference (GLOBECOM). New York: IEEE, 2021: 1-6.

[47] GAO L, ROUSKASB G N. Service Chain Rerouting for NFV Load Balancing[C]//GLOBECOM 2020 - 2020 IEEE Global Communications Conference. New York: IEEE, 2020: 1-6.

[48] WANG P, LI K, XIAO B, et al. Multiobjective Optimization for Joint Task Offloading, Power

Assignment, and Resource Allocation in Mobile Edge Computing[J]. IEEE Internet of Things Journal, 2022, 9(14): 11737-11748.

[49] AN X, FAN R, HU H, et al. Joint Task Offloading and Resource Allocation for IoT Edge Computing With Sequential Task Dependency[J]. IEEE Internet of Things Journal, 2022, 9(17): 16546-16561.

[50] LI J, LIANG W, HUANG M, et al. Reliability-aware network service provisioning in mobile edge-cloud networks[J]. IEEE Transactions on Parallel and Distributed Systems, 2020, 31(7): 1545-1558.

[51] NING Z, DONG P, WANG X, et al. Partial Computation Offloading and Adaptive Task Scheduling for 5G-Enabled Vehicular Networks[J]. IEEE Transactions on Mobile Computing, 2022, 21(4): 1319-1333.

[52] LI F, YAO H, DU J, et al. Auction Design for Edge Computation Offloading in SDN-Based Ultra Dense Networks[J]. IEEE Transactions on Mobile Computing, 2022, 21(5): 1580-1595.

[53] MÖLLER S, RAAKE A. Quality of experience: advanced concepts, applications and methods[M]. Berlin: Springer, 2014.

[54] MAO Y, YOU C, ZHANG J, et al. A Survey on Mobile Edge Computing: The Communication Perspective[J/OL]. IEEE Communications Surveys & Tutorials, 2017, 19(4): 2322-2358.

[55] DAI B, NIU J, REN T, et al. Toward Mobility-Aware Computation Offloading and Resource Allocation in End–Edge–Cloud Orchestrated Computing[J]. IEEE Internet of Things Journal, 2022, 9(19): 19450-19462.

[56] MUKHERJEE A, GHOSH S, DE D, et al. MCG: Mobility-Aware Computation Offloading in Edge Using Weighted Majority Game[J]. IEEE Transactions on Network Science and Engineering, 2022, 9(6): 4310-4321.

[57] CHEN H, DENG S, ZHU H, et al. Mobility-Aware Offloading and Resource Allocation for Distributed Services Collaboration[J]. IEEE Transactions on Parallel and Distributed Systems, 2022, 33(10): 2428-2443.

[58] ZHOU R, ZHANG X, QIN S, et al. Online Task Offloading for 5G Small Cell Networks[J]. IEEE Transactions on Mobile Computing, 2022, 21(6): 2103-2115.

[59] WU D, ULLAH R, HARVEY P, et al. FedAdapt: Adaptive Offloading for IoT Devices in Federated Learning[J]. IEEE Internet of Things Journal, 2022, 9(21): 20889-20901.

[60] CHEN X, BI Y, HAN G, et al. Distributed Computation Offloading and Trajectory Optimization in Multi-UAV-Enabled Edge Computing[J]. IEEE Internet of Things Journal, 2022, 9(20): 20096-20110.

[61] ZHOU R, WU X, TAN H, et al. Two Time-Scale Joint Service Caching and Task Offloading for UAV-assisted Mobile Edge Computing[C]//IEEE INFOCOM 2022 - IEEE Conference on Computer Communications. New York: IEEE, 2022: 1189-1198.

[62] STHAPIT S, LAKSHMINARAYANA S, HE L, et al. Reinforcement Learning for Security-Aware Computation Offloading in Satellite Networks[J]. IEEE Internet of Things Journal, 2022, 9(14): 12351-12363.

[63] WANG D, WANG W, KANG Y, et al. Dynamic Data Offloading for Massive Users in Ultra-dense LEO Satellite Networks based on Stackelberg Mean Field Game[C]//IEEE INFOCOM 2022 - IEEE Conference on Computer Communications Workshops (INFOCOM WKSHPS). New York: IEEE,

2022: 1-6.

[64] CHENG L, FENG G, SUN Y, et al. Dynamic Computation Offloading in Satellite Edge Computing[C]//ICC 2022 - IEEE International Conference on Communications. New York: IEEE, 2022: 4721-4726.

[65] LIU T, TANG L, WANG W, et al. Digital-Twin-Assisted Task Offloading Based on Edge Collaboration in the Digital Twin Edge Network[J]. IEEE Internet of Things Journal, 2022, 9(2): 1427-1444.

[66] VAN HUYNH D, NGUYEN V D, KHOSRAVIRAD S R, et al. URLLC Edge Networks With Joint Optimal User Association, Task Offloading and Resource Allocation: A Digital Twin Approach[J]. IEEE Transactions on Communications, 2022, 70(11): 7669-7682.

CHAPTER 7

第 7 章

智能服务缓存与优化

在移动设备日益普及的今天，社交网络快速发展，服务功能种类增加，逐渐智能化。但是大量资源密集型的智能服务和用户浏览流量的激增使得响应越来越慢、延迟也大幅增加。此外，由于核心网络的带宽和传输速率限制，传统的云计算已无法满足用户对服务质量的要求。因此，移动运营商和内容提供商开始引入移动边缘计算技术，来管理日益复杂的网络和稀缺的资源。其中，借鉴数据缓存的概念，在边缘网络中可以采取服务缓存的方式在计算请求到来时快速启动服务，减少服务受启动或下载影响带来的额外延迟。本章将对边缘网络中智能服务缓存与优化这一问题进行介绍。

7.1 服务缓存概述

边缘网络中的服务缓存的发展逐渐受到工业界、学术界广泛关注。一方面，服务缓存的首要任务是服务边缘用户，为了满足各种应用、各类用户的不同需求，如何进行缓存决策具有挑战；另一方面，边缘网络服务提供商的成本与利润息息相关，因此如何设计缓存机制在网络服务供应商和用户之间权衡也具有挑战。基于上述挑战，本节主要针对服务缓存的概念、服务缓存机制和服务缓存评价指标三个方面进行阐述，并在随后的小节中介绍放置缓存问题的多种解决方案。

7.1.1 服务缓存概念

目前，数字化和智能化正在加快推进计算产业的创新。大量智能应用程序正随着人工智能技术的快速发展走进生活的方方面面，包括 VR、AR、人脸识别、移动游戏和自动驾驶等。然而，智能应用程序产生的海量数据都需要大量算力进行处理。根据罗兰贝格的预测，各行各业对于算力的需求将出现高速增长，2018—2030年，自动驾驶对算力的需求将增加390倍，智慧工厂需求将增长110倍，主要国家人均算力需求将从今天不足500G/FLOPS，到2035年增加到10000G/FLOPS。因此，各类智能应用程序的数据在终端飞速增长对计算资源、带宽资源和服务延迟提出更高需求。虽然在过去的十年中，可利用云计算提供弹性计算和存储能力来支持资源受限的终端用户设备，但当前仍然面临严重瓶颈，因为将所有分布式数据和计算密集型应用程序移动到远程云，为拥堵的骨干网带来了极其沉重的负担，造成了极大的传输延迟，大幅降低了用户服务质量。MEC作为一种新的计算范式，通过将数据和服务从集中式云基础设施部署在网络边缘，使得数据分析、知识生成更接近数据源，从而实现高质量、快速响应服务目标[1]。

具体来说，边缘基础设施提供商通过将边缘服务器部署在蜂窝基站或微云中，服务提供商可向边缘基础设施提供商租借计算资源和存储资源。在保证服务质量和成本约束的前提下，根据服务流行度信息、用户延迟需求和资源付费的信息，将各类智能服务从云端缓存到边缘服务器中，存储应用服务的相关库/数据库并保留云端实例，在边缘服务器中用户提供高效、实时缓存实例和数据同步。图7-1展示了一个典型的边缘网络服务缓存架构，图中包括云端，边缘端和用户端三部分。用户端设备的资源严重受限，为了满足自身延迟需求可以向云端或边缘端发送服务请求，利用云端或边缘端丰富的资源和计算能力，来提高终端计算的速度。

其中，服务缓存与任务卸载密切相关。服务缓存主要是指任务开始处理之前及任务处理完成后边缘网络中服务实例的迁移、激活、更新或销毁，侧重于服务器平台本身针对服务缓存的调度；与之相反的，任务卸载专注于任务本身的处理，例如：任务的传输和处理(任务卸载的相关研究详见本书第六章)。总之，不同的用户会发送不同类型的服务请求，由服务提供商负责将存储在云端的服务实例根据用户需求缓存至边缘网络中以提升请求处理速度。举例来说，在部署了边缘服务器的AR博物馆场景中，通过将AR服务放置在服务于该区域的基站中，使得参观者可以使用AR服务来获得更好的感官体验[2]。

7.1.2　服务缓存机制

据统计，近80%的网络流量是由服务生成的，而大量用户经常反复访问20%的信息资源。因此，根据流行度和用户偏好缓存此类用户访问较为频繁的服务，可以有效降低网络负载，提高用户的服务体验。具体来说，通常可以细分为某区域流行的服务或特定时间流行的服务。一些服务在偏远地区流行，因此需要进行本地缓存；而一些服务仅在特定时间段内较为流行，如游戏、直播等，在流行时间段外访问量较少。同时，由于网络动态性和用户位置不确定性，缓存较低流行度的服务或过期服务往往不能使服务提供商受益且不能有效降低网络负载。此外，网络环境变化往往使得长期服务缓存机制造成资源浪费和高昂开销。目前，服务缓存机制通常包括两部分，分别是完全缓存和部分缓存。接下来将分别针对这两类缓存机制进行介绍。

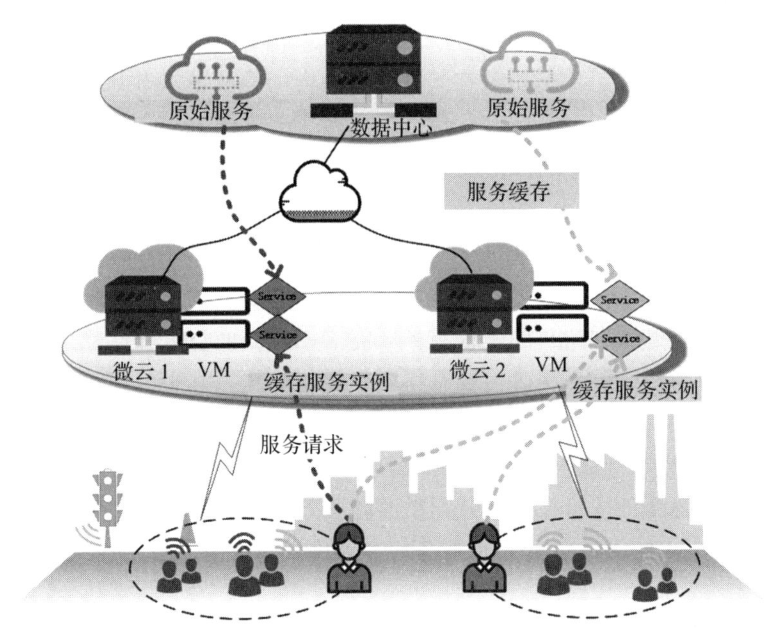

图 7-1　边缘网络服务缓存架构

1. 完全缓存

部分智能服务对服务质量要求高，最初就可以完全部署在边缘云中，或者采取完全拷贝的方法，在每个边缘节点都缓存来自服务提供商的所有服务实例。然而这种方法会造成缓存成本高、效率低、资源浪费，难以实际部署应用。针对此类服务放置问题，目前的相关研究主要采用集中式和分布式两种放置策略，对服务的资源异质性、用户移动性等进行缓存策略优化，旨在最小化服务部署成本、能耗开销和提高应用程序的服务质量及用户体验。例如，Liang 等人[3]研究了服务实体的完全缓存问题，通过指定合理的收益策略，可以应用于解决服务缓存问题。文献 [4] 研究了边缘网络中的协同服务缓存和工作负载调度问题，以最小化服务响应时间和到中心云的外包流量为目标，设计服务缓存的决策方法。

2. 部分缓存

对于服务部署而言，部分智能服务已经持续运营在远端数据中心中，无法完全迁移到边缘侧。但其部分函数可以缓存到边缘侧，从而降低启动和执行延迟，这种方法就是部分缓存。针对此类部分缓存问题，目前的现有工作主要集中在何时缓存、何地缓存或缓存何种类型的服务，考虑缓存与任务卸载的协同优化以及异构资源需求等，例如：通过考虑 CPU、RAM、磁盘资源、交换机容量大小和用户需求在边缘云中缓存更流行的服务[5,6]。现有的研究提出了多种在线学习及预测方法，采取机器学习方法对用户请求的历史记录和用户的相似性进行协同过滤，在未来请求到达之前进行预先的缓存决策。然而，流行服务的预测精度通常会影响缓存的性能，在无线网络中进行预测往往有特殊的困难。具体来说，在预测一个基站覆盖范围内的服务流行度时，与基站相关联的用户数量是动态的，而用户移动轨迹也会随时间变化且流行服务在其存在周期内的累积请求数目是有限的，因此这种预测极具挑战性。Zhang 等人 [6] 通过联合考虑交换机的容量大小和用户的延迟要求，提出了一种在覆盖网络中流行度感知的缓存方法，解决服务部分缓存的问题。

7.1.3 服务缓存评价指标

边缘计算的核心是在网络接入侧部署具有一定计算能力的节点，降低用户服务时延以及终端设备能耗。服务缓存的目的不仅服务于终端用户，而且可以从管理网络服务的服务提供商获益。简单来说，服务缓存可被看作一个优化问题。其中，优化目标是服务延迟和设备能耗；优化参数为服务实例的部署位置及分配给每个服务的资源；优化问题的限制条件包括服务提供商的预算限制、用户端的服务质量约束、边缘网络中的计算资源与带宽资源等。具体来说，有两种评价指标，分别是面向服务提供商的服务缓存评价指标有服务收益、运营成本和面向用户端与边缘侧的服务缓存评价指标有用户服务时延、终端设备能耗。

1. 面向服务提供商的评价指标

边缘网络中存在的各类服务提供商管理着多种多样的服务，从服务提供商的角度出发，多服务提供商愿意将服务缓存到边缘网络中。现有的边缘缓存方面的工作已经证明，在网络边缘缓存较为流行的服务可显著提高系统吞吐量、降低服务传输延迟。因此，面向服务提供商的服务缓存问题的研究内容包括：如何在满足服务提供商的预算限制下设计合理高效的服务缓存和资源分配策略，从而最大限度地提高边缘节点的资源利用率。面向服务提供商的评价指标主要包括：服务提供商的收益、系统运行成本、资源利用率、可靠性等。例如，Zhang 等人 [7] 研究了在确保性能要求的同时最小化服务托管成本的服务放置问题。Xiong 等人 [8] 研究了网络基础设施提供商、内容服务提供商和移动用户之间的交互，并且设计了三阶段斯塔克尔伯格（Stackelberg）博弈策略。

2. 面向用户端与边缘侧的评价指标

在边缘网络的服务缓存问题中，用户端和边缘侧经常面临着是否卸载用户请求到已缓存的服务实例的决策问题，以及如何联合考虑服务缓存与请求卸载并进行最佳的服务缓存位置决策问题。将用户请求脱离本地终端卸载到边缘节点的服务缓存实例中，会大大降低任务执行时延和设备能耗。对于面向用户端和边缘侧的服务缓存问题，主要研究如何通过服务部署和资源分配优化，评价指标通常指用户终端的延迟需求和能耗。例如，Misra 等人 [9] 研究了软件定义网络中的任务卸载问题，其中 IoT 设备通过多跳物联网接入点（Access Point，AP）连接到边缘计算节点。在文献 [10] 中，文献作者提出了一种联合服务定价方案来协调服务缓存和任务卸载问题。Zhou 等人 [11] 通过考虑无线网络连接性和移动设备移动性，研究了联合任务卸载和调度问题。

7.2　学习驱动的服务缓存

本节将基于学习驱动的服务缓存分为两部分进行了解，一是面向服务提供商的协同服务缓存，二是面向用户端与边缘侧的协同服务缓存，并讨论其性能表现。

7.2.1　面向服务提供商的协同服务缓存

近几年随着云计算、无线通信和 AI 技术的发展，各种多媒体应用一直受到服务提供商和基础设施提供商的广泛关注。举例来说，VR 服务已经部署在核心网络的数据中心，以实时处理从 VR 设备收集的 8K 视频数据。然而，网络服务提供商在满足移动用户的延迟需求方面面临因要处理的数据量大所导致的核心网络越来越拥挤的困难。

面向服务提供商的协同服务缓存是解决这一问题的关键方案。它通过在靠近移动用户的位置（如 5G 基站）部署微云（如边缘服务器），并在移动用户附近提供 VR 服务。服务提供商可以将其服务或部分服务缓存到 MEC 的微云中，以满足用户的各种服务质量要求。其中，MEC 网络允许多个服务提供商以协同方式将其服务从远程数据中心缓存到 MEC 网络的微云，从而构成一个服务市场。为降低成本，服务提供商可以相互共享其租用的虚拟机，这些共享虚拟机的服务提供商将形成一个联盟。

具体来说，基础设施提供商拥有并运营 MEC 网络。同时，中小型网络服务提供商可以从基础设施提供商处租用虚拟机来构建自己的服务。与此同时，服务提供商也需要承担在拥有的微云中使用租赁虚拟机的成本。这种广泛采用的 IT 服务市场模式可将服务提供商从管理物理资源的工作中解放出来，专注于服务应用程序的运维。因此，在 MEC 网络中，服务提供商可以通过租用或共享虚拟机来执行其服务请求，如图 7-1 所示。

尽管每个服务提供商都是自私自利的，只关心自己的效益，但由于不同的服务提供商有不同的资源需求，独立运行自己的服务可能无法取得最优收益。因此，不同的网络服务提供商可通过协同共享微云中的资源，分摊资源的使用成本。特别是，大多数基础设施提供商将其在每个 Cloudlet 中的计算资源虚拟化为不同类型的虚拟机。然而，由于基础设施提供商通常无法得知网络中提供程序的服务具体的资源需求，因此分配给每个虚拟机的资源量可能与服务的实际需求不匹配。这意味着，如果虚拟机自己的服务提供商希望降低由于虚拟机空闲而导致的成本，则可以与其他网络服务提供商共享虚拟机。

此外，每个服务提供商通常都有一组稳定的忠实用户。若提供商的整体服务质量稳定，这些用户不会在短期内转移到其他服务提供商。以图 7-1 中的服务缓存模型为例。这些服务提供商提供的示例服务包括具有以一定速率到达的大数据查询处理服务、具有呈现图像流请求的 VR 服务以及处理网络流请求的各种网络功能。考虑到 MEC 网络中微云的计算、存储和带宽资源有限，将所有服务永久缓存在微云中并不可取。因此，微云中缓存的服务实例可能会被注销以进行其他服务的缓存，其占用的虚拟机将用于缓存其他服务。为实现这种灵活的服务缓存，必须保留原始服务实例，防止删除其缓存的实例。

与此同时，考虑到服务实例暂时缓存在MEC网络中，服务将来可能需要由其缓存的实例处理的数据，缓存实例生成的状态必须转发到其原始服务。否则，当原始服务的缓存实例从微云中销毁时，它将无法继续提供服务。服务提供商寻求机会，通过将服务缓存到MEC网络中的微云以最小化其用户的延迟，同时保证网络中缓存实例与原始实例之间的一致性，访问此类服务的请求延迟可以大大降低。

在MEC网络中，不同的服务提供商的协同服务缓存面临许多挑战。首先，由于服务提供商是自私的，通过集中机制不可能集中协调它们达成全局最优。因此，为了保证每个服务提供商都有参与服务市场的动力，设计一种用于协同服务缓存的分布式机制是十分必要的。此外，还需要保证此类服务市场的稳定性，保证没有参与者可以通过离开当前的联盟来增加其收益，即服务缓存的纳什均衡。其次，为了降低协同服务缓存的成本，当其租用的虚拟机未得到充分利用时，服务提供商可以选择与他人共享其租用的虚拟机（具有计算和带宽资源）。一方面，如果将共享相同资源的一组服务提供商视为联盟，如何为联盟设计有效的成本分摊机制，以减轻由于资源共享而导致的系统性能下降是一个挑战。另一方面，在每个联盟中，如何实现虚拟机的临时共享以提高系统资源利用率也是具有挑战性的。最后，网络服务提供商的自私行为导致偏离全局最优的结果。因此，需要一个接近全局最优的且距离最优解差距有界的解决方案。

7.2.2　面向用户端与边缘侧的协同服务缓存

随着科技的进步，人工智能应用越来越频繁地出现在日常生活中，如自动驾驶汽车、人脸验证、在线游戏和VR、AR。这些应用对延迟敏感且计算要求很高。然而，在用户移动设备上，计算密集型AI应用程序通常受到设备上低能耗容量的限制，因此效率极为低下，无法满足用户的超低延迟要求。新兴的5G和MEC能够通过将计算基础设施推向网络边缘，从而显著缩短AI应用的端到端延迟，在移动用户附近提供服务。

然而在数据处理和数据传输方面，由于需要更密集的通信和处理能力，5G基站消耗的功率是4G基站的两倍甚至更多，5G基站的能耗通常在过载时变得更快，这提高了服务提供商的运营成本。因此如何降低5G基站的能耗进而降低服务提供商的运营成本是服务供应商迫切需要解决的问题。通过研究在服务缓存和任务卸载过程中基站间实现协同的方法，可以平衡从过载基站到轻负载基站的工作负载，从而降低整体能耗。由于支持5G的MEC基站具有完全分布式的性质，因此基站之间的水平协同和基站与远程数据中心之间的垂直协同被认为是释放5G边缘计算全部潜力和降低能耗的关键。图7-2展示了水平协同与垂直协同的示例模型。

一方面，水平协同可以利用基站上有限的计算资源容量平衡和降低基站的能耗。基站将过载的请求转发到其他基站进行处理，从而减轻负载，提高计算和存储资源利用率。另一方面，基站与远程数据中心之间的垂直协同是满足用户请求的服务需求的必要条件之一。

具体而言，服务提供商需要将他们的服务从远程数据中心下载并缓存到支持5G的

MEC 基站中。由于容量和网络动态的限制，这些服务无法永久缓存在 MEC 中。因此，可以使用按需缓存服务的策略，同时将其原始服务实例保存在远程数据中心。如果不再需要缓存的服务实例，它将从支持 5G 的 MEC 基站中删除，其原始服务实例将继续为用户请求提供服务。此外，每个服务通常都是有状态的，需要在缓存实例和原始服务实例之间保持状态一致。生成的状态需要在缓存的服务实例和原始服务实例之间同步，以确保对将来请求的处理是正确的。

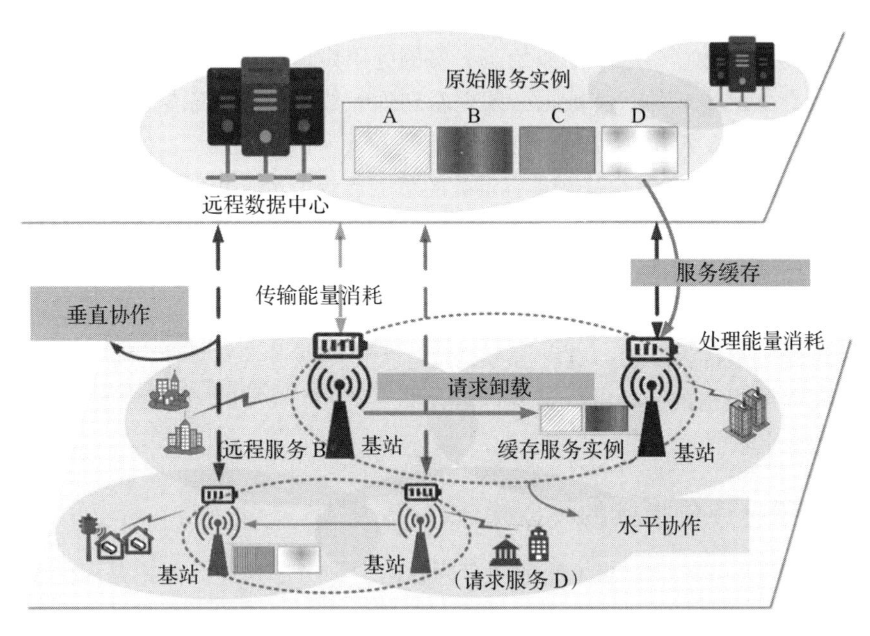

图 7-2　水平协同与垂直协同的示例模型

在支持 5G 的 MEC 基站中，协同服务缓存和请求卸载带来了一些挑战。首先，5G 小型蜂窝基站通过毫米波（millimeter Wave，mmWave）广播，其传输范围仅在几百米之内。由于预算有限，单个服务提供商可能无法部署足够的基站来覆盖其所有用户，每个基站都需要与其他服务提供商拥有的不同基站进行协同。然而，每个服务提供商是自私的，每个基站对于其他基站的收益贡献都存在不确定性。因此，如何设计一种具有不确定收益函数的近似最优分布式联盟形成机制是实现协同服务缓存和请求卸载的第一个关键挑战。此外，请求卸载会使基站在数据传输和请求处理阶段产生额外的能量消耗，在 5G 驱动的 MEC 基站中，如何优化基站的能耗是降低 5G 网络服务商运营成本的另一个关键挑战。具体来说，在支持 5G 的 MEC 基站中，基站消耗了总能耗的 80%（包括交换机、服务器、基站等的功耗），而其资源利用率通常不超过 20%[12]。因此，需要针对能耗设计特有的优化方案。

服务缓存和卸载都是优化支持 5G 的 MEC 基站整体系统性能的有效方法。但是，服务缓存请求不同于卸载。服务缓存是在基站中对各种应用服务及其相关库 / 数据库进行配置和缓存，而请求卸载是将用户复合请求分配给不同的服务器。此外，协同服务缓存和请求卸载侧重于基站之间的水平协同和基站与远程数据中心之间的垂直协同，以实现远程数据中心和本地基站的互补和互利。

通过将最初部署在远程数据中心的服务缓存到支持5G的MEC的基站中，可以降低延迟、改善用户体验并节省基站的能耗。但是，出于数据安全和隐私、负载平衡以及每个基站计算能力有限的约束，无须所有基站都缓存每个服务的实例。因此，需要考虑临时服务缓存，如果基站中没有缓存远程数据中心中的原始服务实例或者缓存的服务实例已被销毁，则可以继续使用远程数据中心中的原始服务实例为用户请求提供服务。每个服务都是有状态的，因此缓存实例生成的状态数据必须更新到远程数据中心的原始服务实例中，否则当缓存实例被销毁时，服务可能无法正常运行。

由于支持5G的MEC中的基站具有重叠的覆盖区域，因此无须将服务实例始终缓存到需要服务的用户所注册的基站上。相反，每个服务的实例可以缓存到其已注册基站的附近基站。然后，需要服务的请求可以从已注册的基站转发。换言之，如果已注册的基站属于共同所属的联盟，则注册的基站可以将其收到的用户请求卸载到具有缓存服务实例的其他基站。这种基站分组称为联盟，这种服务缓存称为协同服务缓存。协同服务缓存的关键在于确定：①每个要缓存的服务的最佳实例数；②支持5G的MEC基站中实例的缓存位置；③找到基站的稳定联盟。

7.2.3 服务缓存评价指标的模型构建

7.2.1节和7.2.2节详细介绍了服务缓存问题的两种考虑角度。无论是面向服务提供商的缓存问题，还是面向用户端与边缘侧的缓存问题，都需要对服务缓存的各种评价指标进行量化分析。因此，本节抛砖引玉，借助符号化公式讨论服务缓存问题中对服务质量的影响因素，从而方便读者根据其他文献中的约束与模型限制，理解更多不同角度、不同优化方向的服务缓存相关研究成果。

1. 用户服务时延

在边缘网络中，用户发出请求后在服务缓存实例中所经历的平均延迟主要受到用户请求的数据量大小、服务缓存位置、网络节点所分配的带宽资源及排队等待时间的影响。若服务提供商不与其他人共享其空闲VM，这意味着服务提供商提供的服务S_l将单独使用其自身租用的VM，并且该服务提供商的服务请求将在其VM上排队。该过程可建模为M/M/1队列，此时服务时延可由式（7-1）计算。

$$d_{l,i}^{\text{dft}} = \frac{1}{\mu_i - \rho_l} \tag{7-1}$$

式中，μ_i是微云CL_i中服务的请求处理率，ρ_l是服务S_l的请求率。考虑另一种情况，若服务提供商之前采取共享资源策略，则其所拥有的虚拟机可组成一个联盟。此时每个队列中都有一个 M/M/c 队列接受服务提供商联盟中的请求。一旦服务提供商选择一个联盟，则它的每个请求都将在队列中排队等待。

在边缘网络中服务用户请求，通常会想要使用户获得最佳的服务体验。通常会以最小化用户的端到端时延为目标，这就需要为服务找到最佳的缓存位置，但解决该问题并不意味着将服务部署在离用户最近的位置就可以获得最短的延迟，还需要考虑边缘节点的计算资源限制、带宽资源限制等。

2. 服务提供商收益

通常情况下，用户需要向资源付费以便执行自身请求。对于服务提供商来说，他从基础设施提供商中租用虚拟机来部署服务，这消耗了一定的成本，为最大化自身的收益，服务提供商想要尽可能多地服务大量用户来获益。假设 u 为服务提供商为部署服务而支出的成本，c 为用户向服务提供商执行服务请求所支付的费用即：服务提供商的收益。则服务提供商所获收益可由式（7-2）计算得出。

$$p=c-u \tag{7-2}$$

服务提供商以最大化服务请求收益为目标，即 $\max\sum_{n_i} p_i$，其中 n_i 为服务提供商的总数。此外，服务缓存问题还需考虑延迟、网络资源及成本等约束。

3. 边侧设备能耗

从用户终端角度评价服务缓存的主要指标为设备的能耗。设备能耗主要来源于两种情况：一是当任务在边缘执行时，边侧设备的能耗来源于设备本身处理任务所造成的计算消耗；二是当服务缓存至其他边缘节点中，任务从设备中卸载到对应的服务缓存实例的过程中，由于设备上传请求数据至边缘节点所造成的传输能耗。在协同服务缓存与任务卸载问题中，很多研究会同时考虑两种能耗。接下来分别对两种设备能耗建模进行介绍。

数据处理能耗：根据现有研究[4,13]，边侧设备用于数据处理的能耗与访问其处理单元的速率和峰值功率成正比。设 $e_{i,j}^{\mathrm{p}}$ 为边侧设备执行请求所消耗的能量，由其处理单元的能量消耗、空闲功率和泄漏功率组成，具体来说可由式（7-3）表示。

$$e_{i,j}^{\mathrm{p}}=\delta_{i,j}\left(\left(\xi_i W_j/\delta_{i,j}\right)P_i^{\max}+P_i^{\mathrm{idle}}+P_i^{\mathrm{leak}}\right) \tag{7-3}$$

式中，ξ_i 代表处理单元的访问速率参数，$\delta_{i,j}$ 代表在边侧设备处理请求的延迟，$P_i^{\max}$ 代表设备处理单元的峰值功耗，P_i^{idle} 代表空闲功耗，P_i^{leak} 代表计算单元漏电流产生的漏电功耗。

数据传输能耗：边侧设备在传输请求的数据时消耗的能量与需要传输的数据量成正比。如果两个基站都在联盟中，则设 $c_{i,j}^{\mathrm{t}}$ 是从一个边侧设备向另一个具备服务缓存实例的设备传输单位数据而消耗的能量。则数据传输能耗 $e_{i,j}^{\mathrm{t}}$ 可表示为式（7-4）。

$$e_{i,j}^{\mathrm{t}}=c_{i,j}^{\mathrm{t}}\rho_j \tag{7-4}$$

为了最大限度降低边侧设备服务请求的能耗，不能通过直接在同一边侧设备执行请求或卸载所有任务到其他边侧设备来解决，还需要考虑两个因素：

1）用户的服务时延。大量用户请求在同一边侧设备处理时，计算资源限制会带来漫长的等待时间，无法满足用户对时延的要求。

2）边侧设备传输能耗。如果所有请求都选择传输到其他边侧设备中执行，会造成链路的拥塞，设备的传输功耗也会显著增加。

7.3　云 – 边 – 端融合服务缓存

7.2 节分别讨论了面向服务提供商和面向用户端与边缘侧的协同服务缓存策略，主要关注服务提供商本身的利益，以及边缘侧服务缓存引发的用户体验与能耗优化问题。本节将对云 – 边 – 端三层架构下的融合服务缓存策略进行介绍。

7.3.1　云 – 边 – 端融合服务缓存概述

根据功能角色，边缘计算主要分为三个部分："云"表示传统云计算的中心节点，也是边缘计算的管控端；"边"指位于网络边缘的计算节点，分为基础设施边缘和设备边缘；"端"是终端设备，如手机、智能家电、传感器和摄像头等。随着云计算能力向边缘下沉，边缘计算将推动形成"云、边、端"一体化的协同计算体系。

其中，边缘计算是云计算的延伸，但它们各具特点。云计算能够把握全局，处理大量数据并进行深入分析，对总体决策、控制等非实时数据处理场景发挥着重要作用；边缘计算侧重于局部，在小规模、实时的智能分析中更加有效，能够满足局部的、实时的需求。因此，在智能应用中，云计算更适合大规模数据的集中处理，而边缘计算则适用于小规模的智能分析和本地服务。边缘计算和云计算相辅相成、协调发展，将有助于产业的数字化转型。

根据 CBRE 的相关报告，全球数据中心热点区域的 IT 容量增长率在 14%～40% 之间，未来 10 年还需要从千兆到百 G 超宽带来支撑海量数据的接入。然而，与现有的云计算解决方案相比，边缘计算在资源容量方面仍受到限制，并且在维护大量边缘基础设施方面成本高昂。主要原因在于基础设施提供商倾向于建立一系列私有的边缘计算环境，从用户的角度满足自身的一系列商业需求。也就是说，每个弹性公网 IP 只管理和使用自己的资源，而不希望与其他供应商分享资源。此外，由于单个基础设施提供商对整个边缘计算环境的信息有限，很难进行全局优化，无法有效地向不同用户提供各种服务。因此，低效的资源管理和服务部署范式可能会严重限制边缘计算生态系统的健康发展。

一种云计算 – 边缘计算 – 端侧计算（云 – 边 – 端）融合的边缘联盟策略为上述提出的服务缓存问题提供了思路。受新基建、网络强国、数字经济等国家政策的影响以及新一代信息技术发展的驱动、云 – 边 – 端算力融合，实时计算成为行业热点。服务缓存旨在通过云－边－端资源协同承接下行的云服务以及上行的终端计算任务，从而满足新一代人工智能应用（自动驾驶、智能城市、虚拟现实等）服务质量、隐私性等需求。积极打造云－边－端融合网络，不仅符合网络服务创新发展的根本需求，还可以助力网络技术朝着全面智能化的方向演进。面向网络中业务需求复杂性、资源需求异构性、业务变化动态性和资源随需调度的诉求，云－边－端融合服务缓存利用“链接＋计算”的新型网络技术，实现网络、存储、算力等多维度资源的统一协同调度编排和全局优化，全面重构网络服务方式和计算模式，提供服务的灵活动态部署和一致的用户体验。云－边－端融合服务缓存面临的主要挑战包括以下几点。

1）异构严重。在软硬件两方面都有体现。中心云和边缘云通常采用 x86 和 Linux 发行版，而边缘资源由于成本以及业务要求可能采用成本更低或定制化的软硬件方案。

2）规模庞大。根据各种权威机构预测，2025 年全球物联设备数量会突破千亿，分布在全球各地。如何去管理这么大规模的设备是一项很有挑战的任务。

3）环境复杂。很多终端设备常常位于恶劣的环境，比如，工厂中嵌入式设备长期处于高温环境或潮湿环境。设备与网络的链接方式也是异构的，如有线、4G、5G 等。

4）标准不统一。很多地方还处于没有标准，或者有很多标准但没有一种公认标准，尤其是在管理方式上极其不统一。

此外，由于移动边缘服务器之间存在异构性，各个边缘服务器的存储和计算资源不同，一些边缘服务器配备的计算能力较强但存储资源较紧张，而一些存储空间较大的边缘服务器可能在计算资源方面存在不足。因此在做缓存决策时应该衡量各边缘服务器的资源量，最大化资源利用率和边缘服务器集群间的负载均衡。场景中可能存在许多服务类型的相关任务，每种类型任务所需资源不同，在考虑缓存决策时，不得不牺牲部分服务的性能来达到全局的效用最大化。此外，不同类型任务流行度、任务请求的频率也是评价任务重要性的关键性因素。由于系统运行在一个动态的场景中，因此各种任务的请求频率会随着时间而波动，性能优化应该将重点放在对长期平均性能的关注上，而非某个时刻的任务请求延迟。

在云－边－端融合场景下研究服务缓存问题，为业务顺利落地带来极大困难，这个问题直接阻碍了行业的发展。为了降低业务落地门槛，促进行业顺利发展，云－边－端一体化就显得很有必要。具体来说，云－边－端一体化体现在以下多个方面。

1）统一管理。首先，要把复杂多变的底层资源管理方案统一起来，尽量减少业务对底层细节的不必要感知，如硬件架构、操作系统、网络环境等。其次，提供的管理能力要尽可能与中心云保持统一，如监控告警、发布运维等各种业务常用的基础能力。

2）云－边协同。在边缘计算场景下，不仅要将业务从中心下沉到边缘，还需要让边缘和云协同处理任务。比如：把边缘的有用数据收集到中心进行分析处理，然后继续反馈到边缘也是非常有必要的。以 AI 场景为例，可以把推理放到边缘进行，然后从边缘收集数据在中心进行训练，训练好的模型又下发到边缘。另外，云上的能力也需要形成联动，比如把边缘的有用数据收集上来，在云上做呈现和再加工。

3）资源调度。边缘计算场景下资源很分散，负载随着时空不同而差异很大，如何根据时空差异对资源做合理有效的调节，使资源使用达到最佳效果也是一件很有意义的事情。合理的资源调度可以降低使用成本，让系统变得更高效、稳定。

7.3.2 云－边－端融合服务缓存策略

与用户端和边缘侧的水平协同与垂直协同类似，云－边－端融合服务缓存策略也需要考虑垂直和水平两个维度。在垂直维度上，云计算和边缘计算虽然互有优势，但都无法同时满足业务的低时间延迟和低成本资源配置。纵使边缘计算与云计算相比可以在服务交付中实现较低的传输时延，但它也会产生新的计算和存储基础设施的高部署成本，低成本、充足的资源是云计算的优势。此外，由于每个边缘节点的服务区域范围有限，在未提供服务的区域云可以成为支持用户的重要补充。综上所述，边缘计算和云计算可以合理地相互补充，实现有效的边－云协同机制。此外，在水平维度中，通过多服务提供商和多基站之间协同实现服务缓存，以达到资源协同共享并降低维护成本的目的。

边缘联盟策略为下一代边缘计算网络带来了新的业务分发模式，弹性公网 IP（Elastic IP，EIP）、外部服务供应商（External Service Provider，ESP）和终端用户都可从这一模式受益。对于 EIP 而言，通过更少的基础设施建设可以实现更有效的服务部署和交付，从而带来更高的收入。对于 ESP 而言，边缘联盟中的共享资源池以低成本的方式扩展市场规模，使得服务交付的可靠性可以大大提高，终端用户得以享受高服务体验和低的延迟服务。

实现边缘联盟面临着三个关键挑战。第一，边缘计算网络结构非常复杂，它由一系列 EIP、多样化的业务和异构的终端设备组成。第二，边缘联盟应跨异构边缘节点以及跨边缘和云对联合服务配置过程进行有效建模。第三，边缘联盟下的业务发放问题涉及大量的优化变量，表现出非常高的计算复杂度。大多数研究者以可扩展性、效率和低延迟为目标设计相应的边缘联盟机制，但是仍然缺乏一个具有可承受复杂性的高效解决方案来处理大规模优化问题。

服务缓存的系统框架和结构如图 7-3 所示[14]。从图 7-3a 中可以看出，现有的网络环境主要有三层。首先是用户层，由大量异构智能设备（如手机、车辆等）组成，它们动态地请求服务提供商 EIP 的高性能服务；其次是边缘层，由管理网络资源的基础设施提供商组成，是一个负责提供算力支撑的技术平台；最后是云层，为边缘侧设备提供相应的服务实例。

在当前的网络环境中，ESP 通常会签订合同并将其服务内容打包给 EIP。EIP 通常管理自己的资源，并将签约服务交付给相应的最终用户。从资源的角度来看，EIP 独立部署在网络边缘的边缘节点且由多个边缘服务器组成，为多种业务配置相应的计算和存储资源，但单个 EIP 的服务发放模式可能效率低下、成本高昂且容量和服务范围远小于云。此外，EIP 独立管理其资源，在当前的边缘计算模型中缺乏水平维度的合作。因此，这种机制无法实现资源和服务的全局最优调度，从而导致资源过载或利用不足的情况，致使无法满足用户对 QoS 的要求。从成本的角度来看，每个 EIP 都倾向于在新位置构建更多的边缘节点，以增加资源量、扩大业务覆盖面。多个 EIP 甚至在同一位置构建边缘节点，以应对市场竞争。而这种方法将造成巨大的开销（如基础设施建设支出、维护成本、能源成本等）和严重的资源浪费。最终，在这种损失严重的情况下，EIP、ESP 或终端用户将承担如此沉重的负担。为了减轻这种负担，需要在云、边、端建立受信任的联盟。对于现有的基础设施，边缘联盟主要旨在通过优化资源管理和业务部署，将不同 EIP 的基础设施联合起来，以提高服务性能。边缘联盟服务缓存如图 7-3b 所示。

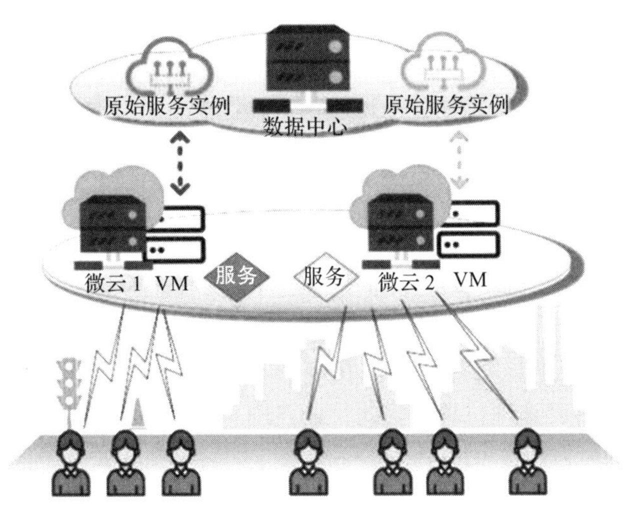

a）云 – 边 – 端架构服务缓存

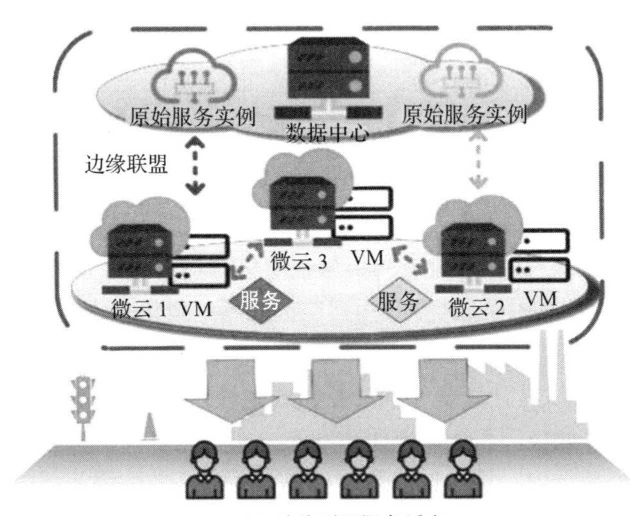

b）边缘联盟服务缓存

图 7-3 服务缓存的系统架构

7.3.3 边缘联盟缓存的优势

在传统模式中，ESP 将在具有即用即付功能的 EIP 基础架构上运行服务，不同的 EIP 将管理其资源并独立地向最终用户提供服务。EIP 的收入指 ESP 支付给 EIP 的资金与 EIP 的运营成本（如存储成本、计算成本、通信成本等）之差。在边缘联盟中，ESP 还将在 EIP 上运行服务，并向 EIP 支付相应的费用。但是，这些服务将由边缘联盟部署，具有统一资源池的全局视图。该资源池由来自不同 EIP 的云、边缘节点构成，通过节点将向终端用户提供相应的服务。具体来说，对于不同的模式而言，优势分别包括以下三点。

1）对于 EIP。传统模型中的 EIP 只能在有限的区域内管理其边缘节点上的相应服务交付，而边缘联盟使得 EIP 可以在统一的资源池中更灵活地运行服务。这种方法可以帮助 EIP 以更短的距离、更少的基础设施建设向终端用户提供服务，通过合理的边缘云协同实现更具成本效益的服务部署和交付。因此，可以降低 EIP 的运营成本，提高 EIP 的收入。

2）对于 ESP。虽然单个 EIP 的覆盖区域有限，相应的签约 ESP 只能将其服务分散在相当小的区域。但统一资源池中不同 EIP 的边缘节点分布广泛且密集，使得边缘联盟中无须考虑 ESP 的市场规模有限。此外，在相同的单价下，ESP 将获得更高的 QoS 以及更低的时延消耗。

3）对于终端用户。边缘联盟使 ESP 在多个 EIP 的任何边缘节点上运行其服务，这些边缘节点可以分布在各种地理位置。因此，最终用户可能会以较低的延迟从更近的节点获取服务，服务交付的可靠性也可以大大提高。

7.4 服务缓存应用场景

新兴应用是网络架构演进的主要驱动力。新兴应用在数据速率、延迟等方面的要求越来越严格。本节主要介绍服务缓存问题的具体应用场景。

1）动态服务交付。随着服务需求的增加，回程链路在传统的集中式网络架构中面临拥塞问题。边缘网络的缓存可以根据网络状态信息和用户的上下文感知信息 [15,16] 提供动态服务交付。由于应用程序服务靠近移动用户，移动用户的 QoE 显著提高。

2）AR 和 VR 技术。AR 和 VR 是使用户能够使用虚拟化来感受真实场景的技术，可以极大地丰富用户的体验。但由于资源限制、能耗，在移动设备上运行此类应用是面临挑战的。MEC 技术的使用可以将计算密集型任务卸载到最近的 MEC 服务器，减少了延迟并为用户提供了快速响应。此应用程序需要用户状态的实时信息，如用户位置、方向等。MEC 服务器能够利用其处理能力分析本地上下文信息，采取高效的服务缓存策略可以使用户获得最佳的延迟体验，因此在移动边缘网络中研究服务缓存问题在 AR/VR 应用中是非常适用的 [17]。

3）视频流及分析。据观察，在当前网络中，视频流量占移动数据总流量的一半以上，而且这个比例还在增加。边缘缓存的采用避免了通过核心网络传输到 Internet CDN 的大量冗余视频流。MEC 服务器的使用允许在功能更强大的边缘平台上进行视频分析，而不在视频产生的源设备[18,17]。

4）自动驾驶。车辆使用不同的机器学习算法从先前的数据中学习。但这些数据存储在云中，因此每次车辆都必须向云请求数据并且延迟会增加。MEC 方法用于提供数据并使用最近的边缘设备减少延迟。边缘服务缓存方法可以在联网车辆、V2X 通信和汽车安全服务中发挥重要作用，例如，高速公路上的冰块实时警告和协调变道操作[19]。在 MEC 服务器上运行的应用程序靠近车辆，可以提供低延迟的路边功能[20]。同时，由于边缘网络能够从无处不在的传感器设备中收集和分析实时数据[15]，可以实现智能的交通控制和停车系统。

5）认知辅助。这种应用程序可以用于增强人类感知和认知能力。Sabella 等学者[20]提出在 Cloudlet 中端－边－云架构下的计算卸载算法，验证了 MEC 是认知辅助的理想卸载站点选择。所有对延迟敏感的处理任务都被卸载到与用户设备关联的 Cloudlet。当用户离开一个 Cloudlet 的附近时，该使用将被移交给它附近的另一个 Cloudlet。

6）物联网。随着智能传感器、通信和互联网协议的技术进步，物联网的想法正在成为现实[22]。例如，在医疗保健方面，实时处理和事件响应对于医疗保健应用非常重要。将医疗保健应用部署在边缘计算系统中比使用云计算的方法响应更快且更节能[23]。例如，检测中风患者的跌倒。在对智能电网环境中生成的数据进行分析时，使用移动边缘计算将传感器和设备生成的本地数据卸载到边缘节点中，并将智能电网分析服务就近部署在公司附近，可有效提高吞吐量、响应时间和传输延迟方面的性能[24]。将 MEC 服务器部署为靠近智能对象的物联网网关将在未来的网络中实现直接的 M2M 交互[25]。MEC 节点可以部署在家庭路由器、机顶盒和智能手机上，有利于智能家居的低延迟、本地化和即插即用服务。用于安全目的的视频监控，通过使用实时监控中的人脸识别来寻找犯罪分子。它需要像云一样的中央处理，但它在速度和延迟方面受到影响。这些问题可以通过将人脸识别服务部署在边缘网络中来提高实时监控判断能力，提高效率。

7.5　服务缓存策略展望与挑战

服务缓存策略在移动边缘网络中仍然面临许多挑战，本节将从用户移动性、任务卸载协同、低成本容错部署和隐私安全方面做出讨论。

7.5.1　用户移动性

终端用户具有移动性是边缘系统的固有特征。用户的移动轨迹可以为边缘服务器提供用户位置、个人偏好等信息，因此可基于在线学习方法实施服务缓存策略。然而，用户的移动性造成的网络动态性使得无缝、低时延、高可靠性的服务交付形成挑战。需要设计一种有效移动性管理机制，在综合考虑用户移动性、流量等方面下进行智能预测与网络自适应优化。对用户进行实时精准定位和移动性预测，是实现移动性管理、路由、小区管理和切换、服务部署位置等功能智能化的基础。具体来说，可以采用回归、LSTM 和深度学习等算法，在规划、设计、部署、操作和管理阶段实现对 QoS 和 QoE 参数预测、对在线用户数预测等。实现对用户的智能管理与服务缓存策略，减少网络拥塞、适应资源调度、节能等。通过对边缘节点的处理能力和任务量的预测，实现对网络处理能力的自动化配置和优化，提高网络运行效率。

7.5.2　任务卸载协同

基于服务缓存策略，任务通常需要在小覆盖范围内的具有缓存服务实例的边缘服务器之间进行频繁切换，服务缓存与任务卸载的高效协同配合在终端用户服务交付及服务提供商资源调度方面仍然存在挑战。由于系统配置和用户服务器关联策略的多样性使得任务卸载切换过程非常复杂，在不同网络覆盖范围内的用户可能会遭受严重的同频干扰，极大降低了通信的效率，频繁切换也会增加计算延迟，从而降低用户的服务体验。目前已有关于任务卸载方面的研究工作，然而大多数工作集中于感知用户移动性从而进行服务器的选择，忽略了移动设备的漫游技术与边缘服务的缓存调度策略的结合。因此，服务缓存策略还应与任务卸载策略实现高效协同，才能为终端用户提供高效服务。

7.5.3　低成本容错部署

容错功能用于保障在发生故障前，无须任何人为干预就可以使系统连续运行，是确保关键业务不中断的重要步骤。在工业解决方案中，当一台服务设备发生故障后，另一台服务设备会马上协同支持服务运行，两台服务设备之间实现自动化同步完整数据。在边缘计算系统中，可以使用故障转移和冗余技术实现容错，从而实现服务的高可用性、关键业务应用程序的数据完整性。然而在边缘计算系统中提供低成本容错部署技术极具挑战，因为远程备份服务器需要高带宽和额外的硬件，会引入高额的开销，对容错部署的需求会发生很大变化。因此，需要借助边缘缓存技术研究适合边缘计算系统及用户需求的高可用低成本容错解决方案，尤其是针对关键业务，以保护用户应用的连续、稳定、安全运行。

7.5.4　隐私安全

用户隐私安全的保证是用户接受并采用边缘系统的重要前提因素之一。边缘计算相关技术由于其本身特性，安全性、用户隐私的保证面临很大的挑战。安全风险不仅会带来数据泄露、影响网络功能和连通性等问题，而且可能会直接导致整个系统被挟持或瘫痪，消费者的信任与技术的安全性和隐私性密切相关。如果用户数据的隐私性和安全性不能得到很好的解决，则会失去消费者信任，导致边缘系统 / 技术不被接受。此外，算法设计或事实有误也会降低网络性能甚至带来伤害性结果。当数据集选取不合理或偏差较大、目标函数选取不合理、对环境认识不充分、算法表达能力不足时，都会造成服务交付效能低下。因此，需要研究并开发适合边缘计算系统的信任模型，构建和完善数据安全体系和算法设计，提升行业整体安全与隐私保护水平。

本章小结

本章针对服务缓存问题进行了讨论。首先介绍了服务缓存相关概念、缓存机制和评价指标；其次讨论了学习驱动的服务缓存策略，包括面向服务提供商的协同服务缓存策略和面向用户端侧的协同服务缓存策略；然后介绍了新兴的云－边－端融合服务缓存策略，并讨论该策略的优势；最后对未来服务缓存问题的应用场景和挑战做出展望。

参考文献

[1] TRAN T X, HAJISAMI A, PANDEY P, et al. Collaborative mobile edge computing in 5G networks: New paradigms, scenarios, and challenges[J]. IEEE Communications Magazine, 2017, 55(4): 54-61.

[2] CHEN L, SHEN C, ZHOU P, et al. Collaborative service placement for edge computing in dense small cell networks[J]. IEEE Transactions on Mobile Computing, 2019, 20(2): 377-390.

[3] LIANG Y, GE J, ZHANG S, et al. A Utility-Based Optimization Framework for Edge Service Entity Caching[J]. IEEE Transactions on Parallel and Distributed Systems, 2019, 30(11): 2384-2395.

[4] MA X, ZHOU A, ZHANG S, et al. Cooperative Service Caching and Workload Scheduling in Mobile Edge Computing[C]//IEEE INFOCOM 2020 - IEEE Conference on Computer Communications. New York: IEEE, 2020: 2076-2085.

[5] HUANG C K, SHEN S H, HUANG C Y, et al. S-Cache: Toward an Low Latency Service Caching for Edge Clouds[C] // Proceedings of the ACM MobiHoc Workshop on Pervasive Systems in the IoT Era. New York: ACM. 2019: 49-54.

[6] ZHANG W, XIONG J, GUI L, et al. Distributed Caching Mechanism for Popular Services Distribution in Converged Overlay Networks[J]. IEEE Transactions on Broadcasting, 2020, 66(1): 66-77.

[7] ZHANG Q, ZHU Q, ZHANI M F, et al. Dynamic Service Placement in Geographically Distributed Clouds[J]. IEEE Journal on Selected Areas in Communications, 2013, 31(12): 762-772.

[8] XIONG Z, FENG S, NIYATO D, et al. Joint Sponsored and Edge Caching Content Service Market: A Game-Theoretic Approach[J]. IEEE Transactions on Wireless Communications, 2019, 18(2): 1166-1181.

[9] MISRA S, SAHA N. Detour: Dynamic Task Offloading in Software-Defined Fog for IoT Applications[J]. IEEE Journal on Selected Areas in Communications, 2019, 37(5): 1159-1166.

[10] YAN J, BI S, DUAN L, et al. Pricing-Driven Service Caching and Task Offloading in Mobile Edge Computing[J]. IEEE Transactions on Wireless Communications, 2021, 20(7): 4495-4512.

[11] ZHOU B, DASTJERDI A, CALHEIROS R, et al. An Online Algorithm for Task Offloading in

Heterogeneous Mobile Clouds[J]. ACM Transactions on Internet Technology, 2018, 18: 1-25.

[12] JIA M, LIANG W, HUANG M, et al. Routing Cost Minimization and Throughput Maximization of NFV-Enabled Unicasting in Software-Defined Networks[J]. IEEE Transactions on Network and Service Management, 2018, 15(2): 732-745.

[13] MITZENMACHER M, UPFAL E. Probability and Computing: Randomized Algorithms and Probabilistic Analysis[M]. Cambridge: Cambridge University Press, 2005.

[14] XU Z C, ZHOU L Z, CHAU S C K, et al. Near-Optimal and Collaborative Service Caching in Mobile Edge Clouds[J]. IEEE Transactions on Mobile Computing, 2022, 22(7): 4070-4085.

[15] AHMED A, AHMED E. A survey on mobile edge computing[C]//2016 10th International Conference on Intelligent Systems and Control (ISCO). New York: IEEE, 2016: 1-8.

[16] ZHU J, CHAN D S, PRABHU M S, et al. Improving Web Sites Performance Using Edge Servers in Fog Computing Architecture[C]//2013 IEEE Seventh International Symposium on Service-Oriented System Engineering. New York: IEEE, 2013: 320-323.

[17] ETSI. Mobile-Edge Computing (MEC); Service Scenarios[M/OL]. [2024-04-30]. http://www.etsi.org/deliver/etsi_gs/MEC-IEG/ 001_099/004/01.01.01_60/gs_MEC-IEG004v010101p.pdf.

[18] MÄKINEN O. Streaming at the Edge: Local Service Concepts Utilizing Mobile Edge Computing[C]//2015 9th International Conference on Next Generation Mobile Applications, Services and Technologies. New York: IEEE, 2015: 1-6.

[19] KLAS G. Fog Computing and Mobile Edge Cloud Gain Momentum Open Fog Consortium, ETSI MEC and Cloudlets[C/OL]. [S. l.]: TLDR, [2023-03-19]. https://www.semanticscholar.org/paper/Fog-Computing-and-Mobile-Edge-Cloud-Gain-Momentum-Klas/147b98a16391c658cfb2e401f340b99126971df1.

[20] SABELLA D, VAILLANT A, KUURE P, et al. Mobile-Edge Computing Architecture: The role of MEC in the Internet of Things[J]. IEEE Consumer Electronics Magazine, 2016, 5(4): 84-91.

[21] SATYANARAYANAN M, CHEN Z, HA K, et al. Cloudlets: at the leading edge of mobile-cloud convergence[C]//6th International Conference on Mobile Computing, Applications and Services. [S. l.]: EUDL, 2014: 1-9.

[22] AL-FUQAHA A, GUIZANI M, MOHAMMADI M, et al. Internet of things: A survey on enabling technologies, protocols, and applications[J]. IEEE communications surveys & tutorials, 2015, 17(4): 2347-2376.

[23] DASTJERDI A V, BUYYA R. Fog Computing: Helping the Internet of Things Realize Its Potential[J]. Computer, 2016, 49(8): 112-116.

[24] KUMAR N, ZEADALLY S, RODRIGUES J J P C. Vehicular delay-tolerant networks for smart grid data management using mobile edge computing[J]. IEEE Communications Magazine, 2016, 54(10): 60-66.

[25] VALLATI C, VIRDIS A, MINGOZZI E, et al. Mobile-Edge Computing Come Home Connecting things in future smart homes using LTE device-to-device communications[J]. IEEE Consumer Electronics Magazine, 2016, 5(4): 77-83.

CHAPTER 8

第 8 章

智能数据管理

随着物联网的普及和数字化转型的加速推进，边缘计算技术已经推动了许多应用场景的变革，如智能制造、智能家居、智慧城市等，使得这些场景中的设备、传感器和数据交互变得更加高效和智能化。

然而，在边缘计算场景中，数据的管理和处理也有了一些新的挑战。由于边缘设备的计算能力和存储空间受限，传统的数据管理和分析方法往往无法胜任复杂的任务。此外，边缘设备生成的数据也往往是分散和异构的，需要一些特殊的技术手段来实现数据的集成和分析。因此，智能数据管理成了边缘计算技术发展中的一个重要研究方向。边缘计算中的智能数据管理不仅仅是单纯地将数据存储在边缘设备上，而是需要建立全局视角，通过智能化的数据管理，实现对数据的多维度分析和利用，提高数据的价值和应用效果。利用人工智能、机器学习等技术，对海量数据进行分析和挖掘，在保障数据安全性、隐私性和完整性等前提条件下，实现对数据的精细化管理、优化和利用。

本章将介绍边缘计算中的智能数据管理的相关概念、技术和方法，包括数据隐私、数据完整性和分布式大数据分析等方面的内容，为读者提供有关智能数据管理的基本概念和方法，进而探索如何将其应用到实际的边缘计算场景中。

8.1 边缘数据管理概述

数据管理是一种管理和处理企业或个人数据的过程，具体包括收集、存储、处理、分析和维护数据等方式，其目标是提供对数据源和存储库方便、安全的访问，以便能够通过复杂的计算和分析提取任何形式的有价值的大数据信息。因此，使用高效的数据管理方法是产生有效信息的关键因素。现有的数据管理方法一般分为两种：一种是基于云计算的集中式数据管理，另一种是基于边缘计算的分布式数据管理。

现有的数据管理方法大多采用云计算的集中式数据管理的方式进行。对于具体的移动医疗系统应用场景举例，Thilakanathan 等人[1]提出了一个集中式云平台，允许医生实时了解患者的各种身体指标并在保密的情况下共享医疗数据。类似地，Zhang 等人[2]的工作考虑利用强大的云平台来统一标准收集、处理和存储医疗数据，该平台解决了传统医疗保健中的资源集中、信息孤岛等问题。然而，集中式数据管理方式需要经历“提交－等待－返回”的过程，对于轻量级应用处理效率较低。当管理机构随着时间的推移不断处理大量数据时，集中化的数据管理会导致高延迟响应和过度的工作负载且云服务器还容易遭受典型的单点故障、DDoS 攻击和远程劫持攻击。因此，大多数工作都开始关注基于边缘计算的分布式数据管理。

边缘数据管理是一种新型的数据管理方式，它强调将数据处理和存储尽可能接近数据源，以减少数据传输时延和带宽消耗，提高数据处理效率和可靠性。一般来说，边缘数据管理架构包括三个部分，即边缘设备、边缘数据中心、云数据中心。具体来说，边缘设备指的是分布在物理空间中，靠近数据产生源头的设备，例如物联网终端设备、传感器、智能手机等。它们通常会采集、处理并发送数据到边缘数据中心或云数据中心进行进一步处理和存储。边缘数据中心指位于边缘网络内部的数据处理和存储中心，其主要功能是对边缘设备采集的数据进行缓存、处理和存储等，以减少数据在网络中的传输延迟和带宽消耗。云数据中心是位于云计算环境中的数据处理和存储中心，其功能主要是对来自边缘数据中心和其他来源的数据进行处理和存储。云数据中心通常会集成大规模的计算和存储资源来支持大规模、高效的数据处理和存储。

进一步地，来自网络边缘所产生的数据量将越来越多。根据爱立信预测，到 2025 年，将有数十亿台设备连接到互联网。这些边缘设备所收集产生的数据一般称作边缘数据，按照需求可以分为以下两类。

1）面向响应的边缘数据。这种数据是指需要对数据进行实时处理和响应的数据，例如，监测传感器收集的温度、湿度等环境数据，当环境数据超出设定的范围时，需要立即触发相应的控制措施，保证环境的安全和稳定。这些数据需要被快速地处理，以进行实时的决策并且要避免将数据发送到云端进行处理。

2）面向分析的边缘数据。该数据是指用于分析和挖掘价值的数据。例如，医疗传感器数据可以被视为面向分析的边缘数据，因为这些数据需要被收集、存储、处理和分析，以支持医学研究和医疗决策。这类数据不需要实时响应，但需要高效的存储和分析能力，以便发现潜在的趋势和模式。面向分析的边缘数据通常需要被发送到云中心进行更高级的分析。

边缘数据通常都有产生速率快、数据量大的特点，收集到的边缘数据若都上传到云数据中心进行存储、分析，需要保证数据的上传速度大于数据产生速度，否则会造成数据在网络传输中拥塞、等待。同时，一些应用程序需要对一段时间内的历史数据进行分析和决策，所以在边缘侧执行数据存储操作是必要的。为了应对边缘数据的特性以及满足不同的使用场景的需求，需要考虑边缘数据存储所需要具备的高可靠性、高可扩展性、高性能、低延迟的特点。通常，边缘数据存储是分布式的，一般包括以下两种架构[3]。

1）中心化分布式存储架构。中心化架构通常由一个或多个中央服务器控制，所有数据流量和访问都需要通过中央服务器进行协调和处理。这种架构具有集中管理和控制的优势，但存在单点故障和可扩展性受限的缺点。中心化分布式存储架构可应用于边缘数据中心。

2）去中心化分布式存储架构。去中心化分布式存储架构没有中心节点，节点之间具有对等的功能。多个边缘设备之间可以自组织地建立去中心化分布式存储网络。这种架构的优势是具有较高的可扩展性和容错性，但在数据管理和协调方面需要更多的复杂性和开销。

与传统的云数据中心存储相比，边缘数据存储具有如下特点和优势。

1）边缘存储具有更低的成本。与云存储相比，虽然部署在边缘的物理存储需要更高的初始成本，但是随着时间推移，物理存储的成本将低于按月支付的云存储和宽带。同时，边缘存储还可以通过使用工作流和自动化等技术来降低对宽带的需求，从而降低成本。

2）边缘存储可以降低延迟，提高性能。由于边缘存储设备和边缘数据中心在地理上是分布式的，大量分散的边缘存储设备可借助 WIFI、蓝牙、Zigbee 等无线接入技术，与相邻的存储设备或边缘数据中心构成分布式存储网络[4]。这种地理分布式结构使数据能够及时就近存储，为边缘计算关键任务的实时性数据存储和访问提供了保障。而云数据中心在地理上是集中式的，远距离的传输延迟使得大量边缘设备的数据存储和处理需求无法被及时处理；网络拥塞和高延迟的服务都将导致服务质量的急剧下降。

3）边缘存储更加安全。因为数据不需要通过互联网传输到云中心，从而减少了数据泄露和网络攻击的风险。

4）边缘存储更加可靠。因为数据可以存储在多个边缘设备和边缘数据中心中，从而提高了数据的冗余和可用性。此外，由于边缘设备和边缘数据中心通常位于用户附近，数据也更容易被保护。

边缘数据存储可以使系统更加方便、高效、安全地访问边缘数据，而对边缘数据进行分析，可以发挥其更大的价值。通过对边缘数据进行分析，可以发现数据中的规律和趋势，进而进行预测。例如，在智能制造场景下，通过对工厂设备的传感器数据进行分析，可以预测设备的故障情况，以便提前进行维修，避免生产线停机的风险。在智能城市场景下，通过对城市交通流量、气象等数据进行分析，可以预测交通拥堵情况和天气变化，以便采取相应的措施。但是由于边缘设备可能会因为故障而导致缺失了某一段数据，这可能会导致错误的预测，因此 Lujic 等学者[5]提出了一种弹性边缘数据管理框架，其使用一种新颖的通用机制，用于不完整时间序列的自适应恢复。其目的是设计一个流程，在应对不完整的数据、大量的数据和网络边缘有限的存储资源时，提供准确的近实时决策。如图 8-1 所示，边缘数据存储系统架构包括三个部分，即采集层、边缘层和云层。

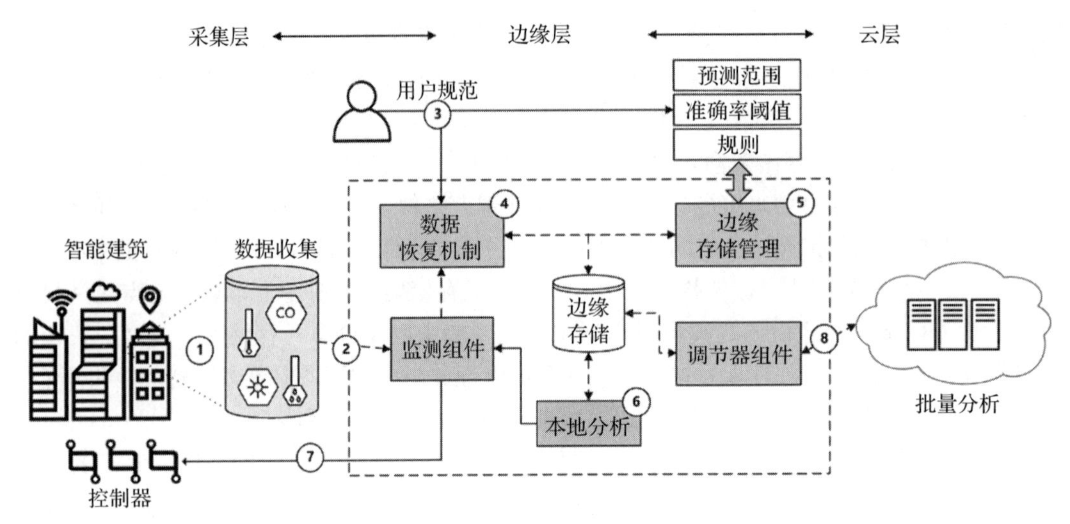

图 8-1　边缘数据存储系统架构

在传统的集中式计算和存储体系结构中，数据必须在远程数据中心中处理和存储。这会导致高延迟、带宽瓶颈和安全问题。随着物联网的普及，越来越多的设备产生了大量的数据，而传统的计算和存储方案已经无法满足需求。边缘数据管理的主要目的是在靠近数据源的位置分散数据处理和存储，以提高数据处理速度和可靠性，减少网络流量和延迟，并提供更高的安全性。这种方式可以更好地满足物联网等领域中实时性和可靠性的需求，并促进更加智能的决策制定。相比于传统的云计算集中数据管理方式，边缘数据管理具有以下四种特点。

1）更低的延迟。将数据存储和处理推向边缘设备和边缘数据中心，可以大大降低数据传输的延迟，提高数据处理的速度和效率，对于需要即时响应的应用程序至关重要。

2）更高的数据安全性。将敏感数据存储在边缘设备或边缘数据中心中，可以降低数据泄露的风险。此外，边缘数据管理架构可以使用多层次的安全措施来保护数据安全，如数据加密、身份验证等。

3）更高的可靠性。将数据存储和处理分散在多个地方，可以提高系统的可靠性。如果某个地方的边缘设备或边缘数据中心出现故障，其他地方的设备或中心可以继续处理数据。

4）更高的灵活性。边缘数据管理架构可以根据具体需求来配置和部署，从而实现更高的灵活性和可扩展性。例如，可以根据数据处理的工作量，自动将任务分配到边缘设备、边缘数据中心或云数据中心中，以达到最佳的性能和资源利用率。

8.2 数据隐私

数据隐私是指保护个人信息和敏感数据不被未经授权的人或组织访问、使用或泄露的一种方式。随着大数据和通信技术的不断发展，边缘设备正从数据消费者转变为具备数据采集、模式识别、数据挖掘等大数据处理能力的数据生产者。边缘设备通常被部署在公共场所或者企业内部，可能会暴露用户敏感数据，如位置数据、医疗数据等。同时，用户在边缘设备中存储的数据量也在快速增长，这些数据具有巨大的社会价值，但在与云数据中心或边缘节点数据传输的过程中很可能会造成信息泄露。此外，对于一些资源受限的边缘设备，无法存储大量数据或执行高复杂度的安全算法。在将数据上传到数据中心的过程中，攻击者可以通过嗅探网络流量或者对上传数据的分析来获取边缘设备中的数据，这也增加了泄露用户隐私数据的风险[6]。总的来说，由于边缘环境的特殊性，边缘计算中的数据安全和隐私保护主要面临以下新挑战。

（1）轻量级和细粒度

边缘设备通常具有较小的存储容量和计算能力，因此需要采用轻量级的加密算法和隐私保护技术，以确保在边缘设备上的加密和解密操作的高效性。边缘计算场景中的数据处理和存储涉及多个参与者，如边缘设备、边缘服务器、云服务器等，因此需要考虑如何在数据共享和数据传输过程中实现细粒度的访问控制和数据权限管理。

（2）分布式数据存储

边缘计算涉及大量的分布式数据存储，使得数据的安全性和隐私保护更加困难。这些数据可能存储在多个地理位置，使得其保护和监管变得更加复杂。

（3）数据传输的安全性

边缘计算的网络连接比传统的云计算更加复杂，因为涉及多个设备之间的通信。这意味着需要采取更多的安全措施来保护数据的传输，以及防止数据在传输过程中被篡改或非法获取。

（4）边缘设备安全性

边缘设备可能存在物理安全漏洞，如硬件或软件漏洞，以及未经授权的访问或攻击。这些漏洞可能会导致数据被盗取、篡改或损坏，从而危及数据的安全性和隐私保护。

（5）数据共享的授权和安全性

在边缘计算中，不同的设备和应用程序可能需要共享数据。需要采取措施来确保数据只能被授权的设备或应用程序访问，并防止未经授权的访问或数据泄露。

（6）高效隐私保护

在边缘计算中，数据被处理和存储在更接近数据源的设备上。这可能会导致更多的隐私问题，因为这些设备可能会收集很多的个人信息，并可能会在未经授权的情况下使用这些信息。因此，需要采取措施来保护个人隐私。

具体而言，对于数据安全和隐私保护问题，下文重点介绍一些常用的保护数据隐私方法。

（1）数据加密

数据加密是指使用特定的算法将原始数据转换成难以被理解的密文，只有掌握解密密钥的人才能够将其还原为明文。在边缘计算中，数据加密可以应用在多个方面。

1）数据传输加密。在数据从边缘设备到云端或其他边缘节点进行传输的过程中，使用加密技术对数据进行加密，防止数据被恶意攻击者截获和篡改。

2）存储加密。在边缘设备或云端存储数据时，使用加密技术对数据进行加密，防止未经授权的人员读取数据。

3）计算加密。在边缘节点上进行计算时，将参与计算的数据进行加密，以保护数据隐私。

4）认证与授权加密。在边缘计算中，对于涉及用户身份认证和授权的操作，使用加密技术保护用户身份和权限信息。在实际应用中，常用的数据加密算法包括对称加密算法和非对称加密算法。对称加密算法使用同一密钥进行加密和解密，因此密钥的管理相对简单，但存在密钥泄露的风险。非对称加密算法使用公钥和私钥进行加密和解密，相对更安全，但是计算复杂度较高。边缘设备上的数据加密通常使用轻量级加密算法，以减小加密算法对边缘设备性能的影响。例如，Xiong 等人[7]提出了一种高效的基于密文策略属性的加密方案，该方案实现了部分策略隐藏、受损用户的直接撤销、轻量级属性。

（2）访问控制

数据访问控制是边缘数据隐私保护中的一个关键技术，它可以保证只有经过授权的用户或应用程序才能访问数据，从而保护数据隐私。边缘计算中的访问控制可以分为两个层次：边缘设备级别和边缘网络级别。在边缘设备级别，访问控制的主要任务是控制对设备上存储的数据的访问。这可以通过强制访问策略来实现，例如基于身份验证和授权的机制。这些策略可以使用传统的访问控制机制，例如访问控制列表和基于角色的访问控制来实现。此外，还可以使用基于属性的访问控制来控制对数据的访问，访问策略是用户数据和属性的组合。

在边缘网络级别，访问控制可以帮助保护整个边缘网络中的数据隐私和安全。为此，可以实施网络访问控制（Network Access Control，NAC）机制，以控制对网络资源的访问。NAC 可以使用端口级别的防火墙，虚拟专用网络（Virtual Private Network，VPN）和网络安全协议来控制边缘设备和网络中的数据流。此外，还可以使用网络入侵检测系统（Network Intrusion Detection System，NIDS）和网络入侵防御系统来检测和防止网络攻击和数据泄露。

在学术界有一些研究，例如，Hou 等人[8]提出了一种数据安全性增强的细粒度访问控制机制，将传统的基于角色的访问控制与基于元图理论的用户分组策略和用户属性相结合，提出了一种新颖的基于角色和属性的访问控制机制。通过对用户的细粒度分组和访问权限设置来实现细粒度的数据机密性保证。Zheng 等人[9]使用 CP-ABE 算法并绑定属性和信任度，构建了基于信任度的细粒度访问控制方案。Ren 等人[10]设计了基于区块链的身份管理结合访问控制机制。其中利用自认证密码学实现网络实体的注册和认证。并将生成的隐式证书与其身份绑定，构建基于区块链的身份和证书管理机制。同时设计了基于布隆过滤器的访问控制机制，并与身份管理相结合。

（3）匿名化处理

为了提高数据的价值和利用率，通常需要将一些数据进行发布，也就是将数据发布到公共平台或数据共享系统中，以便其他人可以访问和使用。在数据发布的过程中，既要保证数据的可用性又需要考虑数据隐私的问题，以确保数据的安全性和隐私性。为了保证数据隐私，通常需要将数据进行匿名化处理。其中，匿名化处理包括数据脱敏、数据合成、数据扰动三个部分。

1）数据脱敏。该方法指从数据集中删除或模糊某些敏感信息的过程。数据脱敏可以通过删除敏感信息、替换敏感信息为随机值、扰动数据等方式实现。但是，脱敏过度可能会影响数据的质量和有用性，并且可能无法防止数据隐私泄露的攻击。

2）数据合成。该方法是指从原始数据中生成合成数据的过程。合成数据可以保持原始数据的统计特性，但不会使原始数据泄露。合成数据可以使用生成对抗网络（Generative Adversarial Network，GAN）、差分隐私等技术生成。

3）数据扰动。这一方法是指在原始数据中添加噪声或扰动的过程。扰动的程度可以根据数据隐私需求进行调整。扰动技术包含加噪声、数据转换、数据聚合等。

8.3　数据完整性

数据完整性是指数据在存储、处理和传输过程中始终保持准确、完整和一致。在保持数据完整性的过程中，要确保数据没有被意外地篡改、丢失、损坏或者未经授权被访问。数据完整性对于任何数据处理系统都是至关重要的，因为它确保了数据的可靠性和正确性，同时也保护了数据的机密性和可用性。

为了对延迟敏感和资源密集型应用程序的支持，应用程序供应商会在某个区域的边缘服务器上部署应用程序和缓存数据，以低延迟为用户提供服务[11]。但是，从应用程序提供商的角度来看，很难完全控制缓存在分布式边缘服务器上的数据。由于边缘环境的高度分布式、动态、易失的特点，在边缘设备、边缘数据中心上缓存的数据可能会有意和意外损坏[12]。例如，在网络攻击期间，黑客可能会删除或修改边缘缓存的数据副本，以图 8-2 为例，黑客可能通过注入木马病毒的方式来修改边缘服务器 S4 上的一段数据，如果有用户访问了这一被破坏的数据，可能会引发安全方面的问题。此外，边缘服务器可能会遭受突然的硬件或软件异常，这也可能会导致数据的损坏。相比于云计算环境，在边缘计算环境中，保证数据完整性变得更加复杂。

边缘数据的完整性受到边缘计算的独特特征的挑战，必须及时发现未经授权的数据修改或数据损坏，以确保其边缘数据的完整性。此问题称为边缘数据完整性问题。主要涉及以下几个方面。

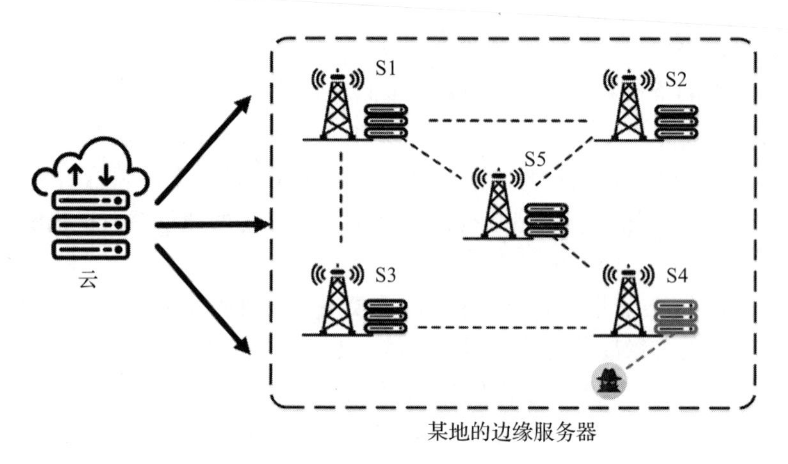

图 8-2　边缘数据完整性问题

1）数据传输完整性。在边缘节点之间或边缘节点与云数据中心之间传输数据时，可能会出现数据丢失、数据篡改等问题，导致数据的完整性受到破坏。

2）数据存储完整性。在边缘节点和云数据中心中存储的数据可能会因为存储介质故障、网络故障等原因导致数据的丢失或损坏，从而影响数据的完整性。

3）数据处理完整性。在边缘节点和云数据中心中进行数据处理时，如果数据处理过程中发生错误或数据被篡改，就会导致处理结果不可靠，从而影响数据的完整性。

云计算环境下的数据完整性问题得到了广泛的研究。数据拥有证明方案及其变体[13]是解决云数据完整性问题的最流行方法，即允许用户无须下载就可检查其在远程云上数据的完整性。然而，边缘计算数据完整性问题与云数据完整性问题是不同的，云数据完整性方法并不适合直接用于边缘计算中。

首先，边缘服务器经常受到有限的计算能力的影响，而大多数确保云数据完整性的方法都假定并利用了云服务器的几乎无限的计算能力[14]。其次，服务厂商通常将其数据（尤其是热点数据）缓存在特定区域的边缘服务器上，以便为附近的服务用户服务。边缘数据副本的数量可能非常大，如当数据是在 Facebook、Horizon 上流行的 VR 视频时。对服务提供商来说，由于过多的计算和带宽消耗，逐一检查这些边缘数据以定位损坏的数据是不现实的。

因此，需要一种能够适应边缘环境这些独特特征的新的数据完整性检查方法。Tong 等学者[15]采用传统的分组数据协议方案来检查保存在边缘服务器上的用户数据的完整性，重点是保护用户的隐私。但该方案效率低下，给边缘服务器带来了高计算负担。Yue 等学者[16]提出了一种基于区块链的方案，以确保数据所有者和数据消费者的边缘数据完整性。但是，该方案没有考虑到在边缘计算环境中需要验证多个数据副本的事实。Li 等学者[17]基于一种名为可变梅克尔哈希树（Variable Merkle Hash Tree，VMHT）的新数据结构来定位损坏的数据。并且通过采用随机抽样技术选择部分 VMHT 进行分析，为电子数据交换问题提供了一个轻量级和概率性的解决方案。然而，这个方案有三个关键和固有的限制。第一，它会在回程网络上产生额外的流量，这违背了 MEC 的主要设计目的之一[11]；第二，因为应用程序供应商必须收集所有边缘服务器的响应以进行完整性验证，从而导致其效率低下；第三，它是一种概率方案，不能完全保证检测数据损坏。为了有效和高效地解决信息传输问题，Cui 等人[18]使用同态签名和基于二进制搜索算法的抽样技术，实现了能够同时验证多个边缘数据副本的完整性。并且该方案还具有轻量级、定位准确的特点。

8.4　分布式大数据分析

随着物联网的发展，大量的传感器和设备连接到互联网上，并产生了海量的数据。这些数据需要在短时间内处理和分析，因此需要一种高效的数据分析方法。对于一些应用场景，比如工业自动化、交通管理、医疗诊断等，需要对数据进行实时处理和分析。在这些场景下，将数据上传到云端处理会存在较高的延迟，因此需要在边缘进行分布式数据处理和分析。同时有些数据不适合上传到云端处理，因为这些数据可能包含机密信息或个人隐私。在这种情况下，可以使用边缘计算技术将数据处理和分析移动到设备端，从而保护数据的安全性和隐私。并且将数据上传到云端进行处理和分析会消耗大量的网络带宽，这可能导致网络拥塞和高昂的网络成本。边缘分布式大数据分析可以将数据处理和分析移动到设备端，从而减少网络传输成本。并且也是一种高效、安全、实时的数据分析方法，适用于各种物联网应用场景。边缘分布式大数据分析是指将分布式大数据分析技术应用于边缘计算环境中，以解决海量数据在传输和处理中带来的延迟和带宽瓶颈问题。

在边缘数据管理架构中，边缘设备、边缘数据中心和云数据中心相互协作，形成了一个分布式的数据处理和存储系统。在这种架构下进行大数据分析时具有以下特点。

1）高数据时效性。边缘设备可以直接采集现场数据，并在边缘数据中心进行预处理和分析。这意味着，在等待数据传输到云数据中心的同时，数据分析可以在数据产生的同时进行，使分析结果可以更快地应用到实际场景中，提高了数据分析的时效性。

2）低数据传输量。边缘设备通常会产生大量的数据，若所有数据都传输到云数据中心进行分析，会占用大量的网络带宽和存储资源。但是，使用边缘数据管理架构，数据可以在边缘设备和边缘数据中心之间进行预处理和筛选，有意义的数据才会被传输到云数据中心进行深入分析。这样可以降低数据传输量，减少网络延迟，提高数据处理效率。

3）高数据安全性。边缘设备通常处于不安全的物理环境中，容易受到攻击或数据泄露。若所有数据都传输到云数据中心进行处理，则会增加数据被攻击的风险。但是，使用边缘数据管理架构，只有经过预处理的数据才会被传输到云数据中心进行深入分析，这样可以减少敏感数据传输的风险。

4）支持实时数据分析。边缘数据管理架构可以支持实时数据分析，因为数据可以在边缘设备和边缘数据中心之间进行快速处理和传输，可以实现实时监测和响应，提高业务的响应速度和效率。

8.4.1　数据清洗

边缘设备采集到的数据可以改进决策、进行更丰富的分析，并且可以越来越多地为机器学习提供训练数据。然而，数据质量仍然是一个主要问题，脏数据可能导致错误的决策和不可靠的分析。常见错误的示例包括缺失值、拼写错误、混合格式、重复以及违反业务规则的数据。所以在进行边缘分布式大数据分析中，数据清洗是一个必要的步骤。数据清洗是修复或删除数据集中不正确、损坏、格式不正确、重复或不完整数据的过程。如果数据不正确，分析的结果和算法也是不可靠的，数据清洗可以帮助边缘设备从海量数据中找到有用的信息，过滤掉无效数据和错误数据，提高数据的质量和可信度，从而保证分析结果的准确性和可靠性。通常来说，数据清洗一般有以下四个步骤。

1）删除重复或不相关的数据。从数据集中删除不需要的值，包括重复的或不相关的值。重复的数据在收集过程中经常发生。当系统结合来自多个地方的数据集或从多个子系统接收数据时，就有概率产生重复的数据。去除重复是这个过程中需要考虑的最大目标之一。不相关的数据是指与试图分析的具体问题不相符的数据。例如，如果想分析有关2022年客户的数据，但是，数据集包括老一代的客户，就会从数据集中剔除不相关的数据。这样可以使分析更有效率，并尽量减少对系统主要目标的干扰。

2）对结构性错误进行修复。结构性错误是指当系统接收或传输数据时，发现的奇怪的命名规则、错别字或不正确的大写字母。这些不一致的地方可能会导致错误的类别。例如，系统中可能会发现“nil”和“null”同时出现，但它们应该被分析为同一类别。

3）过滤异常值。为了避免一些不符合数据值规律的数据出现。针对这种异常数据，比如，不合规的数据输入，若有合理的方式删除错误，将提高正在处理的数据的性能。但一个离群点的存在，并不意味着它是不正确的。需要进一步来确定该数字的正确性。如果一个离群点被证明与分析无关，或者是一个错误，可以考虑将其删除。

4）处理缺失数据。系统不能忽视缺失的数据，许多算法不接受缺失值。其中，有三种处理缺失数据的方式：第一种，放弃有缺失值的观测值，但可能导致关键信息丢失；第二种，根据其他观察结果输入缺失值，但可能失去数据的完整性；第三种，改变数据的使用方式，以有效地处理空值。

上述四个步骤只是一般性的步骤，具体的清洗方式需根据数据的使用场景设计。在边缘数据管理架构中，数据清洗可在多个层次上进行，数据清洗策略如下。

1）在边缘设备上进行数据清洗。在数据收集的初步阶段，可以通过在边缘设备上进行数据清洗来减少数据量。例如，可以使用过滤器和规则来排除无用的数据或者在设备上进行实时数据压缩以减少数据量。

2）在边缘数据中心进行数据清洗。在边缘数据中心可以利用较强的计算能力，对数据进行更深入的清洗，如删除重复数据、填充缺失值等。在这个阶段，数据清洗也可以基于机器学习模型来检测和修复错误。

3）在云数据中心进行数据清洗。云数据中心可以对大量的边缘设备和边缘数据中心的数据进行整合和分析，以发现潜在的问题和不一致性。数据清洗可以在这一层次上进行进一步的处理，以使数据更加完整和可靠。

数据清洗是一个迭代过程，可能需要多次重复，以确保数据的准确性和完整性。在边缘分布式大数据分析中，数据清洗对于最终结果的准确性和可靠性至关重要。需要注意的是，由于边缘设备和边缘数据中心通常具有资源受限的特点，在进行数据清洗时需要考虑到其对资源的消耗。同时，在进行分布式大数据分析时，也需要考虑到数据清洗对分析结果的影响，避免因为数据清洗而引入新的问题。

8.4.2 数据聚合

数据聚合是边缘分布式大数据分析中的一个重要技术，其核心目标是将分散在多个边缘设备上的数据汇聚到一起，以形成一个统一的数据集。这个数据集可以包含各种类型的数据，包括传感器数据、日志数据、监控数据等。数据聚合的实现需要考虑许多因素，如数据来源的异构性、通信带宽的限制、数据质量的保证等。

数据聚合基本原理是将分散的数据收集到一个地方进行汇总，以便进行分析。边缘计算设备和边缘数据中心之间的数据聚合通常分为两个阶段：局部聚合和全局聚合。

局部聚合指在边缘设备或边缘数据中心中进行数据聚合。当一个边缘设备或边缘数据中心需要处理数据时，它可以在本地进行数据聚合，然后将聚合结果发送给云数据中心。这样可以减少数据传输和处理的负担，并提高处理速度和效率。局部聚合通常使用基于规则的方法，如统计数据、聚合算法等来进行。

全局聚合是指在云数据中心中进行数据聚合。全局聚合通常是在局部聚合后进行的，它将从不同边缘设备或边缘数据中心中收集的数据进行统一处理和聚合。全局聚合通常使用基于机器学习和深度学习的方法来进行数据分析和预测。

数据聚合在边缘分布式大数据分析中起到了至关重要的作用。它可以通过将分散的数据汇总到一个地方来提高数据处理和分析的效率，并减少数据传输和处理的负担。数据聚合还可以帮助边缘设备和边缘数据中心进行更有效的数据管理和优化。然而，在实际应用中，数据聚合还面临着一些挑战。

1）数据传输延迟。边缘设备采集到的数据需要及时聚合处理，但是由于边缘计算设备和边缘数据中心之间的网络传输速度较慢，数据聚合也可能导致网络延迟和数据丢失。

2）数据安全性。由于边缘设备的分布式部署，使得数据安全性难以保障。因此，在数据聚合过程中需要考虑数据隐私保护等问题。

3）聚合算法设计。在边缘分布式大数据分析中，聚合算法的设计需要考虑计算资源和网络带宽受限的问题，因此需要设计高效的聚合算法。

为了克服这些挑战，研究人员正在积极探索新的数据聚合技术，如基于边缘计算的增量聚合、深度学习算法的分布式训练等。这些新技术可以在边缘设备和边缘数据中心中进行局部聚合，减少数据传输和处理的负担，并提高处理速度和效率。另外，边缘计算设备和边缘数据中心的计算和存储资源也可以得到更好的利用。其中，增量聚合是一种在数据源端进行局部聚合的方法，可以有效减少数据传输和处理的负担。增量聚合可以在边缘设备和边缘数据中心中进行，将数据按照一定的规则进行分组和聚合，再将聚合结果发送给云数据中心进行全局聚合和分析。增量聚合可以大大降低数据传输量，同时提高数据处理的效率。深度学习算法的分布式训练也是一种新的数据聚合技术，可以在边缘设备和边缘数据中心中进行局部训练，再将模型参数聚合到云数据中心进行全局训练和预测。深度学习算法的分布式训练可以将模型训练的负担分摊到多个设备和数据中心中，提高训练效率和模型准确率。除此之外，还有一些其他的数据聚合技术，如近似计算等，这些技术都可以在边缘计算环境下发挥重要作用。

综上所述，数据聚合可以帮助处理大量的分散数据，并提供数据收集和分析服务。随着边缘计算技术的不断发展和创新，数据聚合也在不断地演进和发展，为边缘计算提供更高效、更可靠的数据处理和分析服务。

8.4.3　边缘流式计算

流式计算的发展可以追溯到计算机科学的早期。在 20 世纪 50 年代和 20 世纪 60 年代，计算机科学家就开始研究实时数据处理和流式计算的问题。在 20 世纪 90 年代初期，随着互联网的发展和大数据的出现，传统的批处理方式已经无法满足实时处理的需求，流式计算变得越来越重要。现代流式计算的发展则始于 2003 年，当时谷歌推出了 MapReduce 和 GFS，极大地促进了大数据处理和云计算的发展，也为后来的流式计算框架奠定了基础。

流式计算会将应用程序用有向无环图来表示（也称为拓扑），其中顶点是数据处理操作，边表示数据流。它允许数据以流的形式不断地输入系统，然后实时处理和分析数据并输出结果，这种处理方式可以更快速、更准确地响应数据变化，帮助用户更快地进行决策。流式计算可以通过增量处理来保持状态，这意味着在新的数据到达时，只需要处理新的数据并更新状态，而不必重新处理旧的数据。流式计算中的核心概念包括以下几点。

1）数据流。流式计算的核心是数据流，即无边界的、不间断的数据流。数据流可以来自各种来源，如传感器、日志、消息队列等。

2）数据窗口。为了方便处理数据流，流式计算将数据流分成若干个数据窗口，每个窗口包含一定数量的数据。窗口可以按照时间、数量、数据大小等方式进行划分。

3）处理模型。流式计算的处理模型有两种：流水线模型和微批处理模型。流水线模型将数据流划分成若干阶段，每个阶段对数据进行不同的处理；微批处理模型将数据流按照时间窗口划分成若干个小批次，对每个小批次进行批处理。

4）事件时间。事件时间指事件实际发生的时间，通常是指数据的时间戳。在流式计算中，事件时间非常重要，因为它能够保证数据处理的准确性。

5）处理时间。处理时间是指数据到达流处理引擎的时间。在流式计算中，处理时间也很重要，因为它能够帮助流处理引擎确定数据的时序。

6）状态。状态指流处理引擎在处理数据时维护的信息。状态可以是累加器、计数器、缓存等，用于保存数据的中间结果。

7）水位线。这是一种衡量数据处理延迟的指标，可以帮助流处理引擎保证数据处理的时效性。水位线通常是一个时间戳，表示引擎已经处理完毕的最新数据的时间。

将流式计算的计算节点拓扑分布在多个节点上进行计算可以将数据处理和存储的压力分摊到多个计算节点上，从而提高处理和分析的速度和可靠性。这种分布式的方法可以应对数据量大、实时性要求高、数据来源分散等使用场景。目前，有很多优秀的开源框架可以支持分布式的流式计算。如 Apache Flink 和 Apache Kafka Streams 等。其中，Apache Flink 具有非常好的容错性和状态管理能力，适合处理大规模数据流。Apache Kafka Streams 则更加适合构建轻量级的、基于事件的流处理应用程序。

因为云环境可以提供丰富的计算资源、弹性扩展、高可用性等，大多数的分布式流式计算系统都是基于云环境设计的。但是目前，随着互联网的快速发展，自动驾驶汽车、互动游戏和事件监控等物联网应用正在兴起并且在改变着人们的生活方式。这些应用程序会生成大量大规模的传感器数据（数百万个传感器，每秒数十万个事件[19]）。在许多时间紧迫的场景下，必须在极短的时间内处理这些海量数据流，来进行决策或者反馈。若将这些数据上传至云端进行分析处理的话，那么可能会产生较高的延迟导致分析结果过时、基础设施无法承受海量数据流等后果。

解决这个问题的新趋势是边缘流式计算。简单来说，边缘流式计算就是将流式计算范式应用到边缘计算架构中[20]，如图 8-3 所示。边缘流式计算系统不是依靠云来处理传感器数据，而是依靠靠近数据源的分布式边缘计算节点来处理数据和触发执行器。然而，随着物联网系统数量和复杂性的增长，在构建能够满足其需求的边缘流计算引擎方面面临着重大挑战。

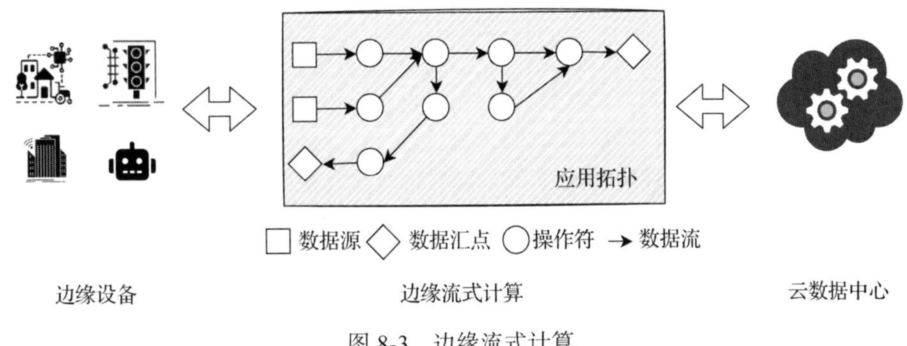

图 8-3　边缘流式计算

第一个挑战是如何扩展到大量并发运行的互联网应用程序。由于新的物联网用户呈指数级增长，并发运行的物联网流应用数量将非常庞大且动态变化。然而，Storm、Flink 等现代流处理引擎和广域数据分析系统大多继承了集中式架构，其中单一主机负责所有调度活动。使用先到先得的方法，使部署时间累积并导致长尾延迟。因此，这种集中式架构很容易成为可扩展性和性能的瓶颈。

第二个挑战是如何适应边缘动态并从故障中恢复以确保系统的可靠性。物联网应用在一个高度动态的环境中运行，可能会有负载峰值以及不可预测的事件发生。现有的关于流计算系统适应性的研究 [21-22] 主要集中在云环境中，其中动态的主要来源是工作负载的变化和故障。在这种情况下，解决方案通常是分配额外的计算资源，或将工作负载的瓶颈重新分配到数据中心的多个节点上。然而，由于边缘节点可能离开或意外失败，例如，由于信号衰减、干扰所导致的无线信道竞争，导致在边缘环境中解决这一问题变得更加困难。并且，与云服务器相比，边缘节点的计算资源有限，有限核心数量的处理器、少量内存和少量永久存储，它们没有背压。因此，以前通过重新分配资源或在数据源处缓存数据的适应性技术不能应用于边缘流处理系统中。

对于这些挑战，目前学术界也有很多研究。例如，Zhao 等人 [23] 针对自动驾驶领域的数据处理问题提出了一个基于边缘计算的流计算框架，将流数据处理从云数据中心迁移到边缘数据中心。该框架为了应对流数据到达的波动性实现了基于灰色预测模型的流量监测和预测，可以预测数据流的变化并提前预判。同时，考虑到自动驾驶应用的延迟敏感性，该框架实现了基于模糊控制的批处理间隔调整机制，从而可以根据运行环境调整批处理间隔，在满足吞吐量要求的前提下，有助于减少端到端的延迟。Fu 等人 [20] 开发了一种拥塞感知调度程序来减少调度压力，并利用固定大小的工作池来最大限度地减少线程争用，从而提高吞吐量和降低处理延迟。Liu 等人 [24] 提出了一种利用分布式哈希表（Distributed Hash Table，DHT）的分散调度方案。在他们的方法中，通过使用数据流的抽象，可以在程序运行时动态地分配任务并提高运算符的并行化程度。

总的来说，边缘流式计算是边缘大数据分析中的重要组成部分，其实时性和实时响应性能够满足用户对于实时数据处理和决策的需求，同时还可以提高数据处理的准确性和实用性，是未来边缘计算发展的重要趋势。

本章小结

为推动数据计算效率和提供实时分析，帮助企业进行更明确的决策、更好地开展业务，边缘计算的数据管理不能忽视。由于传统设备的计算能力严重受限，传统的数据管理仅能简单地进行数据聚合，无法实时地分析和处理。随着数据的指数级增长，边缘计算可以为设备提供数据的存储、管理、分析服务。此外，数据的安全、治理、性能等问题也需要考虑。进一步地，为了满足数据管理对计算、存储能力的更高要求，边缘系统可以基于云存储动态扩容。此外，数据管理对于数据库的选择也是个问题，考虑上述数据隐私、完整性，使用传统数据库或为嵌入式系统建立专用数据库，也需依据具体情况考虑。

在未来，随着边缘计算的不断发展，智能数据管理将变得越来越重要。随着越来越多的设备加入到边缘计算网络中，如何实现高效的数据管理和处理将是一个巨大的挑战。因此，未来的研究需要继续探索新的技术和方法，以解决智能数据管理面临的挑战，并进一步提高边缘计算的性能和效率。

参考文献

[1] THILAKANATHAN D, CHEN S, NEPAL S, et al. A platform for secure monitoring and sharing of generic health data in the Cloud[J]. Future Generation Computer Systems, 2014, 35: 102-113.

[2] ZHANG Y, QIU M, TSAI C W, et al. Health-CPS: Healthcare Cyber-Physical System Assisted by Cloud and Big Data[J]. IEEE Systems Journal, 2017, 11(1): 88-95.

[3] 刘铎，杨涓，谭玉娟 . 边缘存储的发展现状与挑战 [J]. 中兴通讯技术，2019, 25(3): 15-22.

[4] JALALI F, KHODADUSTAN S, GRAY C, et al. Greening IoT with Fog: A Survey[C]//2017 IEEE International Conference on Edge Computing (EDGE). New York: IEEE, 2017: 25-31.

[5] LUJIC I, DE MAIO V, BRANDIC I. Resilient Edge Data Management Framework[J]. IEEE Transactions on Services Computing, 2020, 13(4): 663-674.

[6] HE X, LIU J, JIN R, et al. Privacy-Aware Offloading in Mobile-Edge Computing[C]//GLOBECOM 2017 - 2017 IEEE Global Communications Conference. New York: IEEE, 2017: 1-6.

[7] XIONG H, ZHAO Y, PENG L, et al. Partially policy-hidden attribute-based broadcast encryption with secure delegation in edge computing[J]. Future Generation Computer Systems, 2019, 97: 453-461.

[8] HOU Y, GARG S, HUI L, et al. A Data Security Enhanced Access Control Mechanism in Mobile Edge Computing[J]. IEEE Access, 2020, 8: 136119-136130.

[9] ZHENG W, CHEN B, HE D. An adaptive access control scheme based on trust degrees for edge computing[J]. Computer Standards & Interfaces, 2022, 82: 103640.

[10] REN Y, ZHU F, QI J, et al. Identity Management and Access Control Based on Blockchain under Edge Computing for the Industrial Internet of Things[J]. Applied Sciences, 2019, 9(10): 2058.

[11] MAO Y, YOU C, ZHANG J, et al. A Survey on Mobile Edge Computing: The Communication Perspective[J]. IEEE Communications Surveys Tutorials, 2017, 19(4): 2322-2358.

[12] ROMAN R, LOPEZ J, MAMBO M. Mobile edge computing, Fog et al.: A survey and analysis of security threats and challenges[J]. Future Generation Computer Systems, 2018, 78: 680-698.

[13] CHEN X, JIAO L, LI W, et al. Efficient Multi-User Computation Offloading for Mobile-Edge Cloud Computing[J]. IEEE/ACM Transactions on Networking, 2016, 24(5): 2795-2808.

[14] ATENIESE G, BURNS R, CURTMOLA R, et al. Provable data possession at untrusted stores[C]//Proceedings of the 14th ACM conference on Computer and communications security. New York, NY, USA: Association for Computing Machinery, 2007: 598-609.

[15] TONG W, JIANG B, XU F, et al. Privacy-Preserving Data Integrity Verification in Mobile Edge Computing[C]//2019 IEEE 39th International Conference on Distributed Computing Systems (ICDCS). New York: IEEE, 2019: 1007-1018.

[16] YUE D, LI R, ZHANG Y, et al. Blockchain-based verification framework for data integrity in edge-cloud storage[J]. Journal of Parallel and Distributed Computing, 2020, 146: 1-14.

[17] LI B, HE Q, CHEN F, et al. Auditing Cache Data Integrity in the Edge Computing Environment[J]. IEEE Transactions on Parallel and Distributed Systems, 2021, 32(5): 1210-1223.

[18] CUI G, HE Q, LI B, et al. Efficient Verification of Edge Data Integrity in Edge Computing Environment[J]. IEEE Transactions on Services Computing, 2022, 15(6): 3233-3244.

[19] HORTONWORKS. Hortonworks Connected Data Platforms [Z/OL]. (2022-6-8) [2023-11-1]. https://hortonworks.com/wp-content/uploads/2016/09/2-General-Session-Open-and-Connected-Data-Platforms-Attendee-Version.pdf.

[20] FU X W, GHAFFAR T, DAVIS J C, et al. EdgeWise: A Better Stream Processing Engine for the Edge[C]//2019 USENIX Annual Technical Conference (USENIX ATC 19). [S.l.]: USENIX, 2019: 929-946.

[21] CASTRO FERNANDEZ R, MIGLIAVACCA M, KALYVIANAKI E, et al. Integrating scale out and fault tolerance in stream processing using operator state management[C]//Proceedings of the 2013 ACM SIGMOD International Conference on Management of Data. New York, NY, USA: Association for Computing Machinery, 2013: 725-736.

[22] FLORATOU A, AGRAWAL A, GRAHAM B, et al. Dhalion: self-regulating stream processing in heron[J]. Proceedings of the VLDB Endowment, 2017, 10(12): 1825-1836.

[23] ZHAO H, YAO L, ZENG Z, et al. An edge streaming data processing framework for autonomous driving[J]. Connection Science, 2021, 33(2): 173-200.

[24] LIU P, SILVA D D, HU L. DART: A Scalable and Adaptive Edge Stream Processing Engine[C]//2021 USENIX Annual Technical Conference (USENIX ATC 21). [S. l.]: USENIX, 2021: 239-252.

CHAPTER 9

第9章 智能能量优化

边缘计算作为一项新兴技术，面临着许多挑战。其中，边缘计算所导致的能耗开销仍是一个急需解决的关键难题。为了国家的2030年实现碳达峰和2060年前实现碳中和的目标[1]，针对能耗的智能技术已成为国内目前的重点研究方向。这种方法以历史数据和实时数据为基础，通过大数据、人工智能、案例推理、专家经验等技术为载体，集成智能检测与计算、智能控制与优化、智能管理与决策等模块，形成一套具备自学习、自适应、自趋优、自恢复、自组织能力的智能能量优化决策控制系统[2]。这个系统实现了针对能量分配和使用的智能检测、智能控制及智能决策，为能量管理提供了更加精细化、智能化的手段。但是，实现这个系统需要深入研究和切实可行的方案，这包括能量优化的意义、智能能量优化的基本概念、能量智能感知以及多供能智能系统等方面。因此，本章将介绍能量优化的意义、智能能量优化的基本概念、能量智能感知以及多供能智能系统，以期为能量管理提供更加系统化和高效的解决方案。

9.1 能量优化的意义

随着科技的进步和智能化浪潮的到来，研究机构Gartner统计2021年全球在用设备（便携式PC、平板计算机和手机）总数已达62亿[3]。如此庞大的边缘设备将会消耗巨大的能量，同时随着数据规模的急剧增加以及数据中心数量及规模的不断扩大，数据中心的能量消耗也飞速增长。据国际能源署的报道[4]，在2022年全球的数据中心共消耗了4521亿kWh的电力，占全球2012年总发电量的4.1%～4.5%。在中国，数据中心的能耗更是达到了1360亿kWh，占全国能源耗电总量的8%。由此可以看出，维持边缘设备和数据中心的正常工作将会消耗大量的电能，这将极大加剧全球能源消耗和二氧化碳排放的问题，对气候变化构成严重威胁。据国际能源署的数据，火力发电，尤其是煤炭发电仍是全球最主要的发电类型。这意味着，数据中心和边缘设备的能耗会直接导致更多的化石燃料燃烧，进而加剧全球温室气体排放的问题，对生命系统形成威胁。因此，随着社会对环境保护意识的不断增强，开展绿色数据中心和边缘设备的建设已成为一个重要的课题。大力推进可再生能源的应用，以及采用更高效的能源利用技术，都是缓解全球能源危机、保护环境的重要举措。

在全球各国共同减排的背景下，我国也提出了2030年碳达峰和2060年碳中和的目标，降低高能耗设备的碳排放量。其中，电子设备的智能能量优化在这一目标中扮演着至关重要的角色。但是，随着移动互联网及物联网技术的迅速发展，我国的终端设备和新兴应用程序的数量急剧增长，如VR设备与交互式游戏。这些应用对于云核心处理的传统网络模式提出了更高的任务需求，导致云计算中心的处理能力和响应时间不能满足要求，并且高功率、高能耗、低资源利用率的数据中心难以满足用户的计算需求。因此，MEC这种在边缘侧分布式部署算力的技术[5]，以高响应速度、低成本、低功耗的方式展现出代替云计算的潜力，通过在网络边缘部署计算和存储资源，为用户提供信息技术服务和云计算功能。此外，由于移动设备的能量限制，能量收集技术也成了支撑MEC系统运行的关键支撑。因此，学术界普遍关注联合能耗感知的调度优化和能量收集分析，以降低MEC系统的能量开销、提高能量效率为目标，实现MEC系统的可持续性和稳定性。

人工智能（AI）和机器学习（ML）技术的发展已经不再是理论探讨，而是实际应用的重要组成部分。在消费产品、金融服务和制造创新等领域，这两项技术已经获得了广泛的应用，促进了这些行业的快速发展。尤其是在边缘设备方面，AI和ML芯片组的使用以惊人的三位数速度持续增长[6]。图9-1展示了AI和ML边缘设备上的市场数据，凸显出AI和ML技术在实现低功耗、高性能的经济效益和必要性。然而，在硬件设计方面，AI和ML系统的优化仍然面临许多挑战。因为AI和ML技术需要满足低功耗和高性能两种关键要求，所以硬件设计团队需要进行定制化设计来满足这些需求。但是，由于寄存器转换级电路（Register Transfer Level，RTL）设计周期过长，迫于成本、经济性的约束，开发团队难以针对性地设计最适合的RTL结构，导致AI和ML系统性能难以达到最优状态。因此，如何权衡性能和能耗实现AI和ML的系统优化是企业面临的关键问题之一。在AI和ML转移到边缘设备的过程中，硬件设计团队需要在保证低功耗的同时，提供高性能的设计方案，这样才能满足不同领域的需求。通过针对功耗、性能和散热面积进行优化，企业可以设备和部署大规模的边缘硬件架构，提高AI和ML系统的性能和可靠性，推动各行业的进一步发展。因此，在未来几年内，能耗优化将是AI和ML系统优化的重要方向之一，也是实现各行业发展的重要保障。

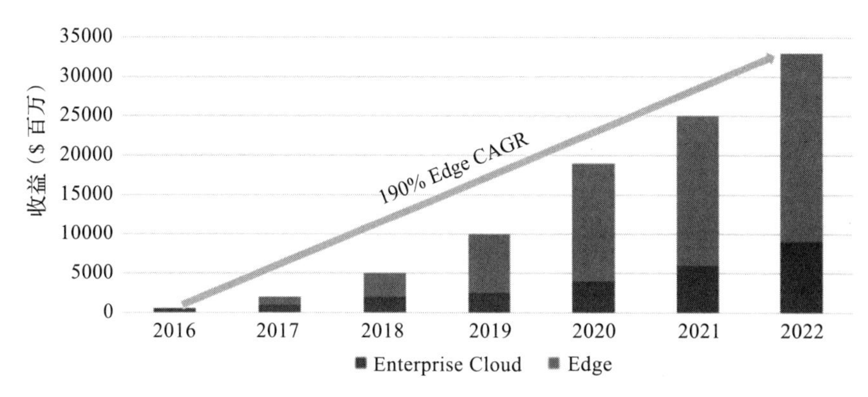

图 9-1　AI 和 ML 边缘设备上的市场数据

9.2　智能能量优化的基本概念

9.2.1　能耗指标

能耗指标是一组可以深入了解特定实体或系统使用了多少能源的指标，对于了解能源效率、确定可以减少能源使用的领域以及跟踪实现可持续发展至关重要。本节将讨论一些最常见的能源消耗指标及其重要性，以下是边缘计算中常用的能耗指标，具体内容如下所示。

1）动态功耗。在边缘设备和服务器上，处理器、内存、网络等资源的使用会产生功耗。这些资源的功耗是根据设备或服务器的工作负载而变化的，因此称为动态功耗。减少动态功耗可以降低能源消耗和成本。

2）静态功耗。即使设备或服务器处于空闲状态，也会消耗一定的电力。这是因为各种电路和组件在空闲状态下仍然处于运行状态，以保持设备或服务器的状态。这种功耗被称为静态功耗，也是能耗指标的一部分。

3）能效比。这一指标是衡量计算设备在特定工作负载下的功率消耗和性能之间的比率。更高的能效比表示更高的能源利用率和更低的能耗成本。

4）热管理。在边缘计算中，热管理是非常重要的能耗指标之一。由于设备或服务器的高功率消耗会产生大量的热量，过热会导致设备或服务器的损坏，降低可靠性和寿命。

5）能耗模型。这是一种基于设备或服务器硬件、软件和负载等参数的预测模型。能耗模型可用于评估不同的能耗优化策略，并确定最佳的能源管理策略。

在边缘计算场景下，智能能量优化中的能耗可以分为两个方面：硬件能耗和软件能耗。硬件能耗是指边缘设备在进行计算和存储数据时所消耗的电力能量，而软件能耗则是指在边缘设备上运行的软件所消耗的电力能量。

对于硬件能耗来说，它受到边缘设备的处理器、存储器、通信设备等硬件设备的影响。

要优化边缘计算下的硬件能耗，需要从以下几个方面入手。首先，可以采用低功耗的硬件设备，这样可以减少边缘设备在进行计算和存储数据时所消耗的电力能量。其次，可以通过在边缘设备上采用智能化的任务调度算法，将任务合理地分配给不同的设备，避免某些设备过度工作而导致能耗过大。最后，还可以通过数据的压缩和传输优化等方式来减少通信设备所消耗的能量。

对于软件能耗来说，它主要受到边缘设备上运行的应用程序的影响。要优化边缘计算下的软件能耗，需要从以下几个方面入手：首先，可以通过对应用程序的优化，使其在运行时能够更加高效地利用计算资源，从而减少边缘设备上运行应用程序所消耗的电力能量。其次，可以通过采用分布式的应用程序部署方式，将应用程序分散在不同的边缘设备上运行，避免部分设备高强度运转从而导致能耗增加。最后，还可以通过对应用程序的运行状态进行监测和分析，及时发现和处理应用程序的状态异常，以免导致不必要的能耗浪费。

除了上述方面外，边缘计算下智能能量优化中还需要考虑一些其他的能耗指标，如能源利用效率和能耗弹性开销等。能源利用效率是指在进行计算和存储数据时所消耗的能量与所实现的计算和数据处理效果之间的比值，这个指标可以通过选择合适的硬件设备、优化任务调度算法等方式来提高。能耗弹性开销则是指在不同的应用场景下，能源消耗的弹性程度，即在不同的负载下，能源消耗的增长程度。这个指标可以通过灵活的任务调度和资源管理来衡量。

综上所述，边缘计算下智能能量优化中的能耗指标是一个非常关键的问题。在优化能耗指标时，需要综合考虑硬件能耗和软件能耗两个方面，并且需要从任务调度、数据传输和压缩、应用程序优化等多个角度入手。在实际应用中，需要根据具体的应用场景和硬件设备来进行具体的优化，以达到最佳的能耗效果。

9.2.2 能量资源约束下的任务分配

在边缘计算场景中，由于能量资源（如电池电量）的有限性，如何有效地进行任务分配和资源调度变得尤为重要。任务分配需要考虑多种资源约束，包括计算能力、存储能力、网络带宽等。为满足这些约束，可以利用各种智能算法（如遗传算法、共生有机体搜索算法、深度强化学习等）来求解任务分配问题。此外，还可以采用多维背包模型来建立物理设备或虚拟机的约束模型，以便更好地分配任务并优化资源利用。

1. 优化问题

考虑边缘计算的场景下数据在边缘节点上进行处理，计算、存储、带宽等资源的限制更为严格。因此，将有限资源作为约束给出调度优化模型更加符合实际。在边缘计算中，文献 [6] 提出了 CPU 容量、电池电量约束下的任务、节点分配模型，以满足任务分配过程中资源利用的最优化。同时，任务分配问题也可以按约束分为四类，其中计算节点约束可以分为软件约束（如库、操作系统）和硬件约束（如内存、CPU、存储）[7]。为了解决资源约束下的任务分配问题，可以建立多维背包[8]模型，寻找满足约束的任务和计算节点的分配方案，实现边缘计算资源的最优利用。

2. 模型与算法

在边缘计算环境中，资源约束是一个关键问题。任务分配问题涉及将任务分配给不同的计算节点，这些节点的计算、内存、存储等资源是有限的。文献 [9] 提出了一种动态规划方法，用于解决容量受限的边缘计算节点中的任务分配问题。该方法可以最大化整体处理效率，并通过计算任务分配收益和任务调度来实现。另外，文献 [10] 提出了一种基于负载 - 风险模型的贪婪算法，用于解决工业 4.0 场景下解决任务网关分配时所面临的时延和可靠性要求问题。文献 [11] 建立混合整数规划模型，以最大化利用率的方式确定边缘节点 CPU、内存和存储容量的任务分配方案。最后，文献 [12] 设计了一个任务分配的回溯搜索算法，该算法考虑节点的硬软件参数，并实现了该算法。

任务分配问题面临的约束不仅仅局限于计算、存储、带宽和电池电量等资源的有限性。例如，针对边缘节点的容量约束和云节点的 CPU 频率约束下的负载均衡问题，文献 [13] 提出了分解原始问题为边缘节点负载分配、云节点负载分配和最小化时延指派问题三个子问题的方法，并应用凸优化、Benders 分解和匈牙利算法进行求解。文献 [14] 针对存储服务器的任务图像 - 存储器匹配子问题，规定只有存储服务器预存了任务图像才能处理相关的读写操作，并通过松弛决策变量利用贪婪算法获得可行解。这些方法和算法的应用拓展了资源约束下任务分配问题的解决思路和途径。

3. 智能算法

智能算法在解决资源约束下的任务分配问题方面表现出了优越性能，在边缘计算领域得到广泛应用。为了解决混合云任务分配问题，在文献 [15] 中采用了分布式遗传算法，利用特定解码规则处理帕累托性较差的解，并最大化同时处理的任务数。在节点计算容量约束下，文献 [16] 利用遗传算法求解了任务 - 公交车分配问题，寻求经济成本最低的方案。文献 [17] 提出了共生有机体搜索算法，用于不同场景下向虚拟机分配任务，评价成本、网络占用和能耗指标。针对 CPU 算力约束下的边缘计算容器迁移问题，文献 [18] 将迁移策略建模为多维马尔科夫过程空间，并采用深度强化学习算法快速决策。综上所述，智能算法结合边缘计算为解决资源约束下的任务分配问题提供了有效的解决方案。

9.3　能量智能感知

9.3.1　能耗分析

在边缘计算场景中，如何对能耗进行感知、智能分析是至关重要的，对能耗的感知和分析结果可为智能设备和应用提供实时、高效、智能的能耗管理和优化调度服务。在实际应用中，能耗感知是用于预测、判断设备能量消耗的技术，能耗分析是指对感知的能耗数值进行详细分析和评估。在边缘计算场景下，能耗分析主要涉及以下三个方面。

1）硬件层面。硬件是能耗的重要来源，因此在边缘计算场景下，对于硬件层面的能耗分析是非常重要的。硬件能耗分析主要包括对芯片、传感器、存储器、通信模块等硬件组件的能耗进行分析，找出其中的能耗瓶颈和优化点，从而实现能量的有效管理和优化。

2）软件层面。软件层面的能耗分析是对应用程序和操作系统等软件组件的能耗进行分析和评估。在边缘计算场景下，由于智能设备和应用程序较为复杂，因此软件能耗分析是一项非常重要的工作。软件能耗分析主要包括对应用程序的能耗进行评估和优化，同时也需要对操作系统和中间件的能耗进行评估和优化。

3）系统层面。系统层面的能耗分析是指对整个边缘计算系统的能耗进行分析和评估。在边缘计算场景下，系统层面的能耗分析涉及多个方面，包括对整个系统架构的优化、对数据的处理和传输进行优化、对能耗的实时监控和管理等。

能耗分析在边缘计算场景下具有重要的意义，通过能耗分析，可以找出系统中的能耗瓶颈和优化点，从而实现能量的有效管理和优化。同时，能耗分析也可以为智能设备和应用程序提供能耗监测和反馈服务，帮助用户更好地了解和管理其能源消耗情况，从而为用户提供更好的能耗感知服务，能耗分析在边缘计算场景下还有以下几个方面的具体应用。

1）能耗模型的构建。能耗模型是指对边缘设备在不同工作状态下的能源消耗进行建模和预测。通过能耗模型，可以对设备的能耗进行实时监控和预测，从而实现能量的有效管理和优化。能耗模型的构建需要考虑硬件和软件的各种因素，包括 CPU、存储器、传感器、通信模块等硬件组件的能耗以及应用程序、操作系统等软件组件的能耗等。

2）能耗优化策略的制定。该策略是指通过调整设备的工作状态和调整应用程序的执行方式等方式来降低设备的能耗。在边缘计算场景下，能耗优化策略的制定需要考虑多个因素，包括设备的实际使用情况、应用程序的执行需求以及硬件和软件组件的能耗特性等。

3）能耗监测和反馈。能耗监测和反馈是指对边缘设备的能耗进行实时监测和反馈，为用户提供能耗管理和优化服务。通过能耗监测和反馈，用户可以了解其设备的能耗情况，并采取相应的措施来降低设备的能耗。同时，能耗监测和反馈也可以为应用程序提供实时的能耗反馈，从而帮助应用程序更好地管理其能源消耗情况。

4）能源管理平台的搭建。能源管理平台是指一种集中管理和优化能源消耗的平台，可以对边缘设备和应用程序进行实时监测和管理，从而实现能源的高效利用和节约。能源管理平台需要具备多种功能，包括能耗数据的采集和存储、能耗分析和预测、能耗优化策略的制定和执行等。通过搭建能源管理平台，可以实现对边缘计算系统的全面能耗管理和优化。

综上所述，能耗分析在边缘计算场景下是一项非常重要的技术，也是保障智能设备和应用程序提供高效、智能的能耗管理和优化的关键服务。未来随着边缘计算技术的不断发展，能耗分析将成为边缘计算场景下的核心技术之一，它对提升边缘计算系统的能源利用效率、降低能源成本、延长设备寿命等方面都具有重要意义。为了进一步提高能耗分析的效果，还需要不断探索新的技术和方法，并将其应用到实际的边缘计算系统中。

9.3.2　能耗追踪与预测

随着海量设备接入边缘云系统，数据通过边缘设备涌入云数据中心和边缘服务器中进行存储和处理。然而，这些边缘设备的计算能力和能源资源有限，使得边缘计算系统的性能逐渐达到了瓶颈，特别是长时间的运行会导致能量耗尽。为解决这一问题，边缘能耗追踪与预测技术被引入到边缘计算场景中，以帮助有效地分配任务和优化能源消耗。基于边缘能耗计算模型，可以对边缘设备的功耗进行预测，从而更加均衡地分配任务给边缘终端进行处理。同时，能耗预测模型可以支持各种学习算法的训练，从而实现系统下的实时消耗的准确判断。通过机器学习方法对海量数据进行学习和分析，判断当前状态下剩余的能源存储，为系统实时负荷提供参考数据。通过结合电量预测的实时任务分配预测，可以提高数据传输和任务处理效率，并提高用户应用体验。这种边缘能耗追踪与预测技术可以帮助边缘计算系统更加高效地利用有限的资源，同时减少能源浪费，从而提高整个系统的性能和可靠性。

由于越来越多的边缘设备的普及，能耗管理成了一个重要的问题。为了优化能量使用，边缘计算需要考虑能源约束下的任务分配问题。能耗追踪可以帮助边缘设备管理者了解每个设备的能耗情况，以便更好地进行能量优化决策。在边缘计算场景中，利用机器学习环境可以预测设备的能耗，有助于提高能源效率。5G 网络中广泛应用的机器学习算法可以优化资源分配，实时分析数据和决策，避免拥塞，并且改善网络管理。因此，能耗追踪与预测技术和机器学习算法在边缘计算中的应用将有助于提高 5G 网络的能量效率。

在边缘计算场景中，能耗追踪与预测是提高能效的重要策略之一。其中，监督学习的最大似然算法是一种有效的方法，其使用标记数据集来训练模型以预测最优解。针对历史能源消耗序列的预测问题，神经网络 NARX[19] 是一种强大的时间序列预测器，由一种非线性自回归网络组成，具备延时和反馈机制，从而增强了对历史数据的记忆能力，具有外部输入和反馈连接，在多个应用中得到了广泛应用。在边缘计算中，NARX 可以结合实时能耗数据，预测未来的能耗趋势，并根据预测结果进行任务分配和资源调度，以提高系统的能效性。因此将 NARX 应用于边缘计算中，可以有效提高能源利用率，降低系统的能耗成本。在实际应用中，还可以使用 LSTM 网络 [20] 等深度学习算法来进一步提高能源预测的准确性和精度。

针对能耗追踪与预测这一问题，许多研究者使用回归方法来建立功耗模型，以预测系统资源利用率与能耗之间的关系。其中，一些研究 [21] 考虑任务的特征，如 CPU 密集型、Web 事务型和 I/O 密集型，来建立不同类型的功耗模型。另外，也有研究者 [22] 强调服务器的能量使用与 CPU 利用率的三次方呈现相关性，并建立了相应的功率模型。为了提高数据中心功耗模型的准确性，部分研究 [23] 考虑了代码结构和计算机能力等因素，并利用交叉度和重用度等方法进行估计。此外，还有研究者[24]使用多个参数共同构建能耗预测模型，包含处理器时间、使用的内存和页面错误。这些方法的应用可以帮助边缘设备有效管理能源、提升能耗优化准确性、优化边缘计算系统执行效用。

为了更好地管理和优化边缘服务器的能耗，需要建立准确的能耗模型。能耗模型基本构建流程如图 9-2 所示。首先，数据采样步骤从边缘服务器资源和应用程序中收集相关数据。其次，特征提取步骤从这些数据中提取与能耗相关的特征。接下来，特征筛选步骤用于各个特征进行评分、筛选相关特征子集，以减少模型复杂性并提高模型准确性。其中，模型构建和训练是开发准确能耗模型的关键步骤，在这一步骤中，可以采用多种机器学习算法来训练能耗预测模型，如支持向量回归（Support Vector Regression，SVR）和 LSTM 网络等。最后，模型评估与验证步骤用于评估和验证所开发的能耗模型的准确性和有效性。对于基于 LSTM 的能耗预测模型，可以利用历史数据来训练模型，以便在未来预测边缘服务器的能耗。这些预测结果可用于优化边缘计算系统的能耗管理并提高其能效和性能。

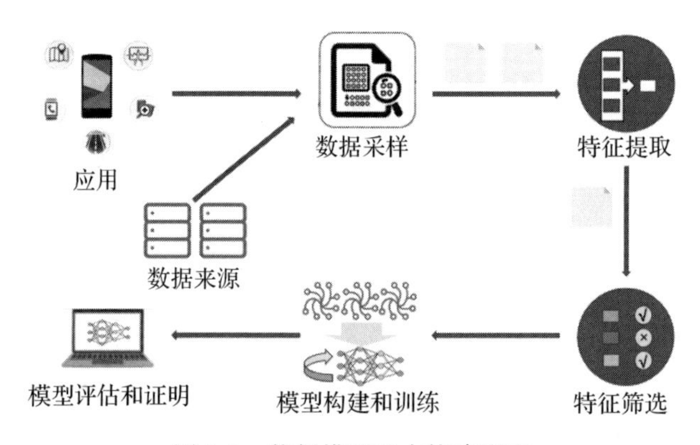

图 9-2 能耗模型基本构建流程

下面给出一个能耗追踪与预测的具体案例。全球每年约有 2%～3% 的能量消耗在城市供水过程中。在中国，水厂的综合单位耗电量约为发达国家的 1.5 倍[25]。为了有效提升能源效率，可以引入移动边缘计算技术，借助于智能能耗追踪和预测方法，关注占到水厂用电量的 60% 以上的泵房泵组的能耗问题。通过采用能耗追踪技术，水厂可以实时监测泵房泵组的能耗情况，并对其进行数据分析，找出存在的问题，进而制定优化方案。此外，通过采用能耗预测技术，预测泵房泵组的未来能耗情况，从而更好地进行能源规划和资源配置。同时，部署在水厂内部的边缘计算节点可以提供实时的数据采集和处理能力，通过 LSTM 等深度学习算法训练的能耗预测模型，对泵房泵组的能耗进行长期预测，使得“双碳”目标达成，实现经济可持续发展和生态文明建设。

在帮助企业实现高效节能中，能耗追踪与预测是一项关键技术。近年来，江苏无锡、盐城等地的水务企业引入了南栖仙策智能决策解决方案[26]，架构如图 9-3 所示，其中利用了强化学习技术来优化泵组电机控制，实现泵房泵组的整体节能优化。该方案通过引入强化学习算法来自主控制增压泵房泵组，优化泵组的启停调度，实现了千吨水电耗降低10%以上的高效节能。预计全年可为一家中小规模水厂降低用电成本90余万元，取得了显著的成效。

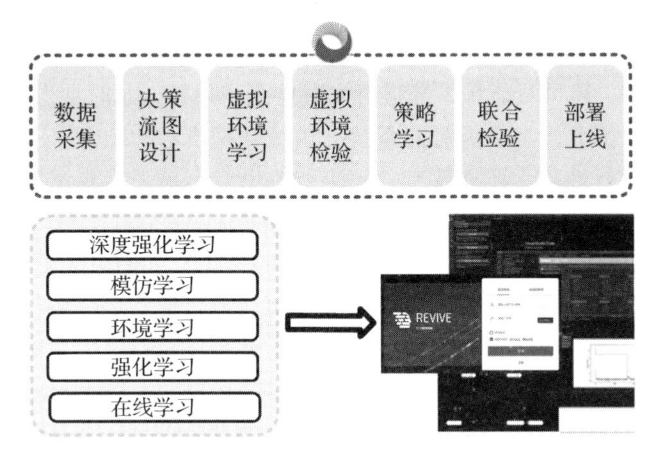

图9-3 南栖仙策架构

南栖仙策的强化学习电机控制解决方案通过内嵌的Revive核心算法，利用强化学习技术实现对电机控制系统的智能化决策，有效提升了节能控制效果。此外，南栖仙策借助全球领先的离线技术优势，避免在真实环境下大规模调参训练，减少对现有机组的扰动和影响，保障了系统的安全和稳定性。在能耗追踪与预测方面，南栖仙策采用独创的数据驱动方法，通过利用原有历史数据和自动更新机制，实现对设备老化等环境变动的自适应。此外，南栖仙策的系统还提供了故障诊断与预警自动保护的功能，确保电机控制系统的安全运行。综合来看，南栖仙策的强化学习电机控制解决方案是一种高效、可靠的边缘计算应用，可以帮助企业实现节能降耗并提高系统安全和稳定性。该方案部署快速、运行稳定、维护方便，为水厂同类装置优化开了先河。这项工程证明在边缘计算场景中，采用能耗追踪与预测技术，可以有效地实现能源的节约和效率的提高，对于各种能源密集型的工业应用，有着积极的应用前景。

9.4 多供能智能系统

多供能智能系统[27]是一种复杂的能源系统，它由多个分布式能源站和负载区块组成。这些能源站包括风力发电、光伏发电、热电联产、燃气锅炉、地源热泵、吸收式制冷设备和储能设备等多种能源资源。为了实现能源的高效利用，多供能系统采用了“横向多源互补[28]”的理念，即各种能源之间的互补协调，强调各类能源之间的可替代性。在多供能智能系统中，边缘计算技术扮演着至关重要的角色。边缘计算技术可以通过智能优化实现各种能源之间的协调和优化，从而提高能源的利用效率和系统的运行性能。此外，边缘计算技术还能够实时跟踪和预测各种能源的产生和消耗情况，以及储能设备的状态，使多供能智能系统能够实现智能化的管理和控制，进一步提高系统的能效和安全性。边缘计算技术在多供能智能系统中的应用还可有效地解决能源供应不足和能源浪费等问题。通过边缘计算技术的智能优化，多供能智能系统可以根据实际需要进行能源的调配和分配，实现对能源的高效利用和节约，还可对能源系统进行实时监测和预警，及时地发现、解决潜在问题，保障系统安全稳定。因此，多供能智能系统与边缘计算技术的结合，不仅能够提高能源的利用效率和系统的运行性能，还能够有效解决能源供应不足和能源浪费等问题，实现能源的可持续利用。

为提高能源的综合利用率，在分布式能源调度过程中，人们引入了“源－网－荷－储”协调[29]的理念。该理念基于对能量使用的随机性和可再生能源的波动性进行分析，通过对能源的产生、输送、使用和储存进行协调来实现能源的高效利用。在该协调策略中，“源”指的是分布式能源的发电设备，“网”指的是能源输送的网络，“荷”指的是能源的使用者，“储”指的是能量的存储单元。这四个环节需要进行协调和调度，才可以实现能源的高效利用。具体来说，“源”和“荷”之间需要实现能源的匹配，“网”的作用是将能源从“源”传输到“荷”，在输送的过程中需要考虑能源的损耗和传输的可靠性。同时，为了保证系统的稳定性，需要在“荷”和“储”之间进行能量的平衡调配，以避免能力存储单元的过载和“荷”的不足。该协调策略的实现需要借助先进的技术手段，如智能计算、数据挖掘、云计算和 IoT 等，以实现源、网、荷、储四个部分间的信息交互和能量协调，如图 9-4 所示。多供能智能系统的智能优化策略具体可从两方面入手。

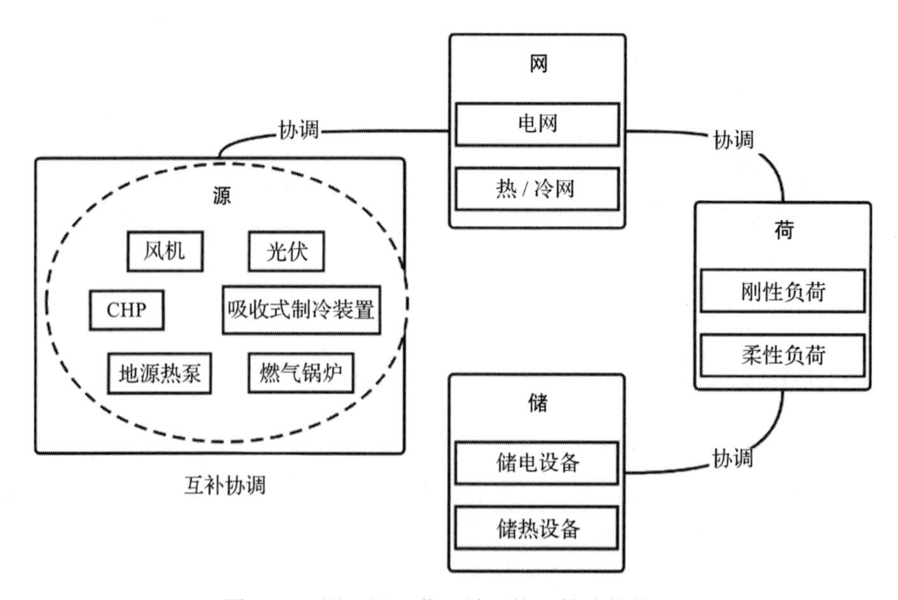

图 9-4 “源－网－荷－储”协调策略结构图

1）“源－网－荷－储”互补协调。在多能源系统中，随着可再生能源的不断增加，其出力的波动性和随机性也越来越明显，因此需要对系统进行协调调控，以确保能源的稳定供应。首先，在负荷侧引入需求侧响应，采用直接负荷控制手段，使可削减负荷追踪风机和光伏出力。这种控制手段可以确保在可再生能源出力高峰时段，负荷可以被动态调整而不必削减。在可再生能源出力低谷时，负荷也可以被减少至最小。该方法在可以确保负荷的供需平衡的前提条件下，提高能源的利用率。其次，为了进一步降低可再生能源出力的波动性对系统运行的影响，需要配合调整热电联产系统（Combined Heat and Power，CHP）的输出功率。保障系统在可再生能源出力低谷时，对可控的 CHP 能源进行调节来弥补能源供给的不足，实现可再生能源与可控能源的互补协调，增强系统运行稳定性。最后，为了考虑可控能源的可行性约束，需要由外网来补偿供需不平衡量。当能源站产能过剩时，将多余能量输送至外网以供其他地区使用；当能源站产能短缺时，由外部电网补充能量。这样可以进一步优化系统运行，确保能源的充分利用和供给的稳定性。

2）“荷－储”互补协调。首先，储能装置可以通过预调度来平滑用户热 / 电负荷曲线。预调度是指提前对负荷进行调度，使储能装置在负荷高峰时段作为源供能，在负荷低谷时段作为荷储能，在负荷平时段不工作，从而得到预调度后的等效负荷曲线（即刚性负荷加上储能装置）。这种方式可以平滑负荷曲线，减少负荷波动对系统的影响。其次，可平移负荷平滑等效负荷曲线。这也意味着将等效负荷曲线平移至等效负荷低谷时段，从而降低用户侧在用能随机性方面对多能源系统供能的不利影响。这种方式可以使多能源系统更加稳定，减少供需不平衡的情况。在多供能智能系统中，“荷－储”互补协调是非常重要的。除了储能装置外，多供能智能系统还包括可再生能源发电和传统能源发电。其中，可再生能源发电可以通过对天气预测和供电需求的预测来实现预调度，从而实现更加精确的能源供应。传统能源发电则可以作为备用能源，在紧急情况下提供额外的能源供应。总之，多供能智能系统中的“荷－储”互补协调是一个非常重要的机制，它可以通过预调度和可平移负荷平滑等效负荷曲线来平衡能源的供需关系，进而实现优化多供能智能系统。在多供能系统中，还需要考虑可再生能源发电和传统能源发电，以实现更加精确和稳定的能源供应，而后将具体介绍多供能智能系统三个主要部分。

9.4.1　可持续供能系统

多供能智能系统是一种整合多种能源形式，通过智能化技术实现协同管理和优化运行的系统。在多供能智能系统中，可持续供能系统是一个非常重要的组成部分，因为它可以为系统提供长期稳定的能源供应。可持续供能系统是指在不破坏环境资源的前提下，能够持续地提供可再生能源的供能系统。在多供能智能系统中，可持续供能系统通过整合多种能源形式，实现对能源的优化利用和管理，从而确保系统的可持续性和稳定性。可持续供能系统的实现需要从多个方面入手。

首先，需要考虑如何选择合适的能源形式。在多供能智能系统中，通常会选择太阳能、风能、水能等可再生能源作为主要的能源形式。这些能源形式具有可再生性、环保性、稳定性等优点，可以为系统提供长期稳定的能源供应。其次，需要考虑如何进行能源的优化利用和管理。在多供能智能系统中，通常会采用智能化技术，如大数据、人工智能等，对能源进行精细化管理和控制。通过对能源的实时监测和预测，可以对能源进行优化利用，从而提高能源利用效率和降低能源消耗。另外，为了确保可持续供能系统的稳定性，还需要考虑如何进行能源的存储和调度。在多供能智能系统中，通常会采用储能技术，如电池、超级电容等，对能源进行储存和调度[30]。通过储能技术，可以在能源供应不足或需求过大的情况下，保证系统的稳定性和可靠性。通过整合多种能源形式、采用智能化技术和储能技术等手段，可以实现对能源的优化利用和管理，从而确保系统的可持续性和稳定性。在多供能智能系统中，可持续供能系统的实现还需要考虑以下几个方面：

1）能源的分布和供应。不同地区和不同场景的能源分布和供应情况不同，需根据具体情况选择合适的可再生能源形式和供能方式。例如在城市中，太阳能光伏发电可以通过屋顶安装光伏板来收集太阳能，而在海岸地区，风能可以通过风力发电机进行收集。

2）能源的转化和储存。可再生能源需要经过转化和储存才能为系统提供稳定的能源供应。例如，太阳能需要通过光伏电池板将太阳能转化为电能，同时需要通过电池或其他储能设备进行储存，以便在能源需求高峰期提供稳定的能源供应。

3）能源的监测和控制。智能化技术可以实现对能源的实时监测和控制，包括能源生产、转化、储存和使用等方面。通过对能源进行精细化管理和控制，可以实现对能源的优化利用，提高能源利用效率、降低能源消耗。

4）能源的调度和交易。多供能智能系统可以实现能源的调度和交易，包括能源的价格、供需平衡等方面。通过能源的调度和交易，可以实现对能源的优化利用和分配，从而确保系统的稳定性和可靠性。

5）能源的安全和环保。可持续供能系统需要考虑能源的安全和环保问题。通过采用安全和环保的技术和手段，可保障系统的稳定性和可靠性，保护环境资源和生态环境。

综上所述，可持续供能系统是多供能智能系统中的重要组成部分，需要从多个方面入手实现。通过整合多种能源形式、采用智能化技术和储能技术等手段，可以实现对能源的优化利用和管理，从而确保系统的可持续性和稳定性。同时，需要考虑能源的分布和供应、转化和储存、监测和控制、调度和交易、安全和环保等问题，以实现系统的稳定和可靠。

9.4.2 电源供能系统

随着电力供应向市场化发展，供电实体体系总体上保持不变。图 9-5 所示每个家庭的电力供应路径如下：发电厂→首部变电站→输电 / 配电线路→配电变电站。其中，首部变电站主要为大型工厂提供电力；配电变电站为中型工厂和零售商店、家庭用户等提供电力。此外，供电系统大致分为三个部门，包括发电部门、输配电部门及零售部门。

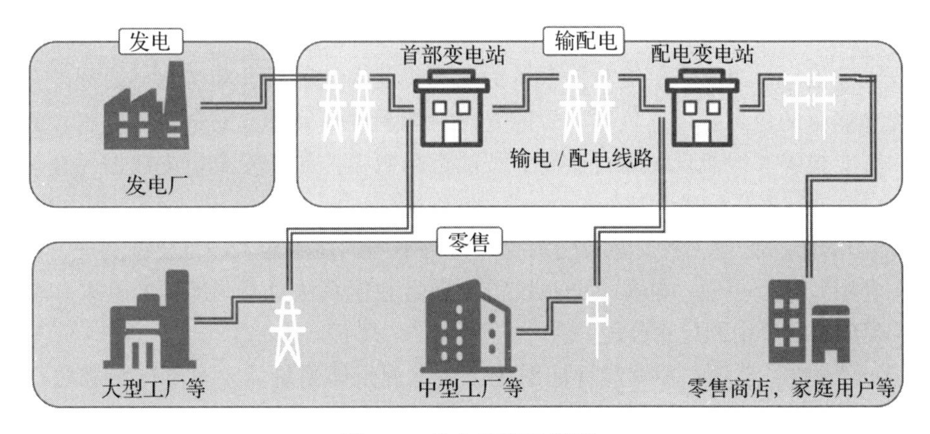

图 9-5　供电系统示意图

其中，边缘计算在支持电力市场中针对智能电网应用（电力管理和电网优化等）方面发挥着关键作用。在某些情况下，边缘计算可以帮助管理跨企业的能源。传感器和 IoT 设备连接到工厂、工厂和办公室的边缘平台，用于监控能源使用并实时分析能源水平。通过实时跟踪和监控能源使用情况并通过仪表板进行可视化，企业可以更好地管理其能源消耗并实施预防措施以限制能源使用。多供能智能系统是一种能够同时接收多种能源输入并根据不同需求智能分配和调节能源输出的系统。电源供能系统是作为多供能智能系统的一部分，主要负责将电能输入和输出，并保证其可靠性、安全性和稳定性。具体来说，电源供能系统主要由以下部分组成。

1）电源输入模块。该模块主要负责将来自不同能源输入端的电能输入到系统中并进行统一处理和转换。在多供能智能系统下，电源输入模块需要支持多种电源接入，如太阳能电池板、风力涡轮机、燃料电池等，并对输入的电能进行适当的过滤和调节，以保证系统的稳定性和安全性。

2）电池组模块。该模块主要负责存储电能，并在需要时将电能输出到系统中。在多供能智能系统下，电池组模块需要支持多种电池类型，如铅酸电池、锂离子电池等，并通过智能算法对不同类型的电池进行管理和调节，以延长电池寿命和提高系统效率。

3）电源输出模块。该模块主要负责将电能输出到系统的负载中，并根据负载需求进行智能调节。在多供能智能系统下，电源输出模块需要支持多种输出方式，如直流输出、交流输出等，并通过智能算法对不同负载进行管理和调节，以保证系统的稳定性和安全性。

4）智能控制模块。该模块是电源供能系统的核心，主要负责对系统的输入、输出和状态进行监测和控制。在多供能智能系统下，智能控制模块需要支持多种输入、输出和状态监测方式，并通过智能算法对系统进行智能调节和管理，以保证系统的稳定性和安全性。

5）通信模块。该模块主要负责与多供能智能系统的其他部分进行通信，以实现系统的整体协调和管理。在多供能智能系统下，通信模块需要支持多种通信方式，如有线通信、无线通信等，并通过智能算法对不同通信方式进行智能选择和管理，以保证系统的稳定性和安全性。

根据上述模块，对于多供能智能系统的电源供能系统的设计和实现需要额外考虑诸多方面，比如能源的协调管理、负载的智能管理、能源存储管理、安全保护机制、远程监控和控制、智能报警、智能现场运行监测、智能运行数据监测和安全历史数据保存等，下文将对这些方面进行逐一阐述。

1）能源的协调管理。多供能智能系统需要对不同的能源输入进行协调管理，以达到最优的能源利用效率。因此，电源供能系统需要通过智能算法对不同能源的输入和输出进行调节，实现能源的平衡和优化分配。

2）负载的智能管理。多供能智能系统下，电源供能系统需要对不同负载进行智能管理，保证负载的稳定性和安全性。电源输出模块需根据负载需求，智能调节输出电能的电压、电流和频率等参数，满足负载的需求。

3）能源存储管理。电源供能系统需要对能源存储进行智能管理，以保证系统的可靠性和稳定性。电池组模块需要通过智能算法对电池的充电和放电进行管理，以延长电池寿命和提高系统效率。

4）安全保护机制。电源供能系统需要具备完备的安全保护机制，以避免电能输出对负载和设备造成损害。电源输出模块需要实现过载、短路和过压保护等机制，以保障系统的安全性。

5）远程监控和控制。电源供能系统需要具备远程监控和控制功能，以实现对系统的远程管理和调节。通信模块需要支持远程通信方式，如互联网、无线通信等，以实现远程监控和控制。

6）智能报警。报警方式将会更加智能化，采用等级区分报警。报警会直接推送到运维、检修人员的手机端，并能根据报警智能创建工单。智能报警将依赖于大数据分析，通过计算危害等级和可能导致停电的区域来提高报警的精准度。未来的大数据分析平台可能会根据用户的报警设备，为故障和报警提供恢复预案，从而实现专家系统的管理功能。

7）智能现场运行监测。传统系统中的现场运行监测通常使用电气单线图来监测变配电系统的状态。未来，云端管理平台的趋势可能是使用建筑信息模型来直观反映整个配电网络的运行状态。监测的范围也不再局限于关键的开关，而是结合母线、末端配电系统，甚至负载进行统一化的监测管理。这将使监测范围更加全面，同时提高管理平台的效率。

8）智能运行数据监测。传统的现场运行监测只能监测设备的运行信息。但是支持物联网的断路器不仅能监测开关的运行状态，还能将整定参数、负载特性以及设备运维数据上传到云端管理平台。大数据分析可以针对负载特性合理性、整定参数配合合适性和关键提示信息进行分析，并通过报警、专用分析 APP 或工单等方式提醒管理人员。通过这种方式，断路器监测的范围更加全面，监测结果也更加精准，管理人员可以更快速地发现和解决问题，提高设备的运行效率。

9）安全历史数据保存。传统的现场运行数据都保存在容量有限的服务器或存储单元中，保存的历史数据在进行大数据分析时难以分享。然而，在边缘部署的管理平台可以通过边缘计算的多层网络架构，在不同的网络层级中调用数据，而且数据的保存比就地系统更加安全可靠。这种多层边缘管理平台的优势包括更高的数据存储容量和更加灵活的数据调用方式，同时也可以更好地支持数据共享和协作分析，提高数据的利用效率。

9.4.3 能量收集系统

在边缘计算场景下，多供能智能系统下的能量收集系统是一种非常重要的技术，它能够为边缘设备提供可持续的能源供应，满足边缘计算的高能耗需求。下面将详细论述多供能智能系统下的能量收集和边缘计算场景下的特点和应用。

1）高效能量收集。在边缘计算场景下，多供能智能系统下的能量收集系统需要具备高效的能量收集能力。边缘设备的能源消耗是非常高的，因此能够高效地采集可再生能源，如太阳能和风能，以满足设备的能源需求是非常重要的。此外，多供能智能系统下的能量收集系统还需要能够有效地处理非可再生能源的采集，如能源回收等技术，以提高能源利用率。

2）灵活的能源转化和储存。多供能智能系统下的能量收集系统需要能够将采集到的能源进行有效的转化和储存。不同的能源类型需要采用不同的转化和储存技术，如太阳能需要进行光伏转化和电池储存；风能需要进行机械转化和超级电容储存[31]。此外，多供能智能系统下的能量收集系统还需要考虑转化和储存系统的灵活性，并根据实际需求进行调整。

3）实时能量监测和调整。在边缘计算场景下，多供能智能系统下的能量收集系统需要能够实时监测能源的供应和负载的需求，并进行相应的调整。例如，当能源供应不足时，系统需要自动调整能量分配，以确保负载的正常运行。此外，多供能智能系统下的能量收集系统还需要能够实时监测能源转化和储存的效率，以便进行相应的调整和优化。

4）高度智能化的能源管理。多供能智能系统下能量收集系统需具备高度智能化的能源管理能力。系统需要能够根据实际情况，动态调整能源供应和负载需求间的平衡，确保能源供应的稳定性和持久性。此外，多供能智能系统下的能量收集系统还需要能够根据环境和季节的变化，灵活调整能源采集和转化策略，提高能源利用效率和系统可靠性。

除上述应用和系统外，还有一些有趣的工作关注能量收集系统。能量收集技术为未来的物联网应用提供了可行的解决方案，其中能量收集系统备受关注。虽然能量收集系统为物联网应用提供了新的可能性，但由于在这些设备中通信非常昂贵，因此应用程序需“超越边缘”进行推理，避免在无意义的通信上浪费时延。

在上述情况下，运行着一种特殊的 TinyML[32]，被称为间歇推理（Intermittent Inference）[33]。Gobieski 等学者在文献 [34] 中提出了这样的场景：许多带有小摄像头的传感器（其能量来自与其绑定的能量收集装置）部署在具有 OpenChirp[35] 连接的广阔区域，用于监测当地的刺猬种群，并在监测到刺猬（低频事件）时通过无线电发送图片。这种场景下通信能耗是极大的，频繁的通信不可行。因此，进行本地推理，识别出捕捉到刺猬的图像是十分必要的。

在能量收集系统上运行间歇深度神经网络（Deep Neural Network，DNN）推理存在一些挑战。首先需要考虑能量收集系统间歇操作，现有的DNN推理无法容忍间歇操作。其次是资源约束（功耗、性能），DNN需要高性能，而能量收集设备使用的是专为低功耗设计的。先前的一些工作针对间歇操作提出了软件检查点[36]、使用非易失处理器[37]、原子任务[38]等方法，但这些方法十分低效。同时，也有人建立了基于任务的间歇执行模型，但其开销十分昂贵。针对资源约束的问题，有加速器或定制芯片、剪枝、电路、二值神经网络[39]等方法，但这些方法仅仅是为了降低能耗，却不支持间歇操作。针对上述问题，Gobieski等人提出了GENESIS算法。该算法可以自动压缩网络以实现最大化物联网应用性能，同时该方法构建了支持间歇DNN推理的软件系统，解决了间歇推理的问题。

当前，数以百亿计的物联网设备仍然需要电池供电，这些设备只能保持短时间（5～10h）的稳定运行。但在某些情况下，需要这些设备可以自行收集能量或利用外部收集的能量，使它们在较长的时间周期（甚至是无限期）持续工作。半导体供电的能量收集技术一直处于设计和研发阶段，现阶段下该技术只能够实现有限的能量吸收和采集[40]。尽管太阳能、水力发电和地热能在大规模上得到了应用，但在小型设备中，光、热、风、振动和无线电波的使用仍然有限。因此，在物联网领域，能量收集技术具有减少或消除对电池需求的潜力，这对于难以更换电池的设备（如牲畜传感器、智能楼宇和远程监控）以及可穿戴电子设备和物流跟踪等应用特别有吸引力。然而，由于输入源和能量水平小且通常不可靠的原因，能量收集技术尚无法广泛普及[41]。此外，将能量从环境中转换成电力需要高效的设计方法，这些方法也由于成本过高的原因难以普及。如果操作需要源源不断的电力，那么能量存储将会是另一个值得考虑的方案。随着对物联网需求的不断增加，无电池物联网解决方案的使用提供了强劲的驱动力。通过使用系统设计建模和仿真，可以为智能传感器的开发提供最佳功率预算和电路设计。这使得能量收集技术可以进行微调，以满足特定的功率要求，为具有超低功耗的设备提供高效能量收集的组合，实现可持续的运行。因此，能量收集技术正在不断发展，智能化、小型化和超低功耗逐渐成为物联网传感器发展的主流方向。为了正确看待问题，以下是各种来源的可用能量和各种设备的估计能量需求的一些示例。

1）提高能量转换效率。太阳能是主流的清洁能源，但由于太阳光需要使用光伏半导体材料才能被转换成电能，太阳能转换为电能的效率很低[42]。为了实现最高效率，太阳能电池板采用最大功率点技术来转换光伏模块功率。为提高太阳能系统的整体能量输出，就需要针对有效提升效率问题进行技术和研究方向的突破。太阳能系统由两个主要组件组成，即太阳能电池板和电力电子电路，电力电子电路的效率提升是目前研究的主要方向之一。

2）降低系统功耗。虽然能量收集很重要，但它不会影响低功耗设计的价值，尤其是在边缘应用中。低功耗设计已经成为新系统中功率效率和功耗概念的关键，在实现最大化计算能力方面至关重要。在工业领域，越来越多的芯片制造商致力于开发nW范围内工作的超低功耗微控制单元（Micro-Controller Unit，MCU）。一些超低功耗MCU[43]的工作电压为1.8V，在运行模式下仅消耗150μA / GHz，休眠模式仅消耗10nA。若需要保留存储器内容，则休眠模式电流将在2μs唤醒时间内增加到50nA。现在的方案逐渐将问题的焦点转向应用规模或成本约束，这流入了功率和能源预算，系统需要为此进行设计。除了有大量现成的低功耗组件可供使用，构建一个自定义系统级芯片（System on Chip，SoC）也可以进行系统设计，并且可以按照需求进行集成[44]。此外，得益于超低功耗处理器允许与无线电、执行器和非易失性内存使用等能源密集型活动进行智能权衡且可以适应无存储收集系统中的间歇性电源可用性，在边缘应用中对降低系统功耗起着关键作用。

3）能量收集技术。这一技术的不断创新正在推动着行业的发展。越来越多的公司，如ADI、Atmosic、EnOcean、Metis Microsystems、ONiO、Powercast、瑞萨电子、意法半导体和德州仪器，提供各种硅产品，这些产品通过采用人工智能技术，变得更加紧凑、轻巧、智能和功耗更低。在这个领域，能量收集技术正不断成熟和落地，未来会涌现更多成熟的应用产品。

此外，多供能智能系统下的能量收集系统还需要具备一定的自适应性和灵活性，以适应不同的应用场景和环境变化。例如，在太阳能电池板应用中，系统需要能够根据不同的天气条件和太阳照射强度，调整太阳能电池板的角度和朝向，以最大限度地利用太阳能。在机械能收集应用中，系统需要能够根据振动的频率和振幅，选择最合适的机械能收集设备，并实时调整其工作状态，以实现最高的能量转化效率[45]。除了能量收集系统本身的设计之外，能量收集系统的实际应用也需要考虑多种因素。例如在太阳能电池板的应用中，需要考虑终端设备的摆放角度和遮挡情况，以充分利用阳光照射。在机械能收集的应用中，需要考虑振动的频率和振幅，以充分利用机械能转化为电能的效率。总之，能量收集系统是多供能智能系统的重要组成部分，它可以有效地解决终端设备能源供给的问题，实现长期稳定的供电。在边缘计算场景下，能量收集系统的应用前景广阔，将在未来的智能家居、智能城市、智慧工厂等场景中发挥重要作用。

本章小结

本章从能量优化的意义、智能能量优化的基本概念、能量智能感知及多供能智能系统四个方面介绍了能量优化的相关研究。随着全世界范围电子设备的激增，能量消耗的规模也飞速增长。在全世界共同减排及我国碳达峰、碳中和的目标的驱动下，针对电子设备的智能能量优化是实现能源可持续发展的重要一环。针对能量优化首先要清晰电子设备的能耗指标，包括软件及硬件的能耗，随后依据指标中可优化的方面进行高效可持续且具有鲁棒性的任务分配。在针对各个能耗指标的获取方面就需要能量智能感知技术的支持，技术上包括能耗分析、追踪和预测。本章总结了现阶段泛用的多供能智能系统，并将上述提及的理论内容落实到实际层面进行阐述，从而实现将能量优化的各个方面融入生产生活的各个方面，达成为能源管理提供更加系统化和高效的解决方案的目标。

参考文献

[1] 科技部，国家发展改革委，工业和信息化部，等．科技支撑碳达峰碳中和实施方案（2022—2030年）[EB/OL]. (2022-8-18) [2023-11-1]. https://www.gov.cn/zhengce/zhengceku/2022-08/18/5705865/files/94318119b8464e2583a3d4284df9c855.pdf.

[2] 邓建玲，王飞跃，陈耀斌，等．从工业 4.0 到能源 5.0：智能能源系统的概念、内涵及体系框架 [J]. 自动化学报，2015, 41(12): 2003-2016.

[3] Gartner. Gartner: 2021 年全球设备装机量预计将达到 62 亿台 [EB/OL]. (2021-4-14) [2023-11-1]. https://www.gartner.com/cn/newsroom/press-releases/gartner_2021_62_.

[4] iea50. World Energy Outlook 2022[EB/OL]. (2022-10-10) [2023-11-1]. https://www.iea.org/reports/world-energy-outlook-2022.

[5] 李子姝，谢人超，孙礼，等．移动边缘计算综述 [J]. 电信科学，2018, 34(1): 87-101.

[6] KATTEPUR A, DOHARE H, MUSHUNURI V, et al. Resource Constrained Offloading in Fog Computing[C]//1st Workshop on Middleware for Edge Clouds & Cloudlets. Trento, Italy: ACM, 2016: 1-6.

[7] WU C, LI W, WANG L, et al. Hybrid Evolutionary Scheduling for Energy-efficient Fog-enhanced Internet of Things[J]. IEEE Transactions on Cloud Computing (S2168-7161), 2018, 1(1): 1-1.

[8] PISINGER D. Where Are the Hard Knapsack Problems[J].Computers & Operations Research (S1873-765X), 2005, 32(9): 2271-2284.

[9] GORLATOVA M, INALTEKIN H, CHIANG M. Characterizing Task Completion Latencies in Fog Computing[J]. Computer Networks (S1389-1286), 2020, 181:107526.

[10] VERBA N, CHAO K M, Lewandowski J, et al. Modeling Industry 4.0 based Fog Computing Environments for Application Analysis and Deployment[J]. Future Generation Computer Systems (S0167-739X), 2019, 91(1): 48-60.

[11] SKARLAT O, NARDELLI M, SCHULTE S, et al. Towards QoS-aware Fog Service Placement[C]//1st International Conference on Fog and Edge Computing. Madrid, Spain: IEEE, 2017: 89-96.

[12] BROGI A, FORTI S. QoS-Aware Deployment of IoT Applications Through the Fog[J]. IEEE Internet of Things Journal (S2327-4662), 2017, 4(5): 1185-1192.

[13] DENG R, LU R, LAI C, et al. Optimal Workload Allocation in Fog-cloud Computing Towards Balanced Delay and Power Consumption[J]. IEEE Internet of Things Journal (S2327-4662), 2016, 1(1): 1-1.

[14] ZENG D, GU L, GUO S, et al. Joint Optimization of Task Scheduling and Image Placement in Fog Computing Supported Software-Defined Embedded System[J]. IEEE Transactions on Computers (S0018-9340), 2016, 65(12): 3702-3712.

[15] MENNES R, SPINNEWYN B, LATRE S, et al. GRECO: A Distributed Genetic Algorithm for Reliable Application Placement in Hybrid Clouds[C]//5thInternational Conference on Cloud Networking. Pisa, Italy: IEEE, 2016: 14-20.

[16] YE D, WU M, TANG S, et al. Scalable Fog Computing with Service Offloading in Bus Networks[C]//3rd International Conference on Cyber Security and Cloud Computing. Beijing,

China: IEEE, 2016: 247-251.

[17] RAHBARI D, NICKRAY M. Scheduling of Fog Networks with Optimized Knapsack by Symbiotic Organisms Search[C]// 21stConference of Open Innovations Association. Helsinki: IEEE, 2017: 278-283

[18] TANG Z, ZHOU X, ZHANG F, et al. Migration Modeling and Learning Algorithms for Containers in Fog Computing[J]. IEEE Transactions on Services Computing (S1939-1374), 2019, 12(5): 712-725.

[19] MENEZES JR J M P, BARRETO G A. Long-term time series prediction with the NARX network: An empirical evaluation[J]. Neurocomputing, 2008, 71(16/18): 3335-3343.

[20] HOCHREITER S, SCHMIDHUBER J. Long Short-Term Memory[J]. Neural Computation, 1997, 9(8): 1735-1780.

[21] ZHOU Z, SHOJAFAR M, ABAWAJY J, et al. ECMS: An edge intelligent energy efficient model in mobile edge computing[J]. IEEE Transactions on Green Communications and Networking, 2021, 6(1): 238-247.

[22] 林守林，邵宗有，刘新春，等 . 一种基于 CPU 利用率的功率控制策略的研究与实现 [J]. 计算机工程与科学 , 2009, 31(S1): 282-285.

[23] 李光顺 . VLSI 的高层次综合方法研究 [D]. 哈尔滨：哈尔滨工程大学，2010.

[24] 朱亮 . 基于 NUMA 架构的多线程程序性能和能耗研究 [D]. 武汉：华中科技大学，2019.

[25] 解鹏 . 中压变频器在自来水厂中的使用与节能分析 [D]. 北京：北京建筑大学，2019.

[26] 南栖仙策 . 新一代智能决策 [EB/OL]. (2023-11-1)[2023-11-1]. http://polixir.ai/.

[27] 王成山，王守相 . 分布式发电供能系统若干问题研究 [J]. 电力系统自动化 , 2008, 32(20): 1-4; 31.

[28] 胡海涛，郑政，何正友，等 . 交通能源互联网体系架构及关键技术 [J]. 中国电机工程学报 , 2018, 38(1): 12-24; 339.

[29] 曾鸣，杨雍琦，刘敦楠，等 . 能源互联网“源 – 网 – 荷 – 储”协调优化运营模式及关键技术 [J]. 电网技术，2016, 40(1): 114-124.

[30] 张钟平，倪泓 . 多能源智能能源网供能系统介绍 [J]. 绿色科技 , 2016(8): 123-125; 128.

[31] 张荣甫，高树发，邵振付 . 风能太阳能综合电源系统设计 [J]. 电源技术 , 2003, 27(1): 36-38; 41.

[32] OTA N, KRAMER W T C. Tinyml: Meta-data for wireless networks[C] // University of California at Berkeley, Technical Report. [S. l. : s. n.], 2003.

[33] COUSOT P, COUSOT R, LOGOZZO F. Precondition Inference from Intermittent Assertions and Application to Contracts on Collections[J]. Springer-Verlag, 2011, 6538: 150-168.

[34] GOBIESKI G, LUCIA B, BECKMANN N. Intelligence Beyond the Edge: Inference on Intermittent Embedded Systems[C]// the Twenty-Fourth International Conference. New York: ACM, 2019: 199-213.

[35] DONGARE A, HESLING C, BHATIA K, et al. OpenChirp: A Low-Power Wide-Area Networking architecture[C]// IEEE International Conference on Pervasive Computing & Communications Workshops. New York: IEEE, 2017: 569-574.

[36] HESTER J, SITANAYAH L, SORBER J. Tragedy of the coulombs: Federating energy storage for tiny, intermittently-powered sensors[C]//Proceedings of the 13th ACM Conference on Embedded Networked Sensor Systems. New York: ACM, 2015: 5-16.

[37] SIMONYAN K, ZISSERMAN A. Very deep convolutional networks for large-scale image recognition[C]// arXiv preprint arXiv:1409.1556. [S. l.: s. n.], 2014.

[38] HESTER J, PETERS T, YUN T, et al. Amulet: An energy-efficient, multi-application wearable platform[C]//Proceedings of the 14th ACM Conference on Embedded Network Sensor Systems CD-ROM. New York: ACM, 2016: 216-229.

[39] MATTHIEU C, ITAY H, DANIEL S, et al. Binarized neural networks: Training deep neural networks with weights and activations constrained to+ 1 or−1[EB/OL]. [2024-05-08]. https://arxiv.org/abs/1602.02830 v2.

[40] LEE P . 采用宽带隙半导体为下一代系统供电 [J]. 世界电子元器件，2021(3): 14-16.

[41] KUMAR C N. Energy collection via Piezoelectricity[C]//Journal of Physics: Conference Series. [S. l.]: IOP Publishing, 2015: 12-31.

[42] 刘瑞源 . 浅谈光伏发电系统的维护和管理 [J]. 中国科技期刊数据库（工业 A），2023(1): 4-14.

[43] 万上宏，叶媲舟，黎冰，等 . 一种面向键控类应用的低功耗 MCV-SoC 系统：CN201610120557.8 [P]. 2016-03-03.

[44] 明洋，曲英杰 . 基于 RISC-V 和密码协处理器的 SOC 设计 [J]. 电子设计工程，2022, 30(24): 70-74.

[45] 王雪文，王洋，阎军锋，等 . 太阳能电池板自动跟踪控制系统的设计 [J]. 西北大学学报（自然科学版），2004, 34(2): 163-164.

CHAPTER 10

第10章

智能边缘协同

在边缘计算中，边缘节点的性能和带宽通常是受限的，并且其需要为用户提供更及时、更安全的服务。因此，边缘节点通常需要与云数据中心进行纵向协同、与其他边缘节点进行横向协同，以应对用户的需求。然而，边缘节点的网络拓扑极为复杂且算力分布性极强，如何通过高效的协同策略、资源管理等实现智能边缘协同一直是工业界和学术界的研究重点。本章对智能边缘协同进行概述，并就边缘协同中的一些问题、技术、发展等展开阐述。

10.1 边缘协同概述

近年来，随着5G和IoT的快速发展，连接到互联网的用户数量和设备数量都在迅猛增长，同时产生了海量数据。据IBM统计，2020年平均每人每秒产生1.7MB数据[1]。在这样的发展趋势下，传统的云计算已无法有效处理来自网络边缘的海量数据。同时，VR、AR、AI等新兴网络服务的发展带来了更高的对实时性、带宽和计算资源的需求。云计算开始从“无所不能”到不得不直面爆炸式流量增长、隐私、时延、新兴业务场景等带来的严苛挑战。与此同时，随着新一代通信技术、存储技术和计算技术的发展以及大量网络基础设施的建设，用户从网络边缘直接获取服务成了可能。但网络边缘复杂的拓扑结构以及边缘设备受限的资源条件导致单个边缘设备很难保证其服务质量。

解决上述问题的一种有效途径便是边缘协同，边缘协同是指在边缘计算环境中，边缘节点和云数据中心之间、多个边缘节点之间协同合作，共同完成一项任务或提供一项服务的过程。从宏观上讲，边缘协同包含以下两个维度的协同。

[1] 25+ Impressive Big Data Statistics for 2023:https://techjury.net/blog/big-data-statistics/#gref。

1）边缘节点与云数据中心的纵向协同。边缘计算作为一种新的计算范式，允许在网络边缘部署、利用计算能力以处理数据 [1]，缓解传统云计算模型所带来的处理实时性、网络拥塞、数据隐私和安全性等问题。但由于边缘网络的资源异构性，带宽、计算能力、电量等资源受限性，边缘计算并非可以完全替代传统云计算。相比云计算，边缘计算更加适用于局部性、实时、短周期数据的处理与分析，能更好地支撑本地业务的实时智能化决策与执行 [2,3]。而针对全局性、非实时、长周期的大数据处理与分析，传统云计算模型仍然具有网络连通性强、计算成本低、资源不受限等优势。因此，边缘节点与云数据中心之间在诸多场景下需要通过协同来为用户提供更优质的服务 [2-3]。

2）边缘节点之间的横向协同。多个边缘节点之间也可以通过协同合作，共同完成任务，这种协同合作可以通过多种方式来实现，如资源共享、任务卸载等。具体来说，边缘节点可以通过共享存储、计算和带宽等资源，以提高整个边缘网络的性能和效率。同时，边缘节点可以向其他节点共享有关任务、自身资源和网络状况的信息，接着通过任务卸载技术为每个任务选择最优的执行方式，实现边缘节点之间的相互协同合作，以保证任务的高效完成。

10.1.1　边缘协同的意义

新兴的网络服务对计算、存储等资源具有更加迫切的需求，智能边缘协同可以高效整合边缘异构、泛在部署的资源，实现资源按需分配，是构建算网融合一体化的重要基石。直观来看，现阶段边缘协同的意义主要体现在以下几个方面。

1）实时 QoS 和延迟敏感性。尽管边缘设备的性能迅速发展，但大多数边缘设备仍缺乏足够的计算资源容量，不能在严格 QoS 约束下提供实时服务。云计算可以提供计算和存储基础设施池，并被认为具有无限的存储和计算资源。然而，许多设备计算任务对延迟异常是敏感的，例如，可穿戴 IoT 设备。由于这些设备的移动性、交互环境和实时性要求，大多数具有较高的 QoS 需求，通过互联网访问远端数据中心云产生的延迟使得传统云服务无法处理这些延迟敏感型应用。同时，随着 IoT 领域的兴起，互联网服务的 QoS 要求日渐严格。更多丰富类型的实时交互服务需要占用更多边缘网络的外部计算资源。例如，实时处理贴身医疗设备产生的医疗数据以保证生命安全；实时处理自动驾驶汽车内置的摄像头拍摄到的路况数据，以指导汽车的驾驶动作。由于互联网带宽和广域网延迟的限制，远程云服务器会影响用户的使用体验。通过将服务器部署在需要实时交互的设备附近，使用局域网中较高的带宽资源和减少跳数可以降低传输延迟。

2）提高设备续航。移动设备的电池续航能力是其最重要的参数之一。尽管智能手机的处理能力正在稳步提高，但电池技术的停滞使得移动设备的续航能力并没有以相应的速度发展。而边缘任务卸载的主要目标之一就是降低时延和能耗。任务卸载可以通过两种不同的方法来实现，其一是卸载至远端云；其二是卸载至边缘云。与云服务器相比，将任务从本地卸载到边缘服务器既可以降低任务时延和设备能耗，又在时延更低的前提下比传统云计算范式能耗更低。显然，不使用任务卸载，在设备上执行任务这种方式会产生更高的时延并消耗最多的电池能量。因此针对可穿戴 IoT 设备的场景考虑设备节能问题也是非常重要的。

3）控制核心网流量。核心网带宽有限，容易出现拥塞。因此，运营商面临着管理各种规模和特征的累积数据流量的挑战。在传统的方法中，边缘设备产生的流量通过核心网访问云服务器。如果将该流量保持在边缘网络，可以极大降低核心网络的负担，优化带宽利用率。因此，核心网络的流量规模可以保持在可维护、可管理的级别。除了网络运营商，云服务提供商也面临着同样的挑战。例如，若在网络边缘处理摄像机等物联网传感器产生的数据，云数据中心对计算资源的需求就会降低。因此，通过边缘协同，边缘计算解决了核心网络和数据中心内部的拥塞问题，可以更轻松地控制核心网络的流量。

4）可伸缩性。在未来几年内，终端用户设备的数量预计将达到数亿，而这种发展带来了显著的可伸缩性问题。为了支持设备、负载瞬时变化的动态需求，云计算可以进行动态伸缩。然而，向云服务器发送大量在边缘网络产生的用户数据会造成核心网络和数据中心内部的拥塞。移动设备产生的动态变化的参数和海量数据流量，使得传输至远端云数据中心进行数据处理更加困难。在这种情况下，云计算集中式结构无法为数据和应用程序提供可伸缩的环境。与云计算不同，边缘服务器可以通过虚拟机复制该服务器上分发的服务或网络功能，有效提高可伸缩性。若一个边缘服务器发生拥塞，无法满足传入的请求，相应的服务可以在附近的另一个边缘服务器上复制，并让进一步的请求在另一个服务器上进行处理。另外，在网络边缘对数据进行预处理，并将较小规模的流量转发到云服务器，可以有效减轻远端云数据中心的可伸缩性压力。

10.1.2　边缘协同的具体内涵

边缘协同不是单一的计算模式，也不是单一的层次，其涉及边缘设备、边缘计算能力和远程云端计算能力的有机结合。边缘协同的方式可分为以下六种。

1）资源协同。边缘节点提供计算、存储、网络、虚拟化等基础设施资源、具有本地资源调度管理能力，同时可与云端协同，接受并执行云端资源调度管理策略，包括边缘节点的设备管理、资源管理以及网络管理。

2）数据协同。边缘节点主要负责现场 / 终端数据的采集，按照规则或数据模型对数据进行初步处理与分析，将处理结果以及相关数据上传给云端；云端提供海量数据的存储、分析与价值挖掘。边缘与云的数据协同，支持数据在边缘与云之间形成可控有序的数据流转路径，高效低成本地对数据进行生命周期管理与价值挖掘。

3）智能协同。边缘节点按照 AI 模型执行推理，实现分布式智能；云端开展 AI 的集中式模型训练，并将模型下发至边缘节点。

4）应用管理协同。边缘节点提供应用部署与运行环境，对本节点多个应用的生命周期进行管理调度；云端主要提供应用开发、测试环境，以及应用的生命周期管理能力。

5）业务管理协同。边缘节点提供模块化、微服务化的应用、数字孪生、网络等应用实例；云端主要提供按照客户需求实现应用、数字孪生、网络等的业务编排能力。

6）服务协同。边缘节点按照策略实现与云 SaaS 的协同，实现按需 SaaS 服务。云端负责提供 SaaS 服务，制定边缘节点中 SaaS 的服务分布策略，并为边缘节点 SaaS 服务提供额外的支持。

10.2 多形态边缘协同

具体来说，边缘协同的方式主要有边－云协同、边－边协同、用户间协同三种，本书将对这三种概念分别进行介绍。

10.2.1 边－云协同

云数据中心拥有海量的计算和存储资源以及大量的数据，但其难以满足一些应用的高服务质量和实时处理需求；边缘节点由于靠近用户边缘，可以为用户提供低延迟、高服务质量和基于位置感知的服务，但功耗较低且计算、存储资源受限。边－云协同即边缘节点和云数据中心协同合作，两者扬长避短，共同为用户提供更为优质的服务。边－云协同包含了边缘和云端在多个维度上的协同，如资源协同、数据协同、业务协同、管理协同、安全协同等。边－云协同可以充分使边缘计算和云计算优势互补，在工业互联网、智慧交通、智能家居、云游戏、智慧医疗等场景中都具有广阔的应用前景。

在典型的边－云协同过程中，用户的计算任务会从本地设备中卸载到边缘服务器或云计算中心进行处理。边－云协同示例如图 10-1 所示。对于要求实时返回结果或仅需要进行一些轻量化处理的任务，边缘节点会直接进行处理并将处理结果返回给用户，而对于计算量比较大、需要进行大数据分析等类型的任务，边缘节点会将任务卸载到云数据中心进行处理，云数据中心处理完成后会将结果下发至相应的边缘节点，再由边缘节点将结果返回给用户。

而根据不同的业务需求，边－云协同过程中，边缘节点和云数据中心需要参与的工作也会有所不同。以当前较为流行的机器学习应用为例，在边－云协同计算中，该类应用在云端和边缘有三种不同的协同计算方式。

1）训练预测边－云协同。云端根据边缘上传的数据来训练、升级智能模型，边缘端负责搜集数据并且使用最新的模型预测实时数据。该协同方式比较成熟，已经应用于无人驾驶、视频检测等多个领域。谷歌公司推出的 TensorFlow Lite 框架即为该种类型的协同服务。它的运行方式是先在云端使用 TensorFlow 训练模型，然后下载到边缘端用 TensorFlow Lite 加载模型，使用优化技术完成并加速预测任务。

2）云为核心的边－云协同。云端除了负责模型的训练工作之外，还会负责一部分预测工作。具体而言，将需要推理的神经网络模型分割，云端承担模型前端的计算任务，然后将中间结果传输给边缘端，边缘端继续执行预测工作，得出最终结果。该协同方式的重点是找到合适的切割点，在计算量和通信量间进行权衡。

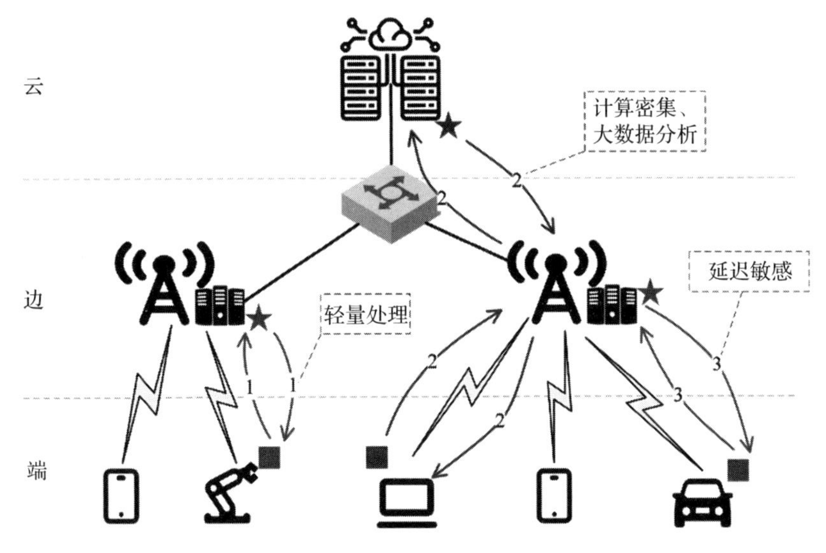

图 10-1　边 - 云协同示例

3）边缘为核心的边 - 云协同。云端只负责初始的训练工作，模型训练完成之后下载到边缘端，边缘端除了实时预测之外，还会承担训练的任务，训练的数据来自边缘自身的数据。这样得到的最终模型能够更好地利用数据的局部性，满足个性化的需求。

同时，上述机器学习应用的边 - 云协同实现得益于迁移学习、神经网络拆分、神经网络压缩等关键技术。其中，迁移学习技术在传统边 - 云协同计算中的应用比较广泛。迁移学习的初衷是节省人工标注样本的时间，让模型可以通过已有的标记数据向未标记数据迁移，从而训练出适用于目标领域的模型。在边缘智能场景下往往需要将模型落地，使得模型在不同的场景下适配。以人脸识别应用为例，不同公司的人脸识别门禁一般使用相同的模型，然而训练模型原始的数据集与不同公司的目标数据集之间存在较大的差异。因此，可利用迁移学习技术，保留模型的原始信息，然后加上新的训练集进行学习更新，从而得到适用于某一个边缘场景的模型。

10.2.2　边 - 边协同

在边缘计算中，由于设备的分散性、异构性以及受限的资源和能耗，边缘节点之间通常需要横向合作来完成任务，而边 - 边协同就是这种协同的一种形式，边 - 边协同可以在不依赖云数据中心的情况下，通过边缘节点之间共享资源、数据和任务，来实现更高效、更可靠的边缘计算应用。

此外，随着机器学习任务的迅速发展，如计算机视觉、自然语言处理等推理任务越来越往大型化和分布式模型成为发展的方向，以满足不断提高的精度需求。训练、运行这些大型的高性能模型对于以云计算为核心的网络中心而言是可行的，但对于计算和通信资源受限的网络边缘而言则存在许多困难，从而导致这些机器学习模型设计的最新成果难以同步应用至边缘网络，制约了边缘网络智能服务的发展。由于边缘网络中部署了 Cloudlet 微型计算节点和具有一定计算能力的边缘设备，边缘分布式计算成为解决目前这一困境的强有力解决方案。通过允许将单个机器学习任务的大型模型进行分割并分发至多个计算节点进行训练，边缘网络可以训练、运行原本单个计算节点无法承载的大型机器学习推理模型，在边缘网络同步利用机器学习模型设计的最新成果成为可能。另外，针对 MEC 计算范式对数据就地计算带来的数据隐私性保护的考虑，分布式边缘计算还包含一种由各个计算节点分别利用其私有数据训练模型并统一参与模型参数聚合的计算形态，这被称为联邦学习 [8,9]。使用这一技术，私有数据在训练过程中可以避免传输至其他计算节点，同时享受由私有化数据训练的统一模型的性能并获得收益。

10.2.3 用户间协同

随着互联网 5G 基础设施的广泛建设和云计算技术与基础设施的发展，实时提供 VR、AR 等新兴网络服务成了可能。然而在远离网络中心，靠近用户侧的网络边缘，与远程云数据中心不稳定的、高延迟的网络连接和受限的计算资源使得新兴网络服务供应难以兼顾满足计算资源的需求和 QoS 的保障。边缘计算作为缓解计算需求和计算能力不匹配现状的新兴计算范式，允许将计算能力下放至更靠近用户的网络边缘，通过对数据的就近处理和服务的就近供应以满足新兴网络服务严苛的实时性需求。尽管在边缘网络中分布着大量的计算节点，但由于边缘网络基础设施的覆盖范围有限，设备与基础设施间的网络连接性、通信距离不一致，数据传输所造成的能耗，导致将移动设备的计算任务卸载至边缘计算节点并不总是可行的、有价值的。

由于大多数移动用户使用的 CPU 能力不到三分之一 [4]，就近利用其他用户设备的空闲算力以完成计算任务，可进一步降低数据传输的范围、降低任务完成的延迟。与受限于蜂窝数据速率和高传输能耗的边缘卸载相比，用户间协同采用 WIFI、蓝牙和 Zigbee 通信，这些通信通常具有大网络容量和更好的能源效率 [5]。具体来说，用户间协同主要适用于以下潜在场景：①移动任务卸载，利用就近移动用户的空闲算力以完成计算任务；②移动数据流处理，利用靠近传感器的移动用户对传感器实时生成的数据进行处理，减少原始数据的直接传播范围；③用户间协同辅助的云卸载 [6]，利用设备的空闲计算能力，以更高效的传输能力，将复杂任务进行初步处理并卸载至边缘节点或远程数据中心。随着用户间协同这一计算范式的引入，解决该问题也将面临更多的挑战，具体有以下几点。

1）用户设备计算资源的异构性。不同设备所包含的计算资源是不同的，不同设备也可能单独或同时面临计算资源受限、电量受限、支持的通信协议受限、通信质量不佳等一种或多种不同的计算限制，因此是否能够成功地卸载数据并执行计算任务对调度算法提出了严苛的要求。

2）用户间合作。作为设备的持有者，用户往往对计算资源的保有是自私的，如何激励用户积极贡献空闲计算资源，主动参与用户间协同，是协同的关键挑战之一[7]。另外，由于用户设备的空闲资源受到设备运行的其他计算任务、设备移动性和网络连接性、电量、用户的实时交互等多种不确定因素制约，用户间协同存在任务卸载失败的可能性。如何在考虑卸载失败的场景下优化用户间协同是另一个关键挑战。

3）QoS 保证。由于用户间协同的设备由其他用户控制，卸载过程存在若干不确定性因素，任务卸载是否成功以及任务的最终完成时间存在一定的不确定性。针对某些 QoS 敏感型任务，如何保证其不违反 QoS 约束是一个关键挑战。

4）隐私性。边缘计算的提出通过将用户数据保留在靠近用户的边缘网络内部就近处理，降低了云计算范式对于用户数据隐私性的担忧。然而在用户间协同时，用户数据需要卸载至其他用户的移动设备进行处理，如何保证数据不会被恶意读取，保证敏感数据在处理过程中的隐私性，是用户间协同必须面临的另一个关键挑战。

10.3 边缘协同的关键问题与技术

边缘协同是一个庞大而复杂的问题，实现高效的边缘协同不仅需要考虑设备之间的任务分配、资源共享、数据传输、安全性保障等问题，同时还需要考虑节点部署、网络拓扑、通信协议等因素的影响，以确保整个边缘计算网络的高效运行和可靠性，保证用户的服务质量。另一方面，实现边缘协同也需要依赖多种技术进行支撑。本节将分别从边缘协同的关键问题与实现边缘协同的关键技术两方面展开，逐一进行讨论。

10.3.1 边缘协同的关键问题

具体来说，实现边缘协同需要解决以下关键问题。

1）网络拓扑和路由问题。边缘设备的拓扑结构复杂，设备数量多，如何选择合适的路由方案，保证数据在各个设备之间的高效传输和处理，是一个关键问题。

2）设备异构性问题。边缘设备来自不同的制造商，硬件和软件差异很大，如何解决设备之间的兼容性问题，以及如何适配不同设备的性能和资源，是一个重要的问题。

3）数据管理和安全问题。边缘设备产生的数据规模庞大，如何进行数据的存储、管理和共享，以及如何保障数据的安全性和隐私性，是边缘协同中必须解决的问题。

4）服务同步和服务编排问题。典型的客户端和服务器架构下，移动设备和云服务在两层架构下交互。然而，边缘计算资源也需要与云服务器交互。这将需要具有自己的协调和编制需求集的三层架构。中间网络层应该协调边缘服务器和中心云之间的交互及微云之间的通信。此外，即使是微云内部的操作也应该使用中间网络层进行适当的处理，以便在整个边缘层提供平滑的合作。

5）无缝服务交付问题。边缘计算基础设施的连接可能会因设备的移动性而间歇性断开连接。在这方面，为了实现无缝的服务交付，需要在同一本地云上考虑多租户和多个服务提供商的无缝交付机制。

6）面向服务的架构设计问题。随着焦点从服务的位置转移到服务本身，传统的基于IP的操作在处理客户端和服务器之间的交互变得更加困难。在边缘计算节点中，这个问题更加突出，因为服务本身可能驻留在许多本地服务器上，也可能部分驻留在本地服务器和云上，所以必须有一个以服务为中心的设计来处理所有涉及的复杂性。

7）任务分配和调度问题。边缘协同涉及多个设备共同完成任务，如何合理地分配任务、调度设备资源、协调设备之间的协同是边缘协同中的关键问题。

8）能源管理问题。边缘设备通常由电池供电，能源管理是一个关键问题，如何最大化设备的能源利用率，延长设备的使用寿命，是一个需要解决的问题。

9）用户体验问题。边缘协同需要提供良好的用户体验，如何实现快速响应、减少延迟、提高服务质量是边缘协同中必须关注的问题。

10.3.2　边缘协同的关键技术

边缘协同的实现需要借助一些关键技术，主要包括以下内容。

1. 软件定义网络（Software Defined Network，SDN）

1）细粒度的流量控制。集中式视图使SDN能够执行用户定义的策略，并通过编程访问来描述动态行为。专门的北向应用程序可以生成命令来描述网络的动态行为。除了反应性行为外，主动控制还可以基于控制层收集的网络统计信息，使网络可以在接近最佳的条件下运行。通过集中访问、实时统计和编程访问，可以实现基于跨层信息的实时优化。

2）提供充足的灵活性。当硬件同时承担控制层和转发层的责任时，网络的传统基础设施限制了创新。通过分离控制层和转发层，SDN提供灵活的可编程接口，实现创新。随着设备数量的增加，云与边缘服务器的集成要求很高的灵活性，因此SDN可以将网络视为一种灵活的软件。在集中式控制器和用户实现的北向应用程序的帮助下，大规模环境可在业务流程的每个级别进行管理。在传统的网络中，新协议的出现导致硬件重新设计或更新，导致了高成本和对供应商产生依赖。

3）以服务为中心。考虑到广泛的服务和它们在各种边缘计算节点上的分布，通过识别“什么服务”而不是指定“在哪里”可以提升请求的响应效率。然而，由于受以主机为中心的传统网络设计的限制，以服务为中心需要在边缘设备和服务器上付出额外的努力来实现这一点。SDN允许设计以服务为中心的解决方案，而不是以主机为中心的解决方案。同时，边缘的动态环境、服务的地理分布和高度移动的终端用户是服务中心方案可以解决的问题。

4）具有自适应性。随着物联网的迅速发展，可穿戴设备、智能手机和设备的数量正在以惊人的速度增长，新接入的设备需要尽快适应网络。除了终端用户设备外，还需要部署额外的计算和网络资源，以应对增加的流量。SDN 提供的一个关键好处是，可以集成新部署的服务或设备，无须手动配置实现即插即用操作。使用默认配置，OpenFlow 支持的交换机不拥有任何协议来检测拓扑。在 SDN 结构中，控制器的任务是识别和实现拓扑发现的某些功能，例如，开放流发现协议（OpenFlow Discovery Protocol，OFDP）利用了链路层发现协议，并对其稍加修改，以使基于 SDN 的环境具有类似的功能。因此，任何连接到网络的新设备都可以被 SDN 控制器检测到，路由应用程序可以立即修改规则。

5）具有互操作性。为了支持不同厂商设备之间的互操作性，并减轻边缘计算的异构性所带来的复杂性，需要一个厂商独立的环境。由于开放网络基金会（ONF）在标准化方面的大量工作，SDN 带来了一个消除对供应商依赖的网络环境 [164]。由于 SDN 能够管理异构环境，不同类型传感器的无线传感器网络和人体区域网络可以在单一环境中运行。为了覆盖多种传输技术的网络，转发设备之间的互操作性是必需的。

6）部署维护的成本较低。随着移动设备数量的增加，需要在边缘安装大量的网络节点。传统的网络设计采用基于硬件的解决方案来管理网络和执行网络功能，这些方案昂贵且难以维护。网络功能虚拟化（NFV）和 SDN 技术的协同不仅提高了网络功能编排的效率，而且消除了转发设备更新和新协议集成的需求。在传统的网络基础设施中，控制平面也是基于硬件的，这些操作给服务提供商带来了高昂的成本。由于 SDN 仅需要较少的硬件操作，与传统的基于硬件的网络设施相比无疑降低了成本。任何功能或服务都可以作为一个软件实现灵活、动态地规划网络，通过软件补丁和升级来更新，避免安装新的硬件，从而降低资产支出和运维支出。利用 NFV 技术使网络功能从基于硬件转移到基于软件，从而降低了成本。

2. 微服务

微服务是面向服务架构的一种变体，基于轻量级协议与细粒度服务进行应用程序构造与软件开发设计，可凭借其扩展性优势进行开放平台的部署，实现降低成本、缩短开发周期的应用效果 [10]。微服务将传统的单体应用程序解耦为一系列小型服务，使得每个微服务专注于单个具体小任务。微服务将系统组件化为可独立更换、可升级和可部署的服务，微服务之间通过服务接口进行交互，从而限制了微服务间的耦合 [11]。

通过应用微服务架构，复杂的单体应用得以被拆分，从而降低了代码的复杂程度，使得业务代码更易开发和修改，并得以部署于轻量级边缘计算资源。每个微服务独立地部署并运行在单个进程内，实现边缘侧快速交付和敏捷开发。

3. 虚拟化技术

1）容器技术。这种技术是一种轻量级的虚拟化解决方案。相较于虚拟机，容器中的抽象发生在操作系统级别，利用操作系统提供的特性创建多个隔离的用户空间实例，以允许多个容器在单个操作系统内运行，从而实现快速部署，并在 CPU、内存、磁盘和网络方面具有接近本机的性能 [12]。容器通常执行一个应用程序或服务，由于其轻量级的性质，具有易于实例化和快速迁移的优点，但与虚拟机相比，容器的隔离性由操作系统保证，安全性更低。在边缘计算中，容器技术提供的轻量级特性非常适用于边缘网络的特性，相较于虚拟机提供了更小的服务镜像、更低的额外资源占用和毫秒级的实例化速度[12]。使用容器技术，业务应用实现更细粒度的分解，以松散耦合的方式开发应用程序员微服务[13]，降低了单个微服务的复杂性并提升了开发敏捷性。另外，边缘侧应用通过标准打包流程封装整个程序的运行时，形成可重用、便于分发和多处部署的应用 / 组件镜像。容器技术还可以同时将应用配置一同打包，解决配置和异构设备中环境部署一致的问题，实现一次打包处处运行，以及对边缘计算异构硬件的支持，降低了边缘应用开发运维的复杂性。

2）无服务器计算（serverless computing）。相较于容器技术，无服务器计算是一种更细粒度的部署模型，将包含多个函数（function）的服务部署到云平台上，根据实际资源需求进行自动伸缩[14]。使用无服务器计算，开发人员不再关注计算能力的供应、维护、伸缩，而专注于应用的业务逻辑。换言之，开发人员只需通过使用无服务器计算平台提供的触发器来编写无状态的无服务器函数，以实现细粒度的业务逻辑单元，无服务器平台将赋予这些服务自动伸缩等能力，同时自动对服务器进行管理和维护。在边缘计算中，受限且位置敏感的异构计算、通信资源，复杂丰富的应用场景，使得开发者需要统筹全局的数据收集、任务特定的调度算法，复杂的数据或服务供应，以构建兼具计算和通信优化的资源池，从而带来额外的开发代价和潜在资源浪费。通过使用边缘优化的无服务器计算平台，由平台统一自动提供资源调度能力，既提高了调度水平减少资源浪费，同时大大降低应用开发者的开发工作量，而使用函数作为开发单元更利于计算平台提供细粒度的敏捷开发、快速部署、持续交付、性能监控等特性。

总之，边缘协同的实现需要借助多种关键技术的综合应用，以实现任务分配、资源共享、数据传输和安全性保障等方面的高效协同。这些关键技术的不断发展和创新，将为智能边缘协同的发展带来更多的机遇和可能。

10.4 边缘协同的智能化发展

边缘协同的智能化发展是指将人工智能等智能化技术应用到边缘协同中，实现更加高效、智能、自适应的协同方式。边缘计算的普及和应用为边缘协同的智能化发展提供了广阔的空间和机遇。边缘计算的发展为分担计算压力、降低服务延迟提供了切实好处，但也带来了操作和设计的复杂性。而利用人工智能技术，对边缘计算网络中的节点和任务进行自动化、智能化的调度和优化，可以实现资源的最优分配和高效利用。

具体来说，边缘计算是高度分布式的，分布在办公室、工厂、校园等场所，有些甚至分布在遥远的、难以访问的地方。此外，任何一家企业都可能拥有数千台设备和数百个网关，所有这些边缘节点都安装有固件、操作系统、各种形式的虚拟机和软件，其中一些需要由制造商提供，另一些则需要由第三方解决方案提供商提供。然而，边缘计算节点的架构、计算通常具有异构性，难以保证统一的计算环境，它们可能是具有强大计算能力的边缘服务器，也可能是平板计算机和智能手机等移动终端，从嵌入式计算设备到微型数据中心。另外，边缘节点地理位置分布广且具有移动性。移动设备在特定物理区域（如咖啡店）的停留时间是不确定的，但也有一些规则需要遵循。与云计算不同，边缘节点是高度动态的，边缘计算系统中的边缘节点可能由不同的实体拥有，给边缘系统中计算资源的配置带来了额外的不确定性。高度的异构性、移动性和动态性使得边缘计算节点不同于计算资源集中管理和控制的传统云计算环境。因此，边缘节点的实际计算能力和成本可能会随时间变化。鉴于边缘计算的不确定性和动态特性，设计一个系统以找到将工作负载分配给附近边缘节点来满足用户优化目标的最佳策略是非常具有挑战性的。在这种计算环境异构、计算资源受限且分布式的计算环境下，许多最新流行的智能模型往往不能直接部署于边缘云，单个边缘计算节点并不能提供支持模型推理的计算资源，也无法提供令人满意的推理延迟。为适应边缘分布式计算环境，分布式智能推理的发展是至关重要的。通过将单个智能模型进行横向或纵向划分，将单个推理任务划分为多个推理子任务，分别运行于多个边缘计算节点，以满足智能服务对计算资源和推理延迟的要求。

另外，边缘协同中的安全性保障一直是一个重要的问题，而通过采用一些智能方案，可以显著提高边缘协同过程的安全性和威胁预警能力。例如，在协同过程中，利用智能化技术对用户身份进行验证和授权，实现对设备、应用和数据的访问控制；同时，通过机器学习技术对安全数据进行自动化处理和分析，可以显著提高安全事件的响应速度和准确性，从而快速发现、评估和处理高危威胁；此外，一些机器学习方案可以对边缘协同过程中的网络流量、应用程序和参与节点的行为进行实时监测和分析，及时发现和预测安全威胁，防止恶意节点对边缘协同的破坏。

随着人工智能技术的不断发展和应用，边缘协同的智能化发展必将成为未来的一个重要方向，为边缘计算场景提供更加高效、安全和智能的解决方案。

10.5　智能边缘协同的机遇与挑战

目前，智能边缘协同在基础设施部署和相关领域研究方面仍处于初级阶段，存在许多待解决的机遇与挑战，具体来说包含以下几点。

1. 如何解决边缘计算失效或过载导致的应用不连续的问题

当边缘计算失效或由于拥堵等原因造成的边缘计算过载问题时，将增大处理时延，导致应用降级甚至无法正常对外提供服务。现有的潜在解决方案主要包括：

1）服务调度与负载均衡。通过服务调度和负载均衡技术，可以将任务合理地分配给边缘节点，确保每个节点的资源利用负载保持均衡，避免某个节点因为负载过重而失效或导致应用不连续。

2）容错和故障恢复。由于设备故障、网络不稳定等原因，可能会导致节点失效，因此需要在系统设计中考虑容错和故障恢复机制，以确保应用在这种情况下可以继续运行，减少应用不连续的风险。

3）数据备份和恢复。在边缘计算中，数据是至关重要的资源。需要采用数据备份和恢复策略，将数据备份到多个节点上，以保证数据的安全性和完整性，从而减少数据丢失风险，避免应用不连续的问题。

4）优化算法和数据预处理。通过对数据的预处理和算法的优化，可以减少计算量和通信量，降低系统的负载和延迟，避免边缘计算因过载而导致应用不连续的问题。

5）多层次的边缘计算。多层次的边缘计算可以将计算任务分配到不同的边缘节点上，通过协同和协作，实现更高效的计算和数据处理，从而减轻单个节点的负载，避免系统过载和应用不连续的问题。

2. 如何解决云服务不一致导致的应用无法延续的问题

当使用云服务时，由于不同的云服务提供商具有不同的硬件和软件配置，以及服务质量和性能的差异，可能会导致应用在不同云服务上的执行结果不一致，导致应用无法延续的问题。现有的解决方案从以下几个角度来解决这一系列问题。

1）多云服务。通过使用多个云服务提供商的服务，可以减轻对单个云服务提供商的依赖，从而减少不一致的风险。使用多个云服务提供商可以将应用部署到不同的云服务上，根据应用的性质和要求选择不同的云服务。

2）标准化和规范化。标准化和规范化可以帮助用户更好地理解不同云服务提供商的服务质量和性能，从而提高应用在不同云服务上的执行结果的一致性。标准化和规范化可以涵盖云服务的安全性、性能、可靠性、隐私等方面。

3）应用迁移。通过应用迁移技术，可以将应用从一个云服务迁移到另一个云服务，避免应用无法延续的问题。应用迁移可以帮助用户更好地适应不同的云服务提供商，以满足应用的需求。

4）监测和调试。通过监测和调试技术，可以检测应用在不同云服务上的执行结果的不一致性，及时发现问题并采取相应的措施。监测和调试技术可以涵盖应用程序、网络、存储等方面。

3. 如何解决逐个安装导致的边缘应用上线部署效率低下的问题

逐个安装边缘应用是一个烦琐的过程，致使边缘应用上线部署效率低下。传统业务上线需将边缘节点上的应用逐个部署、安装、联调，对实施人员要求高，降低了应用上线、更新、销毁的效率。现有的潜在解决方案主要包括以下几点。

1）自动化部署。通过使用自动化部署工具，可以自动安装和配置边缘应用，减少手动安装的工作量，提高部署效率。自动化部署工具可以根据预定义的规则和模板安装和配置边缘应用，避免逐个安装的过程。

2）容器化部署。通过使用容器技术，将边缘应用打包为容器镜像，方便部署和移植。容器化部署可以通过容器编排工具自动化管理多个容器，实现边缘应用高效部署和运行。

3）集成开发环境。通过使用集成开发环境，可以提供统一的部署和管理界面，从而减少逐个安装的过程。集成开发环境包括边缘应用的配置和管理工具，提供简单的界面和易于使用的功能。

4）增量部署。通过使用增量部署技术，可以只部署边缘应用的更新部分，而不是重新安装整个应用程序，从而减少部署的时间和工作量。

4. 如何解决资源、应用的统一管理和运维的问题

云端需要清楚掌握目前系统内资源的使用情况、硬件设备运行状态等指标，同时，对于应用镜像需要完成全生命周期管理。现有的解决方案主要有以下几点。

1）统一管理平台。采用统一的管理平台可以实现对边缘节点、应用程序、资源的统一管理。通过提供一套完整的管理工具和应用程序，可以实现对边缘节点的远程管理、应用程序的部署和监控、资源的管理和分配等功能，使得边缘计算系统更加易于管理和维护。

2）资源虚拟化技术。采用资源虚拟化技术可以实现对边缘节点资源的虚拟化，从而方便资源的统一管理和分配。将物理资源划分为多个虚拟资源，然后将这些虚拟资源分配给不同的应用程序，实现资源的高效利用和管理。

3）自动化运维工具。采用自动化运维工具可以实现对边缘计算系统的自动化运维。这种工具可以自动化执行常见的运维任务，如监控、备份、恢复等，从而减少运维工作的工作量和错误率，提高运维效率和系统稳定性。

4）统一应用程序接口。采用统一的应用程序接口可以实现对不同类型的应用程序的统一管理。这种接口可以定义应用程序的输入和输出接口、数据格式、协议等，从而方便不同类型的应用程序之间的交互和协同工作，实现边缘计算系统的高效运行。

5. 如何解决云–边异构、多云异构管理导致无法兼容的问题

随着云计算和边缘计算的快速发展，云–边异构和多云异构管理问题逐渐凸显，这可能导致应用程序无法兼容不同的云和边缘计算环境。现有的潜在解决方案主要包括以下几点。

1）软件容器技术。采用软件容器技术可以实现应用程序的快速部署和迁移，可解决云–边异构和多云异构管理问题。软件容器技术可以将应用程序和其所有依赖项打包在一个容器中，并在不同的计算环境中运行，使得应用程序可以在不同的计算环境中兼容。

2）跨云平台管理工具。采用跨云平台管理工具可以实现对不同云平台的统一管理。这种工具可以提供一个集中的管理界面，可以在不同的云平台上管理应用程序、资源、用户等。这样可以提高管理效率，降低管理成本，使得不同的云平台可以共同运行。

3）跨云平台应用程序接口。采用跨云平台应用程序接口可以实现不同云平台之间的应用程序交互和协同工作。这种接口可以定义应用程序的输入和输出接口、数据格式、协议

等，从而方便不同云平台之间的交互和协同工作，使得应用程序可以在不同的云平台之间兼容。

4）标准化。采用标准化可以提高云－边异构和多云异构管理的互操作性。例如，制定标准的 API 接口、数据格式、安全协议等，可以使不同云平台和边缘计算环境之间实现互联互通，从而使应用程序可以在不同的云平台和边缘计算环境之间兼容。

6. 如何解决应用对 GPU、vGPU 的支持和需求不一致问题

随着人工智能、深度学习、虚拟现实等应用的快速发展，对 GPU、vGPU 的支持需求日益增加，但是不同的应用对 GPU、vGPU 的支持和需求并不一致，这可能导致在边缘计算环境中应用程序的性能表现不佳。现有的解决方案有以下几点。

1）GPU、vGPU 虚拟化技术。采用 GPU、vGPU 虚拟化技术可以将物理 GPU、vGPU 资源虚拟化为多个逻辑 GPU、vGPU 资源，从而提高 GPU、vGPU 的利用率，同时避免不同应用程序之间的干扰。虚拟化技术可以在不同的应用程序之间实现资源隔离，从而保证每个应用程序的性能表现稳定。

2）GPU、vGPU 资源池管理技术。采用 GPU、vGPU 资源池管理技术可以实现对 GPU、vGPU 资源的统一管理和调度。资源池管理技术可以在不同的边缘计算节点之间实现 GPU、vGPU 资源的动态分配和调度，从而满足不同应用程序对 GPU、vGPU 的需求，提高 GPU、vGPU 的利用率。

3）应用程序性能优化。针对不同应用程序的 GPU、vGPU 需求，可以通过优化应用程序的算法、数据结构和代码实现等方面，提高应用程序的性能表现，降低对 GPU、vGPU 的需求。例如：采用并行计算、流水线计算等技术，提高应用程序的运算效率，减少对 GPU、vGPU 的依赖。

4）GPU、vGPU 资源配置预测。采用 GPU、vGPU 资源配置预测技术可以预测不同应用程序对 GPU、vGPU 的需求，并根据预测结果对 GPU、vGPU 资源进行动态分配。这种技术可以通过分析应用程序的特征、运行环境等方面的信息，预测应用程序对 GPU、vGPU 的需求，并根据设备负载的预测结果进行资源调度，提高 GPU、vGPU 的利用率。

7. 如何解决边缘云、边缘节点的轻量化和灵活化部署问题

边缘计算的应用场景很广泛，涵盖了大量不同的设备和应用场景，其中包括了大量计算能力不充裕的轻量级设备。因此，在边缘计算环境中轻量化、灵活化部署应用程序是至关重要的。现有的轻量化、灵活化部署方案主要包括：

1）容器化部署。采用容器化部署技术可以将应用程序打包成容器，从而提高应用程序的灵活性和可移植性。容器化部署技术可以让应用程序在不同的边缘节点之间移植和部署，同时可以实现轻量化部署和快速启动。

2）虚拟化部署。采用虚拟化部署技术可以将应用程序部署到虚拟机中，从而实现资源隔离和灵活性，还可以让应用程序在不同的边缘节点之间移植和部署，实现对硬件资源的

隔离和管理。

3）服务器无感知计算。采用服务器无感知计算技术可以将应用程序拆分成多个小的函数，从而实现应用程序的轻量化和灵活性。服务器无感知计算技术可以让应用程序在边缘节点上按需启动，避免资源浪费，并且可以根据实际需要实现应用程序的自动伸缩。

4）自动化部署。采用自动化部署技术可以实现应用程序的快速部署和配置。自动化部署技术可以通过自动化工具实现应用程序的自动部署和配置，提高应用程序的灵活性和部署效率。

本章小结

本章大致内容可分为三个部分。第一部分，本章对边缘协同的概念进行了阐述，并描述了边缘协同的意义和具体内涵。第二部分，本章讨论了边缘协同的几种主要形式：边－云协同、边－边协同与用户间协同，并对每种协同方式进行了针对性阐述。第三部分，本章总结了边缘协同方向的关键问题和关键技术，并简述了边缘协同的智能化发展方向，最后对机遇与挑战进行了总结。

参考文献

[1] SHI W, CAO J, ZHANG Q, et al. Edge computing: Vision and challenges[J]. IEEE internet of things journal, 2016, 3(5): 637-646.

[2] 边缘计算产业联盟，工业互联网产业联盟 . 边缘计算与云计算协同白皮书 [EB/OL]. (2018-11-20)[2023-11-6]. http://www.ecconsortium.org/Lists/show/id/335.html.

[3] 边缘计算产业联盟，工业互联网产业联盟 . 边缘计算与云计算协同白皮书 2.0[EB/OL]. (2020-7-31)[2023-11-6]. http://www.ecconsortium.org/Lists/show/id/522.html.

[4] CHATZOPOULOS D, BERMEJO C, HUI P, et al. D2D task offloading: A dataset-based Q&A[J]. IEEE Communications Magazine, 2018, 57(2): 102-107.

[5] LIU J K, LUO K, ZHOU Z, et al. A D2D offloading approach to efficient mobile edge resource pooling[C]//2018 16th International Symposium on Modeling and Optimization in Mobile, Ad Hoc, and Wireless Networks (WiOpt). New York: IEEE, 2018: 1-6.

[6] CHEN X, PU L, GAO L, et al. Exploiting massive D2D collaboration for energy-efficient mobile edge computing[J]. IEEE Wireless communications, 2017, 24(4): 64-71.

[7] YANG Y H, LONG C N, WU J, et al. D2D-enabled mobile-edge computation offloading for multiuser IoT network[J]. IEEE Internet of Things Journal, 2021, 8(16): 12490-12504.

[8] Li S Z, Yu Q, MADDAH-ALI M A, et al. Edge-facilitated wireless distributed computing[C]//2016 IEEE Global Communications Conference (GLOBECOM). New York: IEEE, 2016: 1-7.

[9] Chen J S, Ran X K. Deep learning with edge computing: A review[J]. Proceedings of the IEEE, 2019,

107(8): 1655-1674.

[10] 张志国 . 面向微服务软件开发方法研究 [J]. 电子技术与软件工程, 2021, 206(12): 34-35.

[11] KRYLOVSKIY A, JAHN M, PATTI E. Designing a smart city internet of things platform with microservice architecture[C]//2015 3rd international conference on future internet of things and cloud. New York: IEEE, 2015: 25-30.

[12] DUAN Q, WANG S G, ANSARI N. Convergence of networking and cloud/edge computing: Status, challenges, and opportunities[J]. IEEE Network, 2020, 34(6): 148-155.

[13] 苏坚 . 基于云原生计算的 5G 网络演进策略 [J]. 电信科学 , 2018, 34(6): 147-152.

[14] cncf. CNCF Serverless WG [EB/OL]. (2022-10-16)[2023-11-5]. https://github.com/cncf/wg-serverless#whitepaper.

CHAPTER 11

第 11 章 智能边缘安全机制

边缘计算有节点众多、分布性强的特点，不仅与云数据中心纵向协同，也与其他边缘节点间横向协同。因此，边缘计算在计算安全、存储安全和数据安全方面面临新的挑战。本章首先介绍边缘安全的必要性与挑战，并从提供者、需求者两个方面介绍边缘安全机制，最后结合具体场景对边缘安全机制进行阐述。

11.1 边缘安全的必要性与挑战

边缘安全涉及包含在架构、数据层面实施的一系列安全保障措施。3GPP[㊀]标准规定，智能边缘安全的边界包括核心网与非核心网的边界。核心网包含了 5G 核心网的部分功能，如靠近应用位置的用户面功能（User Plane Function，UPF）。由于移动边缘计算和无线接入网（Radio Access Network，RAN）处于不同的安全等级，须设计由 3GPP 标准定义的安全网关或防火墙，以有效保证它们的接口与核心网与非核心网边界相同。因此，不同的厂商可以根据业务需求在 3GPP 标准的基础上实现解耦合互操作。

中国电信安全管理体系规定了移动边缘计算的安全边界，要求移动边缘计算具备防范恶意攻击和数据泄露等安全功能，并且物理部署位置必须在物理安全可控的运营商机房，以确保设备安全。这些规定和要求有效保障了移动边缘计算的安全性和稳定性，提升了用户信任度和满意度。用户面功能网元和虚拟用户面功能的基础设施需要具备防止拆卸、盗窃、断电、恶意篡改等物理安全机制。移动边缘计算原则上应在安全环境下部署，如园区

㊀ 3rd Generation Partnership Project，第三代合作伙伴计划，成立于 1998 年 2 月，是目前全球最大的国际通信标准组织。

和汇聚机房，以保证移动边缘计算与无线接入网安全边界的明确性，防止恶意攻击和安全威胁。

随着 IoT 设备、移动设备和多样化网络点的快速增加，云边缘、边缘云等安全攻击增多，安全成为限制边缘计算发展的障碍。边缘安全通常包含以下内容：①安全边界：通过加密隧道、防火墙和访问控制来保护对边缘计算资源的访问。②保护应用程序：边缘计算设备运行需要在网络层之外进行保护的应用程序。③早期威胁检测：根据定义，边缘计算不是集中式的，这使得供应商实施主动威胁检测技术以尽早发现潜在漏洞至关重要。④补丁周期：自动补丁以保持设备更新并减少潜在的表面攻击。⑤管理漏洞：持续维护和发现已知和未知漏洞，并对漏洞进行报警和修复。除上述的内容外，边缘安全的价值主要体现在以下几个方面。

1）提供可信的基础设施。在数据进出网络和跨网络传输时保护数据。这包括流量加密（无论是本地还是云端）、防火墙管理、身份验证、适当的数据加密、备份和匿名策略以及授权系统的使用。

2）提供可信赖的安全服务。包括访问控制、威胁保护、数据安全、安全监控，以及通过基于网络和基于 API 的集成实施的可接受使用控制。

3）保障安全的设备接入和协议转换。边缘计算节点具有多样性和异构性，如中心云、边缘云、边缘网关和边缘控制器。确保安全的设备连接和协议转换可以提供数据的安全存储、安全共享、安全计算、安全传播和安全管控，以及隐私保护。

4）提供安全可信的网络及覆盖。保障安全的网络不仅要拥有传统的运营商网络安全保障技术，如鉴权、密钥、合法监听、防火墙，还要针对特定行业的时间敏感网络（Time-Sensitive Network，TSN）和工业专网实施定制化的安全防护。为了全面覆盖智能边缘网络，必须建立一个全方位的网络安全运营防护体系，包括威胁监测、态势感知、安全管理编排、应急响应和柔性防护。

由于边缘计算环境中网络拓扑复杂，存在很多潜在的攻击窗口，包括边缘接入（云 - 边接入、边 - 端接入）、边缘服务器（硬件、软件、数据）、边缘管理（账号、管理 / 服务接口、管理人员）等层面，如图 11-1 所示。

具体来说，边缘节点接入时可能会采用不安全的通信协议或存在一些恶意的边缘节点等，边缘节点中保存的数据可能因缺乏完备的保护机制，无法保证用户隐私。同时边缘节点硬件对于安全的支持性可能不足，可能存在一些不安全的系统与组件或采用一些不安全的接口。这些因素使管理员的监管变得十分困难，同时使一些账号信息也更容易被非法获取。总的来说，上述挑战可以被归纳为以下几个方面。

1. 安全的通信协议——边缘网络安全

边缘节点通常通过无线通信连接资源受限的移动设备；通过消息中间件或网络虚拟化技术与云计算中心通信，但这些协议很少考虑安全性，使攻击者和黑客轻松访问用户的数据甚至执行远程控制。例如，用于计算机网络上的安全通信的超文本传输协议 / 安全（Hyper Text Transfer Protocol over Secure ，HTTP/S)，它的主要功能包括对访问的网站进行身份验证，然后保护所交换数据的隐私和完整性。但 HTTP/S 中的一个主要漏洞是 Drown 攻击，它可以帮助攻击者破解加密，窃取信用卡信息和密码。此外，由 Microsoft 开发、为用户提供图形界面以通过网络链接到另一台计算机的远程桌面协议（Remote Desktop Protocol，RDP)。存在一个名为 BlueKeep 的漏洞，该漏洞允许攻击者连接到 RDP 服务，从而发出窃取或修改数据的命令，安装危险的恶意软件，并可能进行其他恶意活动。综上所述，边缘计算中网络通信安全协议仍面临巨大挑战。

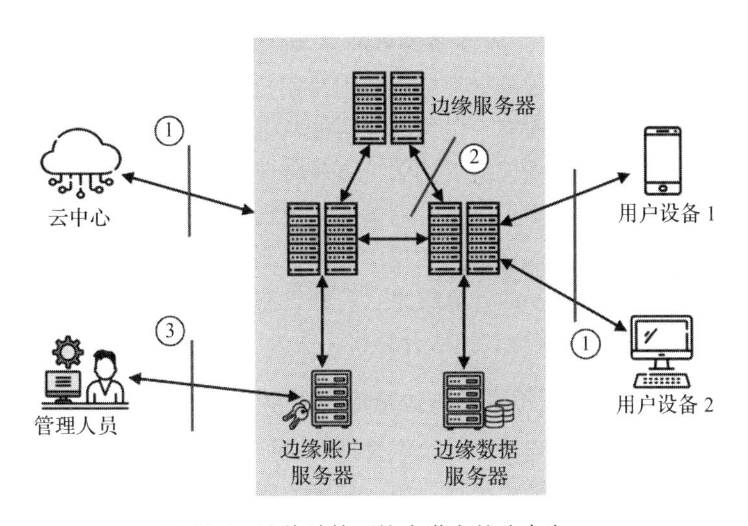

图 11-1 边缘计算环境中潜在的攻击窗口

2. 边缘节点数据易被损毁——边缘数据安全

由于边缘计算设施位于网络边缘，缺乏有效的备份、恢复和审计措施，使得攻击者有可能修改或删除用户在边缘节点上的数据，以摧毁某些证据。例如，在具有高风险结果的医疗保健和工厂生产线监控的场景下，误报或遗漏可能代价高昂、耗时且可能危及生命。而且代价高昂的错误最终会导致计划外维护、劳动力使用效率低下或不得不完全禁用物联网系统。在交通监管场景中，路边设备上的边缘节点存储了周围车辆报告的交通事故视频。然而，若罪犯攻击边缘节点，删除或伪造证据，则可以逃避惩罚。此外，在工业物联网中，数据完整性仍然是信号链这一块的关键。如果通信不一致、丢失或损坏，则最佳测量数据将毫无价值。如果在工业边缘计算场景中出现上述情况，边缘节点上数据的丢失或损坏将直接影响大规模的工业生产和决策过程。

3. 隐私数据保护不足——边缘数据安全

边缘计算将计算从云移动到用户附近，实现了数据的直接处理和决策，减少了数据在网络中长途传播的风险，降低了隐私泄露的可能性。然而，由于边缘设备可能直接获取的是包含用户大量敏感隐私的数据，例如，在金融领域，当发生隐私数据泄露时，攻击者可以访问客户姓名和地址、身份证、出生日期和所在公司名称，还可以利用供应商服务器中的漏洞获得加密文件的解密密钥；在医疗领域，隐私信息的泄露会扰乱组织的运营，影响患者和员工。攻击者还可以利用个人的电子健康记录制造虚假的保险索赔，购买医疗设备或获取某些处方；在军事领域，从无人机到坦克，数据安全也是国家安全的重要保障。与个人信息一样，这些专门的数据集也容易遭到盗窃、黑客攻击和滥用，对国家安全、外交政策和经济构成了极大的威胁。

4. 不安全的系统与组件——边缘基础设施安全

边缘节点可以分布式处理云的计算任务，但是用户和云对边缘节点计算结果的正确性存在信任问题，特别是对企业而言，边缘节点可能从云端卸载不安全的定制操作系统，或者这些系统正在使用竞争对手供应链上的第三方软件或硬件组件。一旦攻击者利用边缘节点上不安全的主机操作系统或虚拟化软件的漏洞，攻击主机操作系统或滥用客户端操作系统，通过权限升级或恶意软件入侵边缘数据中心，控制系统，恶意用户可能会中断或篡改边缘节点提供的业务或返回错误的计算结果。若缺乏有效的验证机制来确保卸载系统和组件的完整性以及计算结果的正确性，边缘计算将无法为用户提供有效的服务。

5. 身份、凭证和访问管理不足——边缘应用安全

身份、凭证、访问管理系统是允许组织管理、监控和保护对宝贵资源的访问工具和策略，包括电子文件、计算机系统和物理资源，如服务器机房或建筑物。这些漏洞使组织面临数据泄露、数据管理不善或账户接管的风险，导致员工测试疲劳，缺乏合规性和对安全性漠不关心、数据替换或损坏与未经授权或恶意用户的渗漏、失去市场信任和收入以及由于事件响应和取证而产生的财务费用。

6. 账号信息易被劫持——边缘网络安全

账号劫持是一种身份盗窃，主要针对终端设备用户。攻击者通过不诚实的手段，获得用户与设备或服务绑定的唯一身份标识。这通常通过钓鱼邮件和恶意弹窗等手段完成。当用户泄露了自己的身份验证信息时，攻击者利用这些信息进行恶意操作，如修改账户信息和创建新账户。在边缘计算环境中，用户的终端设备通常与固定的边缘节点直接连接，并且使用的账户密码往往是易猜测和硬编码的。因此，攻击者更容易以合法的边缘节点的身份骗取用户的信任。同时，用户的终端设备经常在不同的边缘节点间移动和切换，攻击者很容易入侵用户已经经过的边缘节点或伪装成合法的边缘节点来截获或非法获取用户的账户信息。

7. 恶意的边缘节点——边缘基础设施安全

在边缘计算场景中，参与者类型多样且数量众多，信任关系非常复杂。攻击者可能会冒充合法的边缘节点，诱使用户连接到恶意节点并收集数据。边缘节点通常放置在用户附

近或 WiFi 接入点的极端网络边缘，它们难以获得足够的安全保护，因此更有可能被物理攻击。对于电信运营商而言，恶意用户可能在边缘侧部署伪基站或网关，导致用户的数据被非法监听；对于工业用户而言，边缘计算节点的安全防护较弱，恶意用户很容易入侵系统并对节点进行控制；对于企业用户而言，节点的地理位置分散且暴露，易受攻击。由于边缘计算设备、协议和服务提供商的差异，现有的入侵检测技术难以识别这些攻击。

8. 不安全的接口和 API——边缘应用安全

在云环境中，为了方便用户与云服务的交互，接口或 API 编程接口需要开放。尽管 API 越来越适用于简化云计算流程，但接口或 API 配置错误是导致事故和数据泄露的主要原因，必须检查是否存在由于配置错误、不良编码实践、缺乏身份验证和不适当授权而导致的漏洞。这些疏忽会使接口容易受到恶意活动的攻击。它会导致渗漏、删除或服务中断。而在边缘计算环境中，需要同时与大量终端设备和云中心进行交互，但是目前的接口和 API 管理方案并未充分考虑安全因素。

9. 易发起分布式拒绝服务——边缘网络安全

在多种边缘计算环境中，由于参与边缘计算的终端设备通常使用简单的处理器和操作系统，安全性被忽视，或者由于设备的计算和带宽资源有限，无法支持复杂的安全防护措施，这使得黑客可以轻松入侵，并利用大量的设备发起分布式拒绝服务（Distributed Denial of Service，DDoS）攻击。在医疗保健领域，DDoS 攻击可能会禁止访问关键服务，如床位容量和数据共享服务，以及预约安排服务。DDoS 攻击可能会突然爆发或重复攻击，但无论哪种方式，在组织试图恢复时，对网站或企业的影响都可能持续数天、数周甚至数月。这会使 DDoS 对任何在线组织极具破坏性。此外，DDoS 攻击可能导致收入损失、削弱消费者信任、迫使企业花费巨资进行赔偿并造成长期声誉损害。因此，安全管理对于大量的终端设备是边缘计算的一项重要挑战。

10. 易蔓延 APT 攻击——边缘基础设施安全

APT 攻击的主要功能是渗透组织的外围安全系统，以便攻击者可以访问内部资源。APT 攻击的主要目标及其类别包括：使用未经授权访问机密信息，如信用卡、银行账户、护照等的详细信息；通过删除完整的数据库来破坏整个系统，包括云；接管关键网站并进行重大更改，如股票市场、医院等的网站；使用人员凭据访问基本系统；通过通信获取敏感或有用的信息。在社会工程领域，攻击者通常通过冒充受信任的个人或信息来源来隐藏他们的身份和动机，利用这些方式来影响、操纵或诱骗组织泄露敏感信息。攻击者还可能发送虚假消息，其中包含看似来自信誉良好的公司、朋友或熟人的网络钓鱼网站链接，从而窃取用户的信用卡信息或密码。

11. 难监管的恶意管理员——边缘应用安全

系统管理员几乎对任何组织都是必不可少的。无论他们是内部员工还是分包商，系统管理员都在保持业务持续平稳运行并使其符合企业数据保护要求方面发挥着巨大作用。在边缘计算场景下，管理信任关系比较复杂，可能存在不可信的管理员，导致系统被破坏、数据被破坏、信用卡信息被盗等。系统管理员可以使用自身权限谋取私利，并轻松掩盖他们的踪迹。系统管理员的潜在危险包括以下几点。

1）内部人员对系统的危害远大于外部人员。任何黑客都需要时间来渗透企业数据库并找出其中包含的数据，而系统管理员可以直接、不受限制地访问网络中的所有数据库。

2）更多的攻击方法。提升的权限允许管理员在多种方法中进行选择以应对潜在的攻击。他们可以直接访问数据、复制数据库、执行恶意代码、更改他人的权限级别等。简而言之，他们比任何其他用户拥有更多的攻击方法。

3）管理员的恶意行为很难被发现。内部人员的恶意行为通常很难与他们的日常活动区分开来，因为他们无论如何都应该访问数据以进行工作，从而使雇主通常对其特权员工有更高的信任度。

4）系统管理员可以轻松掩盖他们的踪迹。管理员很容易更改或删除日志以掩盖他们的活动。在这种情况下，将很难确定肇事者或证明他们有罪。即使检测到恶意行为，管理员也可以轻松地将其解释为错误。

12. 硬件安全支持不足——边缘基础设施安全

由于边缘节点远离云中心，容易受到恶意入侵的威胁，边缘节点往往使用轻量级容器技术，但容器共享底层操作系统，安全性、隔离性不如云计算场景。因此，软件实现的安全隔离很容易出现内存篡改、内存超出等问题。硬件可信执行环境 TEEs（Intel SGX, ARM TrustZone 等内存加密技术）已成为云计算场景的趋势，但在复杂的信任场景下仍存在性能问题，安全性上的不足仍有待探索。

11.2　边缘服务提供者的安全

边缘服务提供者的安全主要包括边缘计算设施安全、边缘计算平台安全和边缘计算网络安全三部分。

11.2.1　边缘计算设施安全

边缘基础设施是边缘计算的核心，为所有节点提供软硬件基础。边缘基础设施的安全是保障边缘计算安全的关键，需建立保证边缘基础设施从启动到运行全程安全可靠的信任链。安全的保护范围取决于信任链的延伸，边缘基础设施安全涵盖从启动到运行的硬件环境安全、虚拟化安全、容器安全以及操作系统安全。

1. 硬件环境安全

边缘服务器硬件的安全运行，能够保障计算机上网的通畅性，提高服务效率。硬件环境安全包括物理环境安全、资产管理安全和设备硬件安全。

1）物理环境安全要求。为了确保边缘计算系统的安全，机房的入口和出口应该安装电子门禁系统。这样可以对进入机房的人员进行识别、控制和记录。同时，机柜应该具备电子防拆封功能，并且能够感应并记录机柜的开启和关闭行为。此外，只有可信的设备才能访问边缘计算系统，非法设备将被禁止访问。

2）资产管理安全要求。该要求保证基础设施应具备资产管理能力。应该支持对物理资产进行管理，包括发现（纳入管理）、删除、修改和呈现。基础设施应该支持自动发现宿主机，对于交换机、路由器和安全设备，应该支持自动发现或手动向资产库添加。此外，还需要资产指纹管理功能。该功能支持采集、分析、记录和展示端口（监听端口）、软件（软件资产）、进程（运行进程）和账户（账户资产）四种指纹信息。该功能还支持设置监听端口、软件资产、运行进程和账户资产数据的采集刷新频率，以定期采集资产指纹。

3）设备硬件安全要求。边缘服务器基于可信平台模块（Trusted Platform Module，TPM）[⊖]硬件实现可信启动和安全运行，确保启动链的安全性并防止被植入后门。在可信启动的情况下，可以通过远程证明验证软件是否安全可信。边缘服务器在启动过程中，通过逐层计算哈希值并与 TPM 记录的度量值进行比对，保障软件合法运行。

2. 虚拟化安全

在边缘计算环境中，虚拟化安全指的是基于虚拟化技术实现对边缘网关、边缘控制器和边缘服务器的隔离和安全增强。尽管虚拟化技术为边缘计算安全带来了好处，但这些技术也给边缘计算平台带来了安全挑战。

1）主机机器安全。主机可以配置每个虚拟机的细节，入侵主机将对所有虚拟机造成灾难。与云服务器不同，边缘节点并不总是受到物理保护，攻击者更容易物理接触边缘节点并通过利用内核漏洞来攻击它们。此外，由于服务可能在多个边缘节点之间迁移且边缘节点平台是异构的，因此服务的攻击面比云计算中的攻击面更大。边缘节点内部的另一个安全威胁来自恶意虚拟机。攻击者可以在边缘节点中创建虚假的边缘服务，在边缘节点内部执行侧信道攻击，从其他虚拟机中推断出敏感数据。因此，保护主机机器是启用虚拟化的边缘计算系统的第一个挑战。

2）网络安全和虚拟机安全。边缘节点通常会将虚拟机迁移到其他边缘节点，攻击者可以在这些虚拟机的转换过程中执行攻击来干扰虚拟机的迁移。此外，这些虚拟机可能面临泄露其内容给攻击者的风险。例如，若攻击者成功启动中间人攻击，则可以获取虚拟机的全部内容或镜像。还有一个攻击是网络钓鱼攻击，攻击者部署一个虚假的边缘节点，等待其他边缘节点错误地将虚拟机迁移到它们上。边缘节点还可能面临来自网络的 DDoS 攻击。

⊖ Trusted Platform Module，可信平台模块，可通过设备中继承的专用安全硬件来处理设备中的加密密钥，进而提高设备安全性。

由于为一个服务初始化一个虚拟机需要大量的资源，而边缘节点的资源限制比云服务器更加严格，因此攻击者更容易在边缘计算中执行 DDoS 攻击。因此，维护网络安全和虚拟机安全是实现安全的边缘计算系统的第二个挑战。

综上所述，针对安全问题和挑战，主要有以下四种安全技术对策，解决边缘网络下的安全保障问题。

1）身份和认证管理。解决中间人攻击和网络钓鱼攻击的最佳方法之一是使用来自受信任的第三方的身份凭证来识别可信的边缘节点。当两个边缘节点要建立通信通道时，它们需要从对方获取凭证并验证其身份。在这种情况下，攻击者无法冒充其他真实的边缘节点。除了验证身份，使用经典加密方案也可以帮助保护消息免受攻击者的攻击。例如，基于身份的加密（Identity-Based Encryption，IBE）可以实现边缘节点加密问题。在 IBE 中，用户的公钥可以直接从用户自身的身份生成。因此，IBE 中没有公钥交换阶段，节省了大量时间并简化了密钥分配协议。基于属性的加密（Attribute-based Encryption，ABE）是另一种有效的加密方案，其中用户的公钥是根据用户的属性计算的。IBE 和 ABE 都可以应用于基于虚拟机的边缘计算平台，用于在边缘节点之间建立加密通信通道。

2）入侵检测系统。保护边缘节点免受攻击（如 DDoS 攻击）的有效方法是在边缘节点上部署 IDS。IDS 是一个监控网络中主动攻击和异常活动的系统，它分析流量或异常事件的签名，判断网络内部是否存在攻击。

3）信任管理。在边缘节点上运行服务之前，服务的所有者需要知道边缘节点是否可信。可信不仅意味着边缘节点的身份可以通过前面介绍的认证机制来验证，还意味着边缘节点的声誉，即用户需要确保边缘节点可信。

4）容错系统。使边缘节点更加健壮和对错误具有弹性始终是保护边缘节点的一个好方向。除了应用于边缘节点的安全机制外，容错系统本身还应该具有容错性和从故障状态中快速恢复的能力。

进一步地，边缘计算安全还需要考虑以下两个方面。

1. 容器安全

容器提供了许多优势，但也带来了一些安全性方面的挑战。一个关键问题是与传统工作负载相比，最引人注目的安全挑战可能是容器创造的更大的攻击面，因为许多容器基于许多不同的底层镜像，每个镜像都可能存在漏洞。另一个关键问题是容器共享的底层内核架构，需要维护安全配置以限制容器权限并确保容器之间适当的隔离。

容器安全是实施安全工具和流程的过程，为任何基于容器的系统或工作负载提供强大的信息安全——包括容器镜像、正在运行的容器及创建该镜像并使其在某处运行所需的所有步骤。容器安全很重要，因为容器镜像包含最终将运行用户的应用程序的所有组件。若容器镜像中潜伏着漏洞，生产过程中安全问题的风险和潜在严重性就会增加。

与传统环境中的安全性相比，容器需要将持续的安全策略集成到整个软件开发生命周期中。这意味着需要对容器管道、容器镜像、容器主机、容器运行时（如 Docker 或 Containerd）、容器平台和编排器（如 Kubernetes）和应用层的全生命周期进行保护，包括开发、部署和运行三个阶段。首先，在开发阶段，应该要求开发人员对基础容器镜像和中间镜像进行漏洞扫描和检查，并对第三方及自有应用 / 代码进行安全审核；在部署阶段，边缘计算平台应该监管镜像仓库，对上传的第三方 / 自有容器镜像进行漏洞扫描，并对存在高风险漏洞的容器镜像进行控制；在运行阶段，应该支持内核隔离，使容器实例与宿主机隔离。其次，应该支持容器环境内部使用防火墙机制，防止容器间的非法访问。此外，应该支持进程监控或流量监控，对运行时的容器实例进行非法 / 恶意行为监测。最后，应该在平台层面部署 API 安全网关，对容器管理平台的 API 调用进行安全监管。

在扫描发现漏洞后，可以通过多种方式减轻或降低其风险。初始评估应记录漏洞的严重程度得分，以确定其威胁。此外，还应该制定计划和时间表以解决和纠正漏洞。管理容器漏洞包括以下措施：

1）属性漏洞：将漏洞映射到容器以提高可见性和有效分配，减轻工作的效率。

2）减少攻击面：从容器运行中卸载或删除未使用的组件，特别是较低的镜像层可能已经不再需要或被取代。

3）保持软件组件更新：当有新版本可用时则考虑升级组件，第三方代码中的安全问题可能不仅是用户所特有的，也可能已经通过新版本得到修复。

4）仅限访问经批准的镜像和镜像注册表：使用一组定义明确、经批准的容器镜像使漏洞监测，并且通过限制容器注册表访问也可减轻与来源未知的未知漏洞相关风险。

5）在运行时使用最小权限：攻击通常会给攻击者授予与被攻击的应用程序或进程的相同权限，以完成任务所需的最少的权限，运行应用程序或进程，降低攻击危害性。

6）白名单文件：限制访问特定文件，确保用户的容器只能访问和执行用户定义的二进制文件，促进容器环境的稳定性并限制风险的暴露。

2. 操作系统安全

在边缘计算环境中，操作系统安全是涉及各种应用所依赖的操作系统安全的问题，例如，边缘网关、边缘控制器和边缘服务器等边缘计算节点上的不同类型的操作系统。与云服务器不同的是，这些边缘节点通常采用的是异构的低端设备，存在计算、存储和网络资源受限、安全机制与云中心更新不同步、大多不支持额外的硬件安全特性（如 TPM、SGX Enclave、Trust Zone 等）等问题。因此，需要提供云 – 边协同的操作系统恶意代码检测和防范机制、统一的开放端口和 API 安全、强安全隔离的应用程序、可信执行环境的支持等关键技术，以保证操作系统本身的完整性和可信性及运行的应用程序和数据的机密性、完整性。

此外，边缘设施安全还应该包括以下功能：

1）完整性证实。边缘计算完整性证实是对边缘节点基础设施中的系统和应用的完整性检查，以确保边缘节点处于预期状态。但由于资源有限和低端设备的限制，这些设备通常不能执行复杂计算。因此，安全证实服务需要使用轻量级方法，度量边缘节点的启动和运行，并上传验证结果，以确保结果的准确性和时效性。

2）边缘节点的身份标识与鉴别。边缘节点身份标识和鉴别是识别每个边缘节点的过程，是边缘节点管理、任务分配和安全策略差异化管理的基础。在边缘计算环境中，由于边缘节点的特点，如海量、异构和分布式，以及动态变化的网络结构，可能会导致边缘节点的标识和识别频繁进行。

3）接入认证。接入认证是识别接入网络的终端和边缘节点的身份，并决定是否允许接入的过程。在海量异构终端的边缘计算架构中，需要有效管理各种通信协议、差异性大的设备，保证按照安全策略允许合法设备接入并拒绝非法设备。

11.2.2　边缘计算平台安全

移动边缘计算平台（MEC Platform，MEP）不仅提供边缘计算应用的注册和通知，还提供 DNS 请求查询、路由选择、本地网络的 NAT 功能，还能根据用户标识进行控制管理，满足业务分流后的用户访问控制。此外，它还提供服务注册功能，使服务可以被其他服务和应用发现，并通过 API 接口对外开放计算能力。

为维护边缘计算架构的安全，边缘计算平台需要基于虚拟化基础设施提供保障。需要对物理机操作系统、虚拟化软件以及虚拟机操作系统进行安全加固，并为边缘计算平台提供内部虚拟网络隔离和数据安全机制。边缘计算平台提供应用发现和通知的接口，保障接口安全和 API 调用的安全。当应用程序请求访问边缘计算平台时，为防止边缘计算平台和应用之间通信数据被拦截篡改，需要进行认证授权以防止恶意应用的非授权访问，使得边缘计算平台与应用之间的数据传输启用机密性、完整性和防止重放攻击保护并数据安全。边缘计算平台也要防止 DDoS 攻击，保护边缘计算平台中的敏感数据，避免数据被非法授权访问和篡改。

在边缘计算系统中，标准接口应当支持通信双方进行相互认证，并在认证成功后使用安全的传输协议来保护通信内容的保密性和完整性。使用的通信协议应是安全的标准协议，例如，SSHv2、TLSv1.2 和 SNMPv3，不应使用不安全的协议，如 Telnet、FTP 和 SSHv1 等。移动网络运营商需要授权用户使用边缘计算服务，只有具备合法授权的用户才能使用边缘计算服务。具体到 5G 边缘计算场景下，服务提供商在非运营商环境下也应实施类似的授权机制，以保证边缘计算服务不被非法访问。当用户请求访问边缘应用时，核心网要检查用户签约情况，如果未签约则拒绝请求；或者，核心网与用户请求访问的应用进行交互，确认用户的授权，只有用户具有合法授权，才允许其访问 5G 边缘计算服务。具体来说，边缘服务的安全性主要需要考虑以下两个方面。

1）由于用户设备的位置移动或负载均衡等因素，边缘应用服务器可能会发生切换。为了保证用户服务的连续性，需要考虑安全地将必要的上下文从源边缘应用服务器传递到目标服务器（如边缘服务器或云服务器）。切换的触发方式有四种：由边缘应用服务器[㊀]发起、由边缘使能服务器[㊁]发起、由用户侧的应用客户端发起以及由用户侧的使能客户端发起。例如，应用上下文，通过从源边缘服务器传输到目标应用服务器，使目标服务器对用户设备进行认证和鉴权，以维护用户设备在应用切换过程中的业务连续性。

2）用户接入安全是识别终端身份并决定是否允许其接入运营商核心网络和边缘计算节点的过程。边缘计算面临大量不同类型终端的接入，这些终端使用多种通信协议，具有不同的计算能力和架构。例如，在边缘计算环境中，存在许多不安全的通信协议（如 Zigbee 和蓝牙），缺乏加密和认证等安全措施，容易被窃听和篡改。因此，根据安全策略允许特定设备接入网络，拒绝非法设备。

综上所述，对于接入关键核心业务的终端，应以零信任为原则进行动态持续的安全和信任评估。当发现安全和信任异常，应采取适当的管控措施。

11.2.3 边缘计算网络安全

保护边缘网络安全是实现边缘计算与各种工业总线的互联互通、满足涉及的物理对象多样性和应用场景多样性的条件。同时，由于边缘计算节点数量多、网络拓扑复杂，攻击者可以很容易地向边缘计算节点发送恶意数据包，影响边缘网络的可靠性和可信性。应建立深入防御体系，从安全协议、边缘计算的安全协议、网络域隔离、网络监测、网络防护等多个方面，内外兼顾地保障边缘网络安全。

1. 安全协议

安全协议是基于密码学的消息交换协议，旨在网络环境中提供多项安全服务，其中包括实体间的认证、安全分配密钥和秘密及确认消息的非否认性。在边缘计算环境中，多种通信协议被用来满足业务需求，从与云端交换的北向接口协议到与现场端交换的南向接口协议。这些协议的安全特性不一，许多协议在设计时未考虑安全性，缺乏认证、授权和加密机制，以及多协议交互时不匹配的安全问题。

2. 边缘计算的安全协议

边缘计算的安全协议分为两种：其一是通过对协议设计和实现的审查以及漏洞挖掘评估，解决设计和实现逻辑一致性，实现协议的内在安全性；其二是在原有协议上增加安全层，通过增加通信模块或网关再次包装原有协议，使用 VPN、SSL 等安全通道传输。然而，解决边缘计算协议的安全问题往往带来兼容性问题，并且对现有国际标准和行业管理的通信协议进行修改也可能面临抵抗和困难。

㊀ 边缘应用服务器是安装在边缘设备或者边缘节点上的软件或硬件平台，能够在边缘设备上处理数据和运行应用程序，从而实现低延迟、高带宽、高可靠性的数据处理和应用服务。

㊁ 边缘使能服务器是一种提供边缘计算能力的中间件，通常位于云端或者数据中心，负责管理和协调边缘节点和边缘应用程序之间的交互和通信，帮助边缘应用程序更好地运行和协作。

3. 网络域隔离

网络域隔离指的是在边缘节点的不同虚拟机之间隔离资源，控制安全资源的分配，从而实现在不同业务场景下的安全隔离。在边缘计算环境中，边缘节点更青睐于使用轻量级容器技术，但这样的容器共享基础操作系统，使得边缘节点之间的隔离性变差，影响网络安全。为了防止云端安全风险影响边缘侧业务的运行，边缘侧通常通过隔离技术实现对文件和数据的有效传输。因此，隔离技术需要通过对不同虚拟机间通信数据的完整校验、安全检查以及建立无 TCP 连接的方式，实现不同业务通信单元之间有效的安全隔离。在虚拟化环境中，隔离设备还可以接受控制端的调度，以提供隔离能力。

4. 网络监测

网络监测意味着持续追踪计算机网络中是否有缓慢或故障的组件，并在出现故障或中断时通知网络管理员，还能发现和预防网络攻击。然而，网络监控系统本身不具备自动阻止网络攻击和解决故障的能力。在边缘计算环境中，网络结构复杂，设备和连接数量庞大，在多个设备同时通信时可能导致网络风暴。若设备受到攻击，也可能发起针对特定目标的 DDoS。因此，有效的网络监测是边缘计算网络安全的重要组成部分。通过监控网络流量，实时监控网络传输的内容，可以及时发现网络违规行为，防止边缘网络和设备受到网络攻击。

5. 网络防护

网络防护是指采取措施，阻止、缓解和分配明确有害的网络流量。与网络监测不同的是，网络监测通过流量分析检测可疑行为并向网络管理员发出警报，而网络防护则根据流量分析和规则匹配，直接阻止有害流量并记录日志。在边缘安全方面，需要考虑与云端和控制端的安全连接，与云端的安全连接需要建立有效的加密通信认证机制，保证通信过程的可控性。因此，需要加强对边缘的安全和边缘流量的监测，及时发现隐藏在流量中的攻击行为。此外，在边缘与控制端之间需要建立有效的安全隔离和防护机制，通过严格限制进入控制网络的数据内容，确保可靠的数据进入控制网络。

11.3 边缘服务需求者的安全

边缘服务需求者是智能边缘网络的主要使用者，其安全保障同样重要。边缘服务需求者安全主要包括隐私保护、服务安全、数据安全、身份认证与访问控制四个部分。

11.3.1 隐私保护

边缘计算中的用户数据（如用户身份信息、位置信息等敏感数据）常常被存储和处理在半可信（honest-but-curious）的授权实体，包括边缘数据中心和基础架构提供商。这些授权实体的次要目的是获得用户隐私信息，以达到非法盈利的目的。在边缘计算的开放生态系统中，多个信任域由不同的基础架构提供商控制，用户难以确定服务提供商是否有能力避免数据泄露或丢失等隐私问题。本节从数据隐私保护、位置隐私保护和用户身份隐私保护三个方面综述近几年的重点研究成果。

1. 数据隐私保护

用户的私密性数据将由不在用户控制范围内的实体进行存储和处理，所以边缘计算中数据隐私保护研究的重点在于在保护用户隐私的同时允许用户对数据进行各种操作（如审计、搜索和更新等）。Duan 等学者 [1] 提出了一种将隐私内容映射为数据、信息和知识类型资源的建模方法，基于 DIKW 元模型和扩展数据图、信息图和知识图形成 DIKW 架构。文中将内容对象和关系统一分类为数据、信息和知识的类型化资源，并根据数据和信息的目标隐私资源的显式和隐式划分将其分类，并提出了一种解决不同类型数据隐私目标的显性和隐性划分的算法。Yan 等学者 [2] 提出了一种基于区块链和边缘计算相结合的技术解决方案，旨在实现云数据的安全保护和完整性校验，以及更广泛的安全多方计算。文献作者使用支持加法同态的 Paillier 密码体制来保证区块链的运行效率，减轻客户端的计算负担。任务执行端对所有数据进行加密，边缘节点可以对接收到的数据进行密文处理，并将最终结果的密文返回给客户端。Qiao 等学者 [3] 提出了一种基于小波变换的分区直方图数据发布算法。具体来说，使用基于贪心算法的分区算法来获得更好的分区结构，使用小波变换来添加噪声，并通过还原原始直方图结构来保证直方图的真实性和可用性。该算法可降低小波变换构造小波树的复杂度，将查询噪声从线性增长变为多对数增长，提高直方图统计查询的准确性。这一算法为直方图数据发布提供了一种可靠、高效的解决方案，并有望在数据隐私保护领域得到广泛应用。

2. 位置隐私保护

随着基于位置服务的普及，位置隐私问题也成了关注的焦点。现有的研究主要集中在 K 匿名（K-anonymity）技术实现位置隐私保护。这种方法在实际应用中会消耗大量的网络带宽和计算开销，不适用于资源有限的边缘设备，因此，本书将会介绍一些其他解决位置隐私问题的方法。Zhang 等学者 [4] 提出了一种使用动态分布式代理网络保护其设计，该网络建立在文献作者之前设计的移动支持系统之上，并由多访问边缘计算提供支持。互联网用户可以获得无处不在的互联网移动支持，同时网络位置隐私得到很好的保护，性能开销很小，运营成本最低。Pang 等学者 [5] 提出一种移动边缘计算环境下考虑位置隐私保护的车联网计算资源协同调度策略。文献作者首先设计了一种多区域多用户多 MEC 服务器系统，每个区域部署一个 MEC 服务器，一个区域内的多个车载用户设备可以通过无线通道将计算任务分流到不同区域的 MEC 服务器上。通过提出一种基于卡尔曼滤波的车距预测，提高车距的准确度。最后将车辆的位置隐私和所有用户的能量消耗制定为优化目标，综合考虑了系统状态、行动策略、奖惩函数等因素，采用 Double DQN 算法求解最小化系统总消耗成本的最优调度策略。Cui 等学者[6]提出了一种创新架构，用于在 MEC 环境中构建非本地化的基于位置的服务。为解决移动用户的边缘位置隐私（Edge Location Privacy，ELP）问题，提出了基于整数规划的方法解决 ELP 问题。Sui 等学者[7]提出了一种基于差分隐私理论的 RPS 算法，旨在保护用户的位置信息。该算法通过设计基于用户数量的动态分区机制和噪声添加算法来实现保护位置信息的目的。在每个快照中，RPS 算法会重新划分区域并给出新的噪声概率，从而提高差分隐私保护的效果。

3. 用户身份隐私保护

目前，边缘计算领域中的用户身份隐私保护仍急需深入研究。Zhang 等学者[8]对商业信息安全物理系统的隐私保护处理方法进行身份认证和信息隐私安全保护研究，提出了一种商业信息保护方法中的人体识别技术，通过数据采集和预处理，主要实现数据挖掘。同时，文献作者还考虑了硬件环境的支持，包括算法所需的基本计算能力、适合数据和模型存储和调度的存储空间。数据交换是通过无线传输完成的，当多个传感器向边缘设备发送数据时，每个传感器将各自的数据通过并行传输的方式上传到边缘设备。Cheng 等学者[9]提出了基于边缘计算的人脸认证系统来保护用户的隐私，并在传统云计算模型的基础上，引入了边缘计算的概念，将云计算中心的部分计算和存储任务迁移到网络边缘的计算节点，包括对数据进行编码、加密、隐私保护等。

11.3.2 服务安全

服务安全是指为边缘服务需求者提供安全。常用的服务安全技术包括：应用加固和应用安全审计等。

1. 应用加固

应用加固指的是在边缘计算场景下，为了保证性能和节约资源，对使用低级语言编写的应用程序进行加强。由于低级语言编写的应用程序在边缘计算场景中往往缺乏安全检查，存在大量的内存漏洞，攻击者可以利用这些漏洞实现各种攻击手段，包括代码损坏攻击（code corruption attack）、控制流劫持攻击（control-flow hijack attack）、纯数据攻击（data-only attack）、信息泄露攻击（information leak）等。考虑到应用程序逻辑和安全需求的复杂性以及后续升级演进的需求，人工识别敏感关键部分容易出错并且效率较低。因此，需要提供基于程序语言安全扩展和静态程序分析的自动识别和安全加固机制。

2. 应用安全审计

应用安全审计是按照安全策略，通过记录应用活动信息，检查和评估应用环境，以发现应用漏洞和入侵行为的过程。在复杂的边缘计算业务中，需要应用安全审计帮助评估应用的正确性、合法性和有效性，并及时向安全控制台报告影响应用运行的安全问题。定期收集安全日志、存储和分析，发现不合法、越权和异常行为，预测违规操作并进行报警，以及事后追踪是必要的。

11.3.3 数据安全

在边缘计算环境中，因为服务复杂性、实时性，数据来源多样性、感知性以及终端资源限制，传统数据安全保护机制不再适用于保护海量边缘数据。因此，需要新的边缘数据安全管理理念，提供轻量级加密、安全存储、敏感数据处理和监测等关键技术，以保障数据在全生命周期（产生、采集、流转、存储、处理、使用、分享、销毁）中的完整性、保密性和可用性。

在边缘计算场景中，需要保证数据在边缘节点存储和在复杂的边缘网络环境中传输的安全性。为了避免因数据损坏对业务造成影响，需要识别出对业务运行至关重要的数据并进行安全备份和恢复。此外，应提供异地备份功能，通过通信网络将重要数据备份到不同的地点，并提供备份数据一致性检测和备份位置查询等功能。

为应对边缘计算中用户隐私数据泄露的安全风险，除了采用轻量加密、隐私保护聚合、差分隐私数据保护、机器学习隐私保护等技术外，还可以在路由转发数据信息时按类型分类管理。在每个边缘节点的数据入口处使用防火墙隔离标识为隐私数据的信息，关闭所有不必要的服务和端口，并对标识的重要数据进行完整性、保密性和防复制保护。对于开放API接口的隐私数据泄露问题，可以在边缘节点上应用云计算服务中心的入侵检测技术，对API使用者进行检测，防止攻击者获取用户隐私数据信息。对于边缘节点部署的分散问题，可以采用分布式入侵检测技术，通过多个边缘节点协作实现对恶意攻击的检测。

此外，为了保护用户隐私数据的安全，必要时需要进行数据脱敏，包括个人数据如身份信息、位置信息和私密数据，以及身份信息，如用户所知、拥有和具有的生物特征等。使用主流数据安全技术，如加密（对称加密、非对称加密等）或脱敏（匿名或假名等），加强存储以防数据丢失，保障数据的机密性和完整性。边缘计算应该支持用户准入机制，以确保安全接入设备，并支持VPN的安全隧道接入。特别是在企业园区应用场景中，可以将用户接入授权与企业内部的授权服务器对接，以实现安全的用户接入。

11.3.4 身份认证与访问控制

保护智能边缘服务安全性的身份认证和访问控制从用户角度出发。访问控制与权限管理定义和掌控用户的访问权限，通过明确的控制方式，决定是否允许用户访问系统资源或获得操作权限的范围，以此来控制用户对系统功能和数据的使用和访问权限。因为边缘节点常常是海量的异构、分散的、低时延的和高度动态的设备，因此需要提供轻量的最小授权安全模型（如白名单技术）、分散的多域访问控制策略，支持快速认证和动态授权机制等关键技术，以保证合法用户能安全可靠地访问系统资源并获得相应的操作权限，并限制非法用户的访问。

根据身份认证方式的不同，身份认证的过程可分为：基于信息秘密的身份认证、基于物理安全性的身份认证、基于行为特征的身份认证和利用数字签名的身份认证。身份认证包含身份标识和访问控制两个部分：①身份标识指的是证明用户身份的特征，这些特征要求独一无二，可以是生物特征如指纹和视网膜，也可以是行为特征如声音、笔迹和签名，或者是用户提供的识别信息如口令和密码。然而，基于信息秘密的识别方式安全性较低，密码易被遗忘，并且身份容易被冒充。身份鉴别是对网络中的主体进行验证的过程，以确保用户的身份与其声称的身份相符。②访问控制技术建立在身份标识的基础上。目前，主流的访问控制技术包括自主访问控制、强制访问控制和基于角色标识的访问控制。其中自主访问控制和强制访问控制和访问权限直接相关，主要针对个人授权。总而言之，身份标识解决的是“你是谁”和“你是否真的是你声称的身份”的问题，而访问控制技术解决的是“你能做什么”和“你有什么权限”的问题。访问控制技术通过明确的方法限制或准许访问能力和范围。它防止了非法用户的侵入和合法用户不慎操作造成的破坏，从而确保网络资源受控的、合法的使用，是防范越权使用资源的措施。访问控制技术旨在限制主体对客体的访问权限，以保证计算机系统资源在合法范围内被使用。它决定了用户的操作限制，也决定了代表用户利益的程序的操作范围。通过限制对关键资源的访问，访问控制机制可以防止非法用户入侵系统或合法用户对系统资源的非法使用。

11.4 智能边缘安全机制案例

11.4.1 智能电网

MEC 广域网络是一种可以在多个地理位置使用的技术，它利用运营商的公共网络资源，提供安全的数据传输。它可以通过对网络进行分割，满足不同行业和业务的需求。主要应用于交通、电力、汽车互联网和跨地区经营的大型企业。

MEC 的部署在智能电网中是根据业务的时间敏感性和隔离需求而设计的，避免流量被绕过。它采用了省级、地级和区级三级部署的模式，以满足电力业务流向的需求。省级部署主要针对省内集中的业务，UPF 设备被部署在省公司，用于处理省内的业务流量，例如计量、公车监控等。地级部署主要针对地市内的终端业务，UPF 设备被部署在地市，用于处理本地的流量，例如配网自动化、配网保护、PMU、配变监测、充电桩等。区级部署（目前尚未大规模推广）主要针对特大型城市、变电站、抽水蓄能电厂等封闭区域，需要保证安全性并具有地方卸载和分层监控的需求。可以通过 UPF 和 MEC 的联合部署，例如在变电站或区级，以满足如巡检机器人、视频监控等的需求。

智能电网是广域 MEC 的典型应用场景之一，对安全性有严格要求。与传统电力系统相比，智能电网是将高速双向通信技术完全整合到数百万个电力设备中，建立具有新能源管理功能的动态互动基础设施，如高级计量基础设施和需求响应。然而，这种对信息网络的严重依赖不可避免地使智能电网面临与通信和网络系统相关的潜在风险，这增加了电力系统运行的风险，损害系统的可靠性和安全性。网络攻击者可能通过网络入侵导致智能电网出现各种严重后果，从客户信息泄露到一系列故障，如大规模停电和基础设施破坏。

1. 智能电网安全目标

智能电网有以下三个高层次安全目标。

1）可用性：确保信息及时、可靠的获取和使用对智能电网至关重要。这是因为可用性的损失可能导致访问或使用信息中断，从而可能进一步破坏电力传输。

2）完整性：防止信息被不当修改或破坏，以确保信息的不可否认性和真实性。完整性的缺失可能导致未经授权的信息修改或破坏，并进一步导致错误的能源管理决策。

3）机密性：保护信息的获取和披露仅限于授权方，主要目的是保护个人隐私和专有信息。这在防止未经授权的访问，保护非公开信息和个人信息方面尤为重要。

在智能电网中，从系统可靠性、可用性和完整性的角度看，这些安全目标至关重要。尽管机密性对于系统可靠性来说可能不是最重要的因素，但在涉及与客户互动的系统，如需求响应和 AMI 网络中，它变得越来越重要。

2. 网络安全要求

可用性、完整性和机密性是智能电网高级网络安全目标的三个关键要素。除此之外，还有网络安全和物理安全。具体来说，网络安全部分详细说明了与智能电网相关的尾端安全问题和网络信息、网络系统的要求；而物理安全部分则规定了设备规格、运行环境、认证识别和员工安全政策有关的要求。具体包括以下几点。

1）攻击检测和弹性操作。相较于传统电力系统，智能电网具有相对开放的通信网络地理区域，不可能确保智能电网中的每个部分或节点不受网络攻击。因此，通信网络需要始终如一地测试和比较监控网络流量状态，例如，检测和识别异常事件。此外，网络还必须具有在攻击情况下持续运行的自我修复能力。由于电力基础设施的变化，弹性运行通信网络对于维持智能电网中的工作可用性至关重要。

2）识别、认证和访问控制。智能电网网络基础设施包括军用电子设备和用户的设备。识别和认证是验证设备或用户的实体身份的关键过程，是访问智能电网信息系统中资源的先决条件。访问控制的重点是确保资源只能由适当的人访问——正确识别的实体。必须强制执行严格的访问控制，以防止未经授权的用户访问敏感信息和控制关键基础设施。为了满足这些要求，智能电网中的每个节点至少必须具备基本的密码功能，例如对称和非对称加密算法、执行数据加密和验证。

3）安全高效的通信协议。与传统网络不同，在智能电网中，消息传递需要同时具备时间紧迫性和安全性，特别是在分配和传输系统中。然而，这两个目标通常是互相矛盾的。作为智能网络中的网络（或子网络），不能总是使用安全的、物理保护的和高带宽通信通道，最佳的通信设计需要权衡取舍以平衡通信效率和信息安全。

综上所述，智能电网对实现高效安全的信息传递和保护关键电力基础设施提出了更严格、更高的安全要求。这些安全要求与通信网络、临时运营政策和物理基础设施一起，将为智能电网提供全面的安全保障，共同实现“能源互联网”的最终目标。

3. 网络安全威胁

由于安全挑战主要来自通过通信网络进行的恶意网络攻击，必须了解智能电网中的潜在漏洞和网络攻击。在通信网络中，安全攻击可以分为两种类型：自私的、行为不端的用户和恶意用户。自私的、行为不端的用户是那些试图通过违反通信协议来获得比合法用户更多的资源。相比之下，恶意用户不仅仅是出于自己的利益，而是出于非法获取、修改或破坏网络中的信息的目的。因此，自私和恶意用户都对通信网络的安全构成挑战。

然而，在智能电网中，恶意行为是比自私不当行为更令人担忧的问题，因为数百万人的电子设备被用于监控和控制电力系统，而不仅仅是提供数据服务，例如文件下载和共享。因此，恶意攻击可能会对电源造成灾难性损害和广泛的停电，这在智能电网中是绝对禁止的。

基于智能电网规模的巨大和系统的复杂性现状，恶意攻击集中在智能电网的三个安全目标，即可用性、完整性和机密性。可用性的攻击，也称为 DDoS 攻击，旨在延迟、阻止或损坏智能电网中的通信；完整性的攻击旨在蓄意和非法地修改或破坏智能电网数据交换；机密性的攻击旨在获取未经授权的来自网络资源的信息。

11.4.2 智慧工厂

智慧工厂是局域 MEC 的一个典型应用场景，专为特定地理区域的业务而设计。这种局域 MEC 场景旨在实现业务闭环，确保核心业务数据在该区域内保密，适用于各种园区 / 厂区型企业，如制造业、钢铁、石化、港口、教育、医疗等行业。在制造业中，传统工厂的联网通常采用有线网络、WiFi、4G 以及近距离无线等技术，但这些技术存在各自的限制。有线网络的部署周期长、难度大；WiFi 稳定性不佳、容易受到干扰；4G 的带宽不足、时延较大；蓝牙、RFID 等近距离无线技术数据传输量小、距离有限。因此，制造业迫切需要一种拥有综合优势的网络技术。

5G 能够保障生产系统高质量、灵活的组网能力，整合链条各环节的数据，在速度、带宽、时延、可靠性、海量连接、覆盖、安全等方面的能力可以满足智慧工厂的严苛要求。智慧工厂是 5G 实际应用的重要试验场。固网仍然主导着工业互联网，因为制造商以前依赖有线技术来连接生产设施。然而，有了 5G，无线技术不仅更适合复杂的制造环境，而且成本也远低于线路升级。 5G 是制造业和互联工厂网络化、数字化、智能化及其多样化需求的基石。

此外，5G 网络能力要满足智慧工厂的需求，需要考虑四个关键要素：连接、计算、安全和简单。可靠的连接是广接入、大带宽、低时延的基础。 需要强大的异构边缘计算平台来处理企业园区中种类繁多的应用场景。对于企业而言，在企业园区内部实现数据闭环，是数据安全的必然要求。在专网运维和边缘计算方面，简单是运营商和企业的明显偏好。

1. 安全目标

智慧工厂中主要的安全考虑因素是机密性、完整性、可用性和认证。

1）机密性：攻击者可以执行中间人攻击，泄露控制系统之间的通信信息。该攻击可以在具有许多传感器间通信协议拦截的会话中捕获数据包。此外，由于存在来自内部网络的信息可能会暴露攻击者的情况，还需考虑保密要求。

2）完整性：智慧工厂系统的完整性是指信息在没有变形、故障或未能遵守管理员指令的情况下进行通信的条件。任何不遵守这些条件的行为都会导致控制系统受到内部威胁，并可能导致严重故障。此外，如果漏洞未修补或使用易受攻击的加密算法，攻击者可以利用它们；若服务的完整性受到损害但未检测到，则服务可能会在故障状态下运行。

3）可用性：智慧工厂系统中的可用性是系统正常运行的属性，它能够在任何给定时间处理请求。在智慧工厂环境中，恶意软件可能会导致系统和数据损坏。DDoS 攻击可通过大规模数据包传输或暴力攻击发生。应考虑对控制系统可用性的要求，避免由于恶意软件感染或无法提供服务所造成巨大的损害。

4）认证：用户认证是指对系统中的诚实用户进行认证。在智慧工厂环境中，各种传感器、执行器和控制系统都是相互连接的。管理员的角色也非常重要，因为系统中安装的软件和固件都需要不断更新。但是，管理员权限可以通过暴力攻击或预攻击被劫持，导致未经授权的非法命令执行。因此，构成智慧工厂环境主要支柱的传感器、执行器和控制系统之间需要相互验证。此外，对访问每个系统的管理员进行身份验证是必不可少的；因此，应考虑进行认证，以便只有授权实体才能访问它。

2. 安全威胁

以常规和远程攻击为场景，攻击者主要使用“通过远程端口进行恶意访问”和“可移动媒体连接”来接近“智慧工厂控制系统”。使用远程端口，攻击者通过易受攻击的端口获得访问权限，主要是通过扫描它们来检测可攻击的端口。针对媒体设备连接的攻击是内部人员违反安全策略和已被攻击者捕获的内部问题。智慧工厂环境由众多系统组成，一旦出现问题，破坏量大，需要在实际部署前识别系统可能出现的问题。以下是智慧工厂环境中可能出现的安全威胁。

1）使用移动媒体泄露敏感信息资产。由于缺乏移动存储媒体的控制系统和访问控制系统，直接将外部存储媒体连接到工厂控制系统可能会泄露重要信息。

2）通过恶意代码感染泄露重要信息资产。通过使用与外部网络分开的企业内部网络，将现有工厂系统转换为智慧工厂，避免敏感信息被外部网络非法获取。转换为智慧工厂，敏感信息可能会被外部网络非法获取。此外，如果未安装疫苗程序或出现系统错误，补丁管理不当可能会导致易受安全威胁的系统感染恶意软件和敏感信息泄露。

3）通过远程访问泄露重要信息资产。当智慧工厂系统的主机设备被外部远程控制、监视或被网络黑客攻击时，会导致企业内部网络中关键信息被非法获取。

4）通过外包公司员工泄露重要信息资产。外包公司员工可以访问内部网络或恶意内部人员泄露敏感信息等情况可能会导致信息泄露。

3. 解决方案

智慧工厂不仅仅包括人工智能、物流和生产机器人等技术方面。需要在智慧工厂实施的早期阶段解决安全要求和注意事项。构建安全、私密和机密的智慧工厂基础设施将使公司免于潜在的重大损失，并可以提供更快、更有效和可扩展的生产环境。

1）机密性。提供机密的智慧工厂系统是保护数据传输和数据隐私的重要阶段，应使用安全且功能强大的加密密码和哈希算法来保护数据传输。加密应在传输之前对智慧工厂数据和信息执行加密，以保护其隐私和机密性。在密码学和算法中，适当使用公钥加密算法（RSA）和对称密钥算法（AES）以及消息散列函数的应用很重要。

2）完整性。智慧工厂系统的完整性应针对在每个传感器、执行器和控制系统上运行的服务进行。系统运行时，当有来自外部的恶意访问时，应立即检测和响应。此外，智慧工厂由从小型物联网设备和传感器到大型生产和物流阶段的大规模参与者组成。因此，保持智慧工厂的整体完整性是一项典型的任务，需要在构建真实世界的智慧工厂之前进行组织和充分准备。保护智慧工厂系统免受内部和外部攻击是提供所需系统完整性的主要解决方案。

3）可用性。必须始终保证智慧工厂的可用性。当控制系统出现服务故障时，应生成审计记录，并严格管理安全特性和安全属性，确保持续可用。

4）认证。为了验证所有参与组件都经过身份验证并具有有效证书以在智慧工厂系统中运行，需要在构成智慧工厂环境的传感器、执行器和控制系统之间进行交叉检查。系统管理员和参与者也包括在交叉检查阶段。如果发现用户或设备未经认证或相关认证过期，系统将自动阻止其修改或操作智慧工厂系统，以保持完整性并保护整个系统免受任何潜在的内部攻击。在对智慧工厂采取任何行动之前，系统应验证认证的有效性。如果某个实体提供虚假证明的次数达到给定的可接受次数，则将完全拒绝其访问系统。这将阻止恶意设备和实体通过虚假认证耗尽系统。

本章小结

保障安全是智能边缘网络设计中不可忽视的重要任务。为了避免边缘网络遭到攻击，本章介绍了12个主要的挑战。同时，从边缘服务提供者和边缘服务需求者的角度，介绍了智能边缘网络安全的相关概念和现状。具体来说，对于边缘服务提供者而言，关注点是确保边缘设备和网络的安全性，以保证服务性能并防止数据在传输和处理过程中受到攻击。对于边缘服务需求者而言，则更加关注个人隐私的保护，期望在使用服务和下载应用时具有一定的安全保障措施，并确保用户身份和权限的正确匹配。通过了解智能边缘网络的安全机制，以及重视边缘网络安全的保护，可以极大地提高智能边缘网络的稳定性和可靠性。

参考文献

[1] DUAN Y, LU Z, ZHOU Z, et al. Data privacy protection for edge computing of smart city in a DIKW architecture[J]. Engineering Applications of Artificial Intelligence, 2019, 81(1): 323-335.

[2] YAN X, WU Q, SUN Y. A homomorphic encryption and privacy protection method based on blockchain and edge computing[J]. Wireless Communications and Mobile Computing, 2020, 20(20): 1-9.

[3] QIAO Y, LIU Z, LV H, et al. An effective data privacy protection algorithm based on differential privacy in edge computing[J]. IEEE Access, 2019, 7(1): 136203-136213.

[4] ZHANG P, DURRESI M, DURRESI A. Internet network location privacy protection with multi-access edge computing[J]. Computing, 2021, 10(3): 473-490.

[5] PANG M, WANG L, FANG N. A collaborative scheduling strategy for IoV computing resources considering location privacy protection in mobile edge computing environment[J]. Journal of Cloud Computing, 2020, 9(1): 1-17.

[6] CUI G, HE Q, CHEN F, et al. Location privacy protection via delocalization in 5G mobile edge computing environment[J]. IEEE Transactions on Services Computing, 2021, 16(1): 412-423.

[7] SUI W, LIU Z, LV H, et al. Random partition region for location privacy protection on edge computing[C]//2021 8th IEEE International Conference on Cyber Security and Cloud Computing (CSCloud)/2021 7th IEEE International Conference on Edge Computing and Scalable Cloud (EdgeCom). New York: IEEE, 2021: 155-160.

[8] ZHANG X, LU J, LI D. Confidential information protection method of commercial information physical system based on edge computing[J]. Neural Computing and Applications, 2021, 33(12): 897-907.

[9] CHENG Y, MENG H, LEI Y, et al. Research on privacy protection technology in face identity authentication system based on edge computing[C]//2021 IEEE International Conference on Artificial Intelligence and Industrial Design (AIID). New York: IEEE, 2021: 438-449.

CHAPTER 12

第 12 章

基于边缘计算的 Web AR 平台实现

AR 技术能够极大地提升用户视听体验。传统 AR 技术要求用户在终端设备上部署 AR 客户端，随后与服务器进行交互完成图像渲染过程。而基于网络的 AR（Web-Based Augmented Reality，Web AR）只要求用户设备具备简单的网络连接和图形渲染功能，几乎所有的运算过程都在远程服务器上完成。因此 Web AR 对用户设备的资源占用更低，可应用在更多的场景当中。现阶段 Web AR 技术仍然面临着延迟高、渲染质量差等技术问题，无法在市场中进行推广。5G 和智能边缘计算架构为解决 Web AR 应用瓶颈提供了一种具有潜力的解决方案。本章将详细深入地介绍一个智能边缘计算与 Web AR 应用相结合的平台实例，对目前 Web AR 应用解决方案、所面临的挑战及设计边缘计算架构下的软件实例进行阐述。

12.1 概述

本章从 AR 与 Web AR 技术的概念出发，详细介绍 Web AR 技术的优势，最后通过回顾 AR 原型应用与开发平台的发展，简述目前现有的 Web AR 解决方案，概括 Web AR 技术未来发展面临的挑战。

12.1.1 AR 与 Web AR

AR 是一种将虚拟内容渲染叠加到真实场景图像中的视觉处理技术；除了静态渲染之外，AR 还可以在长时间序列中针对采集图像的运动轨迹，灵活捕捉标记图形，完成实时渲染与展示。早在 20 世纪 60 年代，就有学者提出了 AR 这一概念[1]，但受限于当时的技术水平，AR 设备往往极为笨重且运算速率、渲染效果均会受到较大限制。随着时代变迁与技术发展，AR 已不再局限于在室内、实验室等一些特定的场景内运行，移动 AR 应用也已逐步成熟，目前在各移动端轻量级设备上有了初步应用。

基于网络的 AR 应用，是一种使用网页技术实现增强现实的方法，它使用户在不需要下载或安装任何应用程序的情况下，直接通过网页浏览器访问 AR 应用程序。Web AR 技术使用 Web 浏览器中内置的 WebGL 和 WebRTC 等技术，利用设备的摄像头、传感器和浏览器的计算能力，将虚拟的 3D 模型或其他数字内容叠加在现实世界中，实现 AR 交互效果。Web AR 技术的优点在于，用户可以不用预先下载或安装任何应用程序，只需要使用浏览器，就可以访问 Web AR 应用程序。这使得 Web AR 应用程序具有更广泛的可访问性和便利性。此外，Web AR 应用程序的开发和维护成本也比传统的基于软件开发的 AR 应用程序更低。图 12-1 展示了三个 Web AR 应用的实例 [2]。

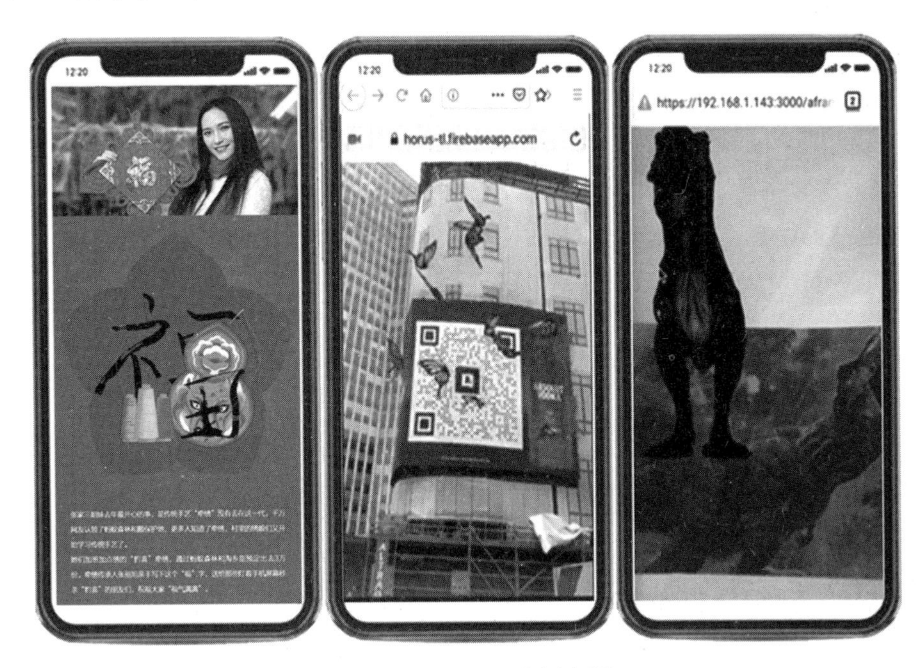

图 12-1　Web AR 应用实例

Web AR 将现实世界和虚拟信息相结合，创造出丰富的沉浸式体验，在广告、教育、游戏、旅游、零售等领域有广泛的应用前景，例如：

1）广告和营销。Web AR 广告可以帮助企业提升品牌知名度，并促进产品销售，例如，化妆品品牌推出的虚拟试妆应用，让用户通过摄像头查看自己的虚拟妆容。

2）教育和培训。Web AR 技术可以用于提高教育和培训的交互性和趣味性，例如，医学学生可以使用 Web AR 应用程序在实际场景中学习人体解剖学知识，艺术学生可以使用 Web AR 应用程序在现实场景中进行 3D 设计。

3）游戏和娱乐。Web AR 游戏可以将虚拟游戏世界与现实场景融合，提供更加丰富和真实的游戏体验，例如，一些 AR 飞行射击游戏，玩家可以通过移动设备在现实场景中进行游戏。

4）零售和电商。Web AR 可以帮助在线零售商提供更加真实的购物体验，例如，家具品牌可以使用 Web AR 应用程序将虚拟的家具模型放置在现实场景中，帮助用户更好地选择家具。

5）娱乐和文化活动。Web AR 应用程序有助于提升娱乐和文化活动的体验，例如，音乐节活动可以使用 Web AR 技术创建虚拟的演出场景，让观众在现实场景中感受到更加真实的演出效果。

具体来说，相比于传统的 AR 应用，Web AR 具有多种优势。

1）跨平台。传统 AR 技术需要使用专门的硬件设备和操作系统进行开发和使用，如 AR 眼镜或智能手机。而 Web AR 技术是基于网页浏览器的技术，可以在各种设备和平台上使用，如智能手机、平板计算机。

2）应用场景广泛。传统 AR 技术通常用于单一的应用场景，如游戏、娱乐、工业等领域。而 Web AR 技术可应用于各种领域，如广告、教育、零售、医疗。

3）易开发。传统 AR 技术的开发通常需要专业的开发团队和开发工具，开发成本较高。而 Web AR 技术采用的是基于 Web 技术的开发方式，使用超文本标记语言（HTML）、CSS、JavaScript 等 Web 开发技术，相对容易上手和开发。

4）更轻量。相比传统 AR 技术使用时需要通过安装应用程序或硬件设备，Web AR 技术可以通过浏览器访问网页，不需要安装额外的应用程序，使用起来更加轻量化、方便和快捷。

总之，Web AR 技术的轻量化、方便、易用和跨平台等特点，使 AR 应用程序更加便利和易用，拓展了 AR 技术的应用场景，具有广阔的发展前景。

12.1.2 Web AR 现有解决方案与挑战

AR 技术这一名词在 1960 年前后就已经诞生，并拥有诸如 VIRTUAL FIXTURES 虚拟帮助系统 [3]、KARMA 机械师修理帮助系统 [4] 等原型工具，但直到 1999 年前，AR 应用都处于实验室研究阶段。1999 年，AR ToolKit 项目 [5] 发布，这是第一个开源的手机 AR SDK，极大促进了 AR 应用的发展与传播。2017 年，苹果公司发布了 ARKit[6]，这是目前开发 AR 应用最主流的 SDK 工具之一。一年后，谷歌公司发布 ARCore[7]，成为开发 AR 应用的另一种 SDK 选择。ARKit 和 ARCore 都提供运动追踪、环境感知以及光线感应功能，能够较为方便地开发移动 AR 应用。其中，ARKit 仅兼容 iOS 设备，而 ARCore 则仅支持 Android 设备。

得益于 Web AR 的低开发、低使用成本，企业也逐渐将目光转向能够跨平台、轻量级、易部署的 Web AR 应用。基于 ARKit 与 ARCore，谷歌团队提供了 WebARonARKit[8] 与 WebARonARCore[9] 两个库，从而实现在特定的系统上实现 Web AR 的开发。此外，各种AR开发工具或平台不断涌现，如AR.js[10]、ZapWorks[11]、Vuforia[12]、AR.js Studio[13]、Wikitude[14]、Reality Composer[15]、Sketchfab AR[16]、AR Foundation[17]、EasyAR[18]、Huawei AR Engine[19]等。这些工具都能够提供AR或Web AR服务，包括场景识别、地理位置定位、模型建立、光线追踪、图形渲染甚至景深计算等功能。用户只需要在开发者平台上导入场景、模型，随后配置模型之间的依赖关系和图形变换方式，平台就可以自动帮助用户完成图形的追踪、定位等运算工作，展示最终的渲染效果，加快应用的开发速度。

尽管目前拥有一些颇为成熟的Web AR产品，但Web AR技术在应用需求、服务质量、大规模部署等方面仍面临诸多困难，直接原因包括以下几个方面。

1）网络带宽。Web AR技术需要通过网络传输3D模型、纹理、音频和视频等大量数据，因此需要高带宽的网络来保证应用的流畅运行。目前，全球范围内网络带宽的分布和不均匀性是Web AR技术发展的一个挑战。

2）设备兼容性。不同的硬件设备和浏览器之间的兼容性问题是Web AR技术的一个难点。不同的设备可能使用不同的传感器、摄像头和浏览器，导致Web AR应用的体验和性能存在差异。

3）硬件要求。要体验Web AR，需要满足一定的硬件要求，如摄像头、加速度计和陀螺仪等。某些设备可能缺乏这些硬件，因此无法正常获取AR体验。

4）数据安全性。Web AR技术需要将用户的位置、图像和声音等数据上传到服务器进行处理，因此需要加强数据的安全性和隐私保护。特别是在医疗、金融等场景，数据的保护和隐私问题更加突出。

5）缺乏标准化。目前Web AR开发缺乏标准化，不同的开发平台和工具之间存在互操作性和兼容性问题。这可能使开发者和用户面临更多的挑战和困难，限制了Web AR应用程序的推广和使用。

12.1.3 边缘计算与Web AR

针对上述问题，5G的兴起以及智能边缘计算的迅速发展为移动AR应用所面临的诸多限制提供了一种新兴的解决方案。

首先，边缘计算结合第五代通信技术，能够缓解带宽瓶颈。一方面，第五代通信技术相较于第四代通信技术的数据传输速度得到了很大程度的提升，5G提供高达10 Gbit/s的峰值数据下载速率，而4G的峰值速率仅为100 Mbit/s左右。因此，5G网络能够支撑轻量级移动设备实现高速、高质量的通信，满足移动AR应用的带宽需求。另一方面，智能边缘计算架构能够将AR应用的移动设备上耗费大量计算资源的计算密集型任务迁移到搭载高性能处理器的边缘服务器上，以减少移动设备的计算压力，加快计算密集型任务的处理速度并减少移动设备的能耗，有效提升移动设备的性能和续航，满足移动AR应用的计算需求。

除此之外，与传统的集中式计算模式相比，边缘计算在边缘层处理数据，能够提高数据处理的效率和安全性。Web AR 需要将用户的位置、图像、声音等数据上传到服务器中，数据的安全性和隐私保护问题成为一大难题。边缘计算可以通过将数据处理和计算推向边缘节点，从而实现对数据的即时分析和处理。这种方式可以减少数据传输时的延迟和网络拥堵，提高数据的安全性，更好地保护用户的隐私。

为此，本书实现了一个基于边缘计算的 Web AR 平台，该平台使用边缘计算架构，利用 AR.js 库创建了一个 Web AR 应用。同时，该平台部署了多种请求调度算法，实现了 Web AR 服务的低延迟与高响应性。

12.2 平台介绍

本 Web AR 平台主要基于智能边缘计算技术和 WebGL 技术构建，为移动边缘场景下的移动 AR 用户提供 AR 服务，并有效地为用户的 AR 应用请求进行各种卸载调度，以满足不同用户的不同性能指标偏好。移动 AR 应用请求卸载系统主要有以下几个功能。

1）移动性支持。移动用户提供 AR 服务，并能有效地提升移动用户的便携式设备的计算能力，降低 AR 应用请求的时延，增强移动用户的沉浸式体验。

2）低能耗。有效降低移动设备的能耗，延长用户移动设备的续航。

3）实时调度。实时调度 AR 应用请求，突破单个边缘服务器的计算资源限制，并允许用户自定义调度算法。

4）速率自适应。根据 AR 应用的历史信息预测具有不确定请求的 AR 应用请求的数据速率。再根据速率使用情况和网络带宽有针对性地进行调整。

图 12-2 展示了移动 AR 应用智能卸载平台的系统模型示例。从图 12-2 中，可以看出用户向边缘网络发送请求、接受处理的完整流程，整体上可以划分为三个阶段：请求发送阶段、请求处理阶段和结果展示阶段。具体来说包含以下几个阶段。

1）用户首先通过各种信息采集设备的摄像头，从真实世界中捕获视频流。随后需要将视频流发送给 AR 服务器。在传输阶段，有不同的方式可选，一种常见的方式是将视频流封装为视频流协议，如 RTMP、RTSP、HTTP 等。或者，也可以将视频流截断，并封装为各种视频文件格式，如 MP4、FLV、HLS 等。

2）当 AR 服务器接收到 AR 请求后，会对视频流进行一帧一帧的处理。由于单个边缘服务器处理能力有限，可能无法完成网络中的所有 AR 请求，因此边缘平台常常通过回程网络将任务卸载到周围多个服务器上进行处理，随后将处理结果返回给用户。

3）用户在客户端上等待处理结果，并将最后的处理结果展示在设备界面上。

考虑到 AR 应用请求的多样性，智能卸载平台的核心在于为用户提供良好服务接口，为网络服务供应商提供自定义卸载规则、定价规则等商业策略接口。最终实现满足 AR 应用各项指标要求的同时，尽可能为网络服务供应商、设备提供商等不同角色提供高定制化可扩展平台，最大化各方的收益。

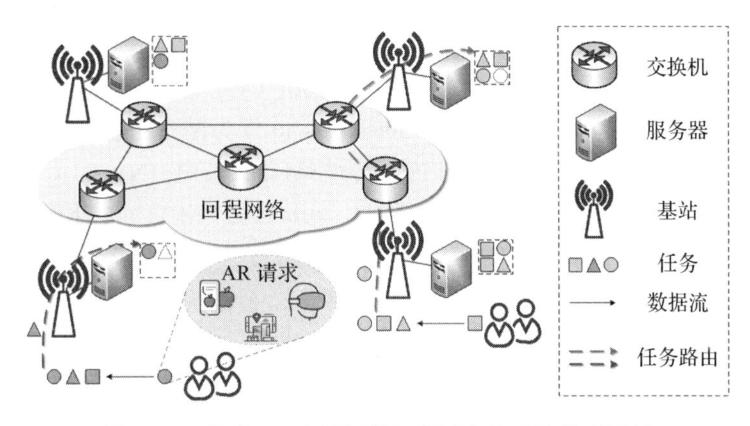

图 12-2 移动 AR 应用智能卸载平台的系统模型示例

12.2.1 硬件平台

本系统采用两层的边缘网络架构，包含用户层与边缘层，共计 11 个异构设备，如图 12-3 所示。

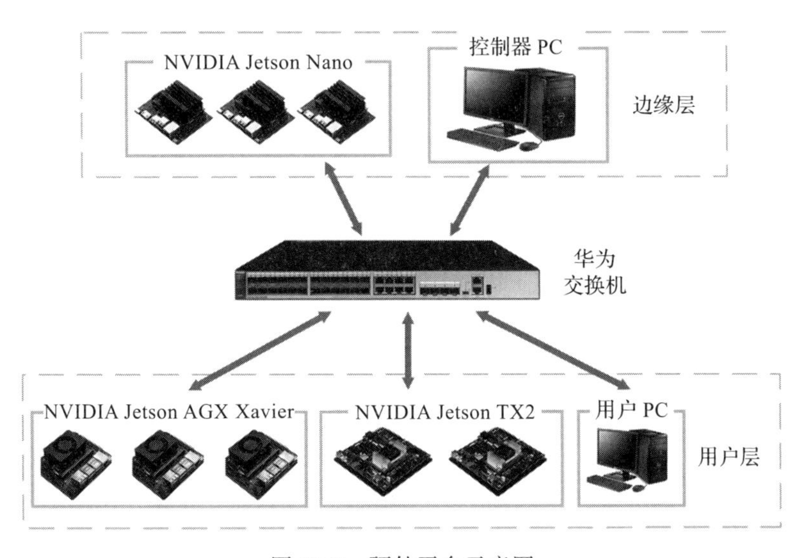

图 12-3 硬件平台示意图

在用户层，本系统使用了 6 个异构设备作为用户，向边缘网络发起 Web AR 请求。具体来说，用户层包含两个 NVIDIA Jetson TX2[20]、三个 NVIDIA Jetson AGX Xavier[21] 和一台用户 PC。其中，NVIDIA Jetson TX2 的 GPU 采用 NVIDIA Pascal 架构，配有 256 个 NVIDIA CUDA 核心，并搭载双核 NVIDIA Denver 2 64 位 CPU 与四核 Arm Cortex-A57 MP Core 复合处理器，同时配备 8GB 内存、59.7GB/s 的显存带宽以及各种标准硬件接口；NVIDIA Jetson AGX Xavier 的 GPU 是 NVIDIA Volta 架构，配备 512 个 NVIDIA CUDA

Core 和 64 个 Tensor Core，使用了 8 核 NVIDIA Carmel Arm v8.2 64 位 CPU，同时配备 16GB 内存和 32GB 存储空间。用户 PC 配备 i7-10700F CPU 和 16GB 内存。

在边缘层，本系统使用三台 NVIDIA Jetson Nano 作为基站上的边缘服务器，以及一台配备 i7-10700F CPU 和 16GB RAM 的 PC 作为控制器，其中，NVIDIA Jetson Nano 带有 128 核 NVIDIA Maxwell 架构 GPU 和四核 ARM Cortex-A57 MP Core 处理器的 CPU，并拥有 4GB 的内存。

此外，为了保证硬件平台之间良好的网络通信，本系统使用华为 S5720-32CHI-24S-AC[22] 交换机，其内存为 4GB Flash，物理空间为 512MB。

12.2.2 软件平台

在本节中，将详述本系统的软件架构，并介绍每个模块的具体设计方案。软件平台架构如图 12-4 所示。

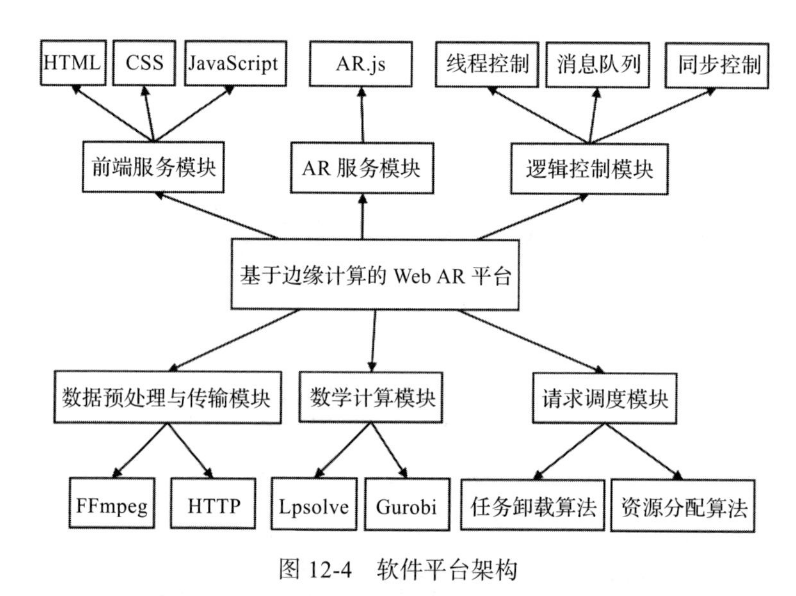

图 12-4 软件平台架构

1. AR 服务模块

本系统的 AR 服务模块主要通过使用 AR.js 库进行构建。AR.js 是一个开源的 Web 轻量级的增强现实类 JavaScript 库，可以让开发人员在 Web 上创建增强现实（AR）体验。AR.js 由一个开发人员社区积极维护，在 GitHub 上以 MIT 许可证提供。它与大多数现代浏览器兼容，包括 Chrome、Firefox、Safari 和 Edge，并可与流行的 AR 工具（如 Vuforia 和 ARToolKit）一起使用。它建立在流行的 Web VR 框架 A-Frame 之上，使用 WebRTC、WebGL 和 Three.js 来呈现 3D 图形，并通过移动设备或计算机的相机视图将图形覆盖到真实世界中。

AR.js 支持基于标记和基于位置的 AR，这意味着它可以检测预定义的图像或地理位置来触发AR内容。如图12-1中中间手机所展示的黑底框二维码图案，就是AR.js可识别的一个标记。这种标记的识别模型、渲染模型都需要开发者提前训练，随后插入到AR.js中。优化模型训练、识别、渲染涉及的精度、容错率、延迟等指标也是AR技术与深度学习技术融合后的交叉挑战之一，限制了AR技术的发展。除了基于标记的AR、AR.js，还支持多个标记、图像跟踪和无标记跟踪。

AR.js接受多种数据格式输入，包括静态图片、实时视频流、视频文件等。使用AR.js，开发人员可以创建直接在浏览器中运行的AR体验，不需要依赖应用程序或任何其他额外的软件。这种基于网络的Web AR技术可以使AR应用让更广泛的受众使用，消除了对于不想为每个AR体验安装单独的应用程序的用户的进入障碍。

2. 前端服务模块

系统前端服务模块使用HTML[23]、CSS及JavaScript语言进行设计。HTML可用于定义内容结构，使文本具有不同的含义，并将内容嵌入到页面中。HTML定义了网页的结构和意义，是构建Web世界的基础。目前，HTML被广泛应用于游戏开发、网络音效以及Web应用程序开发等领域。各种浏览器（如Chrome、Internet Explorer、Firefox和Safari等）可以读取HTML文件，并将其渲染成网页。

JavaScript是一种面向对象的跨平台脚本语言，使开发人员能够在网页上实现各种复杂功能，如实时内容更新、交互式地图、2D和3D动画、滚动播放的视频等。在浏览器中，JavaScript能够通过连接的环境提供的编程接口进行控制。JavaScript具有内置的标准库，包括数组（array）、日期（date）、数学（math）以及一套核心语句，包括运算符、流程控制符和声明方式等。JavaScript的核心可以通过添加对象来扩展语言，以适应不同的需求。它既简洁又灵活，使开发者们能够编写实用工具，事半功倍。JavaScript的应用场景极其广泛，既可用于简单的幻灯片、照片库、浮动布局和响应按钮点击，也可用于复杂的游戏、2D和3D动画、大型数据库驱动程序等。

3. 逻辑控制模块

本系统逻辑控制模块基于Python[24]语言编写，使用了消息队列[25]、线程控制和互斥锁[26]等技术。Python语言是一种结合解释性、编译性、互动性和面向对象的脚本语言。由于Python语言具有易于学习、易于阅读、易于维护以及可扩展等诸多特点，适合用来编写Web AR应用卸载系统的逻辑控制模块，并且由于Python拥有一个广泛的标准库，支持引入机器学习并用于预测Web AR应用请求的数据速率。

消息队列是一种先进先出的队列型数据结构，实际上是系统内核中的一个内部链表。消息以顺序插入队列中，其中发送进程将消息添加到队列末尾，采用先来先服务的方式顺序读取消息。多个进程可同时向一个消息队列发送消息，也可以同时从一个消息队列中接收消息。消息队列可用于服务器接受大量的Web AR应用请求。

线程控制即同时对多个任务加以控制，在软件或者硬件上实现多个线程并发执行的技术。多线程一般用于处理大量的后台并发任务，以及执行任务的异步处理。本系统控制器使用多线程技术，将 Web AR 请求的接收与处理进行分离，利用 IO 多路复用技术接收 Web AR 请求，同时调用算法库与 AR.js 模块处理请求，使得两个任务之间相互隔离，避免由于争抢计算资源导致任务的等待延迟增加甚至饿死。

互斥锁是给一段临界区代码加锁，但是此加锁是在进行写操作的时候才会互斥，而在进行读的时候是可以共享地进行访问临界区的。本系统使用了 Portalocker，以此来允许多个线程访问共享资源，同时避免共享资源被随意修改。Portalocker 是一个提供文件锁定 API 的 Python 库，在 Windows 和类 Unix 平台都进行了封装和优化，具有跨平台的能力。使用 Portalocker 能有效避免 AR 应用请求卸载系统中共享的 AR 应用请求信息列表被随意修改，保证程序的安全性。

4. 数据预处理与传输模块

本系统数据预处理与传输模块主要包括 Web AR 应用预处理以及 Web AR 应用请求数据传输，主要是通过 FFmpeg[27] 软件和 HTTP[28] 协议来共同实现的。

FFmpeg 是一套可以用来记录、转换数字音频、视频，并能将其转化为流的开源计算机程序，采用 LGPL 或 GPL 许可证。它提供了录制、转换以及流化音视频的完整解决方案，其中包含非常先进的音频 / 视频编解码库，具有高可移植性和高编解码质量。目前市面上所有跟音视频相关的工具，包括众多的播放器，几乎都有 FFmpeg 的影子。FFmpeg 在 Linux 平台下开发，但它同样也可以在 Windows、Mac OS X 等操作系统环境中编译运行。这个项目最早由 Bellard 发起，2004—2015 年间由 Niedermayer 主要负责维护。许多 FFmpeg 的开发人员都来自 MPlayer 项目，而且当前 FFmpeg 也是放在 MPlayer 项目组的服务器上。本系统的用户层设备使用 FFmpeg 对实时拍摄的视频进行预处理操作，包括转码、编码、获取视频信息等。此外，作为用户在浏览器上进行数据交换的基础方式之一，HTTP 协议是一种可以获取网络中网页、图片、视频等资源，传输超文本的应用层协议。本系统使用 HTTP 协议将 Web AR 请求的数据从用户层发往边缘网络，其中既包括经过预处理的视频流，也包含经过 FFmpeg 分析后得到的分辨率、码率等视频信息。

5. 请求调度模块

本系统的请求调度模块需要根据当前的环境为 Web AR 应用请求进行调度决策，即寻找合适的基站、分配恰当的资源来处理 Web AR 请求。因此，请求调度模块中主要包含任务卸载、资源分配两类算法。针对不同的用户需求、不同的请求类型、不同的问题模型，本系统设计了一套请求调度模块，通过对请求模型、网络模型进行抽象，提供了多种在线调度算法，同时也开放了 API 以允许用户自定义编写自己的问题求解方案和请求调度算法。用户既可以定义能够预知所有请求的到达顺序、请求指标具体数值的离线算法，也可以设计在线算法，将整体调度过程划分为不同时间片，依据当前到达的请求和过往经验，为每一时刻的请求制定最适宜的安排。

具体来说，请求调度模块的执行流程包含三个部分，首先是通过数据收集接口对请求一系列指标、网络状况进行监控，提取抽象数据信息以供算法求解；其次使用调度算法，对收集的数据进行一系列问题求解，并得出最终的分配结果；最后调用决策执行接口，依据得出的分配结果，为每个请求分配具体的卸载位置，同时分配每个请求对应的资源。

6. 数学计算模块

本系统的数学计算模块旨在辅助调度算法模块，为求解各类调度算法涉及的问题模型提供支持。本系统添加了多种科学求解库（如 Lpsolve、Gurobi、Scipy 等）进行数学计算。

Gurobi[29] 是科学优化器的代表性产品之一，可用于优化大规模数学规划问题，它可以快速高效地求解大规模线性规划和凸二次规划问题，同时它支持多目标优化，并提供了方便轻巧的接口，支持 C++、Java、Python 和 Matlab 等语言，内存消耗少。经过大量测试数据的验证，Gurobi 的求解速度优良、性能稳健，对于有数值问题的模型稳定性高，支持并行计算、分布式计算和云计算。Gurobi 支持多种平台，包括 Windows、Linux 和 Mac OS 等。Gurobi 求解器方便与其他算法融合，系统算法库中的各种算法能够直接根据 Gurobi 求解的结果进行分析与选择，为移动 AR 应用请求分配卸载的边缘服务器。

不同的求解器之间往往存在着诸多性能差异，如求解速度、求解精度、适用求解问题等。例如，Gurobi 针对线性规划问题和大规模优化问题有着较好的性能表现；而 Mosek[30] 则更擅长处理二次规划、二阶锥规划等问题。具体来说，数学计算的具体过程如下：

1）先针对问题场景建立数学计算模型。由于不同的学者考虑的问题场景各不相同，研究的问题也存在巨大差异，因此数学模型的建立往往并不相同。例如，本平台现有的任务调度算法主要关注网络模型、请求模型，以及网络服务供应商在完成用户请求后获取的利润模型，并通过符号化语言定义这一最优化问题。

2）使用数学计算库对问题模型进行求解，针对得到的解析解或数值解，安排对应的调度策略。例如，现阶段本系统部署的调度算法，使用指示变量标注每个请求与每个基站的卸载对应关系，随后使用 Gurobi 对过程中提出的最优化问题进行求解，再根据实际情况对这一最终解进行适当调整，确定每个请求最终的调度方案。

12.3　系统实现

本节主要介绍系统的具体实现方式，包括系统的工作流程、系统各个层次的模块构成和不同模块之间的交互设计等实现细节。

12.3.1　系统的工作流程

如图 12-5 所示，系统主要包括用户、基站、控制器三个部分。其中用户部分包含通信模块和前端模块；基站部分包含 Web AR 服务和通信模块；控制器中包含请求收集、请求调度算法和通信模块。具体来说，Web AR 的服务流程包括八个步骤：记录视频、发送请求、转发请求、制定决策、传输视频流、返回处理结果、传输结果和显示增强视频流。详细步骤如下所示。

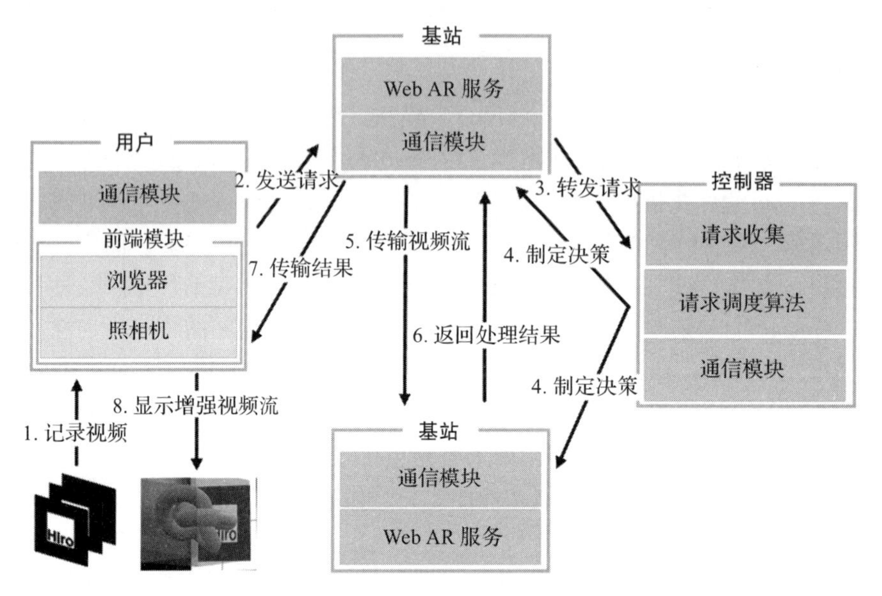

图 12-5　系统的工作流程

1）用户在浏览器输入特定 Web AR 服务 URL，与相邻的基站建立 HTTP 连接。

2）用户在本地设备实时录制视频，在经过 FFmpeg 工具的预处理后，通过 HTTP 连接来传输视频流与视频信息，向基站发起 Web AR 请求。

3）当基站接收到请求时，提取视频流的信息，并将其转发给控制器，并将 AR 应用请求的视频流的相关信息记录到列表中，然后将请求列表也转发给控制器。

4）控制器调用不同的算法，利用收集的 Web AR 应用请求决策进行卸载决策，并将每个请求的决策返回发送给相应的基站。

5）基站接收控制器的返回消息，并根据卸载决策选择目的基站，然后将视频流转发到目的基站，目的基站实时处理传输来的视频流。

6）目的基站将处理后增强视频流的结果发送到距离用户最近的基站。

7）基站将渲染后的 Web AR 视频发送给用户。

8）每个用户设备的浏览器上显示增强后的视频流。

12.3.2　用户层实现

如 12.2.1 节所述，本系统使用了 6 个异构设备作为用户层，其中每个用户设备主要包括三个部分：AR 请求生成、前端展示界面和通信模块。用户设备首先访问浏览器，随后使用本地摄像头录制视频，再使用 FFmpeg 将本地录制的视频进行编码，将视频推流到目标服务器中。与此同时，系统会收集用户设备与视频的具体信息，包括用户设备地址、视频流的分辨率、Web AR 服务的类型、视频的帧率和端口号等，用于描述用户设备发送的 Web AR 应用请求，并将这些信息赋值给 Web AR 请求对象，随视频流一起传输到边缘网络。

用户的前端模块主要包括调用摄像头、上传实时视频流与展示 AR 视频界面。在具体实现中，本系统使用 Python 的 OpenCV 库直接调用本地摄像头拍摄视频，并打开本地视频文件夹，选择视频进行上传，AR 界面主要使用 JavaScript 和 HTML 实现，其中的具体功能是展示渲染后的 AR 视频流，并使用 State 工具计算 AR 视频流的帧率和时延。

通信模块的功能是将实时视频流以及 AR 请求信息发送到距离最近的边缘服务器，并接收边缘服务器传输的 AR 视频流。系统使用 Python 库中有关 HTTP 的组件 HTTP Socket 来发送和接收视频流和 AR 请求消息。

12.3.3 边缘层实现

边缘层由多个边缘服务器组成，这些边缘服务器具有丰富的计算资源，能为多个 Web AR 应用提供服务。每个边缘服务器都包括前端服务模块与逻辑控制模块。

服务模块是服务器层的核心，用于处理 Web AR 应用请求，将原始视频流处理、渲染为增强现实视频流。具体来说，系统使用 AR.js 和 Web GL 实现两种不同的 Web AR 服务，AR.js 能够基于标志提供 Web AR 服务，服务器能根据原始视频流中预先定义的标志生成两种不同的虚拟影像，并将其添加在原始视频流上。

服务器使用多线程与附近的移动用户建立 HTTP 连接，并接收移动 AR 应用的请求，提取 Web AR 请求中的视频流和信息并放入本地信息列表，同时将本地服务器的相关信息也放入 Web AR 信息列表中，然后通过通信模块，将信息列表发送到控制器，并接收来自控制器的 Web AR 请求卸载决策。

服务器使用消息队列技术来保证多线程中 Web AR 请求的接收与发送顺序，同时通过多线程读取 Web AR 请求信息，并将请求信息遵循先进先出原则写入消息队列，当需读取本地列表并发送到控制器时，应从队列头开始读取，以此保证内容不被随意更改。

服务器层的通信模块负责转发和接收用户层与其他服务器传输的实时视频流及 Web AR 请求的相关信息，除此之外，还需要向控制器发送信息列表和接收卸载决策信息，这些都是通过 HTTP Socket 来实现的。

12.3.4 控制器实现

控制器是由一台高性能台式计算机构成，包含通信模块、逻辑控制模块、调度算法模块与科学计算模块，主要负责为局域网内的 Web AR 应用请求进行卸载决策，并保证 Web AR 应用请求的实时性和高响应性。

控制器主要通过多线程和消息队列收集多个服务器传输来的 Web AR 信息列表，并将其重组成活跃的 AR 请求列表。控制器在每个时隙定时收集和更新当前活跃请求列表，同时更新每个边缘服务器的相关信息。在每一个时隙中，控制器根据当前活跃请求列表和每个服务器的相关信息构建问题模型进行卸载决策。如果 Web AR 请求在算法中被抛弃或者休眠超过最大等待时延，则将其从活跃请求列表中删除。卸载决策既包含为活跃的 Web AR 请求选择对应服务器的目的地址，也包含指导每个边缘服务器为每个请求分配的资源量的大小。

控制器的通信模块同样是通过 HTTP Socket 来接收服务器的 AR 信息列表和发送卸载决策信息回原服务器。随后，各边缘服务器根据卸载决策处理 Web AR 请求，并将处理结果返回给用户。

本章小结

本章主要通过一个平台实现，即 Web AR 应用的智能卸载平台来展示智能边缘计算与新兴技术的紧密结合。一方面，本章通过软硬件平台、软件模块等方面对平台设计进行了详尽的阐述；另一方面，本章也对开发边缘计算实例中的一些过程，如模型建立、科学求解等相关技术或方法进行了介绍。实际上，在国内外知名企业中，云 – 边 – 端协同技术早已得到应用，并展开了诸多实践，如浪潮智能工厂、海尔制造工业园区等。在未来，智能边缘计算技术会在更广阔的应用场景中得以实现和完善，从而推动整个社会的发展。

参考文献

[1] WOODSON W E, FREITAG M. Human Factors in Electronics[J]. Science, 1964, 145(3630): 418-420.

[2] AR.js Documentation. AR.js-Augmented Reality on the Web [EB/OL]. (2022-11-20)[2023-05-09]. https://ar-js-org.github.io/AR.js-Docs/.

[3] ROSENBERG L B. Virtual fixtures as tools to enhance operator performance in telepresence environments[C]//Telemanipulator technology and space telerobotics. [S. l.]: SPIE, 1993: 10-21.

[4] FEINER S, MACINTYRE B, Seligmann D. Knowledge-based augmented reality[J]. Communications of the ACM, 1993, 36(7): 53-62.

[5] artoolkitX. artoolkitX[EB/OL]. (2023-4-20)[2023-05-09]. http://www.artoolkitx.org/.

[6] Apple Developer. ARKit[EB/OL]. (2023-05-09)[2023-05-09]. https://developer.apple.com/cn/documentation/arkit/.

[7] Google AR & VR. ARCore[EB/OL]. (2023-05-09)[2023-05-09]. https://arvr.google.com/arcore/.

[8] Google AR. Web AR on ARKit[CP/OL]. (2018-07-11)[2023-05-20]. https://github.com/google-ar/WebARonARKit.

[9] Google AR. WebARonARCore[CP/OL]. (2023-4-20)[2023-05-09]. https://github.com/google-ar/WebARonARCore.

[10] AR.js - Augmented Reality on the Web[CP/OL]. (2023-4-20)[2023-05-09]. https://github.com/AR-js-org/AR.js.
[11] ZapWorks. Powering the immersive Web[EB/OL]. (2023-05-09)[2023-05-09]. https://zap.works/.
[12] PTC. Vuforia: Market-Leading Enterprise AR[EB/OL]. (2023-05-09)[2023-05-09]. https://www.ptc.com/en/products/vuforia.
[13] AR.js Studio. Web-enabled AR experiences[EB/OL]. (2023-05-09)[2023-05-09]. https://ar-js-org.github.io/studio/.
[14] Wikitude. Accelerating the future of AR[EB/OL]. (2023-05-09)[2023-05-09]. https://www.wikitude.com/.
[15] Apple Developer. 空间 APP 创作工具 [EB/OL]// (2023-05-09)[2023-05-09].https://developer.apple.com/cn/augmented-reality/reality-composer/.
[16] Sketchfab. Jansport Recycled SB (/3d-ecommerce) - 3D model by Sketchfab-Sketchfab[Z/OL]. (2023-05-20)[2023-05-20]. https://sketchfab.com/models/0b59f4543c4a468596c764dc02a4c872/embed?autostart=1&ui_animations=0&ui_annotations=0&ui_fullscreen=0&ui_help=0&ui_infos=0&ui_inspector=0&ui_settings=0&ui_stop=0&ui_theme=dark&ui_vr=0&ui_watermark=0&ui_watermark_link=0.
[17] Unity AR 基础套件 (AR Foundation) [EB/OL]. (2023-05-09)[2023-05-09]. https://unity.com/cn/unity/features/arfoundation.
[18] EasyAR. EasyAR[EB/OL]// (2023-05-09)[2023-05-09]. https://www.easyar.com/.
[19] HUAWEI. HarmonyOS NEXT 开发者预览版 [EB/OL]. (2023-05-09)[2023-05-09]. https://developer.huawei.com/consumer/cn/.
[20] NVIDIA. NVIDIA Jetson TX2: High Performance AI at the Edge[EB/OL] (2023-05-09)[2023-05-09]. https://www.nvidia.cn/autonomous-machines/embedded-systems/jetson-tx2/.
[21] NVIDIA. Jetson Xavier NX 系列 [EB/OL]. (2023-05-09) [2023-05-09]. https://www.nvidia.cn/autonomous-machines/embedded-systems/jetson-xavier-nx/.
[22] HUAWEI. S5700 系列交换机 硬件描述：V200 版本 [EB/OL]. (2023-05-09)[2023-05-09]. https://support.huawei.com/enterprise/zh/doc/EDOC1000013512/cfe9566.
[23] MDN Web Docs. HTML [EB/OL]. (2023-04-02)[2023-05-09]. https://developer.mozilla.org/zh-CN/docs/Web/HTML.
[24] Python. Python[EB/OL]. (2023-05-05)[2023-05-09]. https://www.python.org/.
[25] 阿里云 . 云消息队列 MQ [EB/OL]. (2023-05-05)[2023-05-09]. https://www.aliyun.com/product/ons.
[26] wolph.wolph/portalocker [CP/OL]. (2023-05-05)[2023-05-09]. https://github.com/WoLpH/portalocker.
[27] FFmpeg. FFmpeg: A complete, cross-platform solution to record, convert and stream audio and video [EB/OL]. (2023-05-05)[2023-05-09]. https://ffmpeg.org/.
[28] MDN Web Docs. HTTP 概述 [EB/OL]. (2023-03-08)[2023-05-09]. https://developer.mozilla.org/zh-CN/docs/Web/HTTP/Overview.
[29] GUROBI OPTIMIZATION. Gurobi 11.0: Every Solution, Globally Optimized Technology[EB/OL]. (2023-05-05)[2023-05-09]. https://www.gurobi.com/.
[30] MOSEK. MOSEK [EB/OL]. (2023-05-05)[2023-05-09]. https://www.mosek.com/.

推荐阅读

人工智能：原理与实践

作者：（美）查鲁·C. 阿加沃尔 译者：杜博 刘友发 ISBN：978-7-111-71067-7

本书特色

本书介绍了经典人工智能（逻辑或演绎推理）和现代人工智能（归纳学习和神经网络），分别阐述了三类方法：

基于演绎推理的方法，从预先定义的假设开始，用其进行推理，以得出合乎逻辑的结论。底层方法包括搜索和基于逻辑的方法。

基于归纳学习的方法，从示例开始，并使用统计方法得出假设。主要内容包括回归建模、支持向量机、神经网络、强化学习、无监督学习和概率图模型。

基于演绎推理与归纳学习的方法，包括知识图谱和神经符号人工智能的使用。

神经网络与深度学习

作者：邱锡鹏 ISBN：978-7-111-64968-7

本书是深度学习领域的入门教材，系统地整理了深度学习的知识体系，并由浅入深地阐述了深度学习的原理、模型以及方法，使得读者能全面地掌握深度学习的相关知识，并提高以深度学习技术来解决实际问题的能力。本书可作为高等院校人工智能、计算机、自动化、电子和通信等相关专业的研究生或本科生教材，也可供相关领域的研究人员和工程技术人员参考。

推荐阅读

机器人学导论（原书第4版）

作者：[美] 约翰 · J. 克雷格（John J. Craig） 译者：贠超 王伟

ISBN：978-7-111-59031-6 定价：79.00元

本书是美国斯坦福大学John J. Craig教授在机器人学和机器人技术方面多年的研究和教学工作的积累，根据斯坦福大学教授“机器人学导论”课程讲义不断修订完成，是当今机器人学领域的经典之作，国内外众多高校机器人相关专业推荐用作教材。作者根据机器人学的特点，将数学、力学和控制理论等与机器人应用实践密切结合，按照刚体力学、分析力学、机构学和控制理论中的原理和定义对机器人运动学、动力学、控制和编程中的原理进行了严谨的阐述，并使用典型例题解释原理。

现代机器人学：机构、规划与控制

作者：[美] 凯文 · M. 林奇（Kevin M. Lynch）[韩] 朴钟宇（Frank C. Park） 译者：于靖军 贾振中

ISBN：978-7-111-63984-8 定价：139.00元

机器人学领域两位享誉世界资深学者和知名专家撰写。以旋量理论为工具，重构现代机器人学知识体系，既直观反映机器人本质特性，又抓住学科前沿。名校教授鼎力推荐！

“弗兰克和凯文对现代机器人学做了非常清晰和详尽的诠释。”

——哈佛大学罗杰 · 布罗克特教授

“本书传授了机器人学重要的见解……以一种清晰的方式让大学生们容易理解它。”

——卡内基 · 梅隆大学马修 · 梅森教授

推荐阅读

深入理解计算机系统（原书第3版）

作者：[美] 兰德尔 E.布莱恩特 等 ISBN：978-7-111-54493-7 定价：139.00元

计算机体系结构精髓（原书第2版）

作者：（美）道格拉斯·科莫 等 ISBN：978-7-111-62658-9 定价：99.00元

计算机系统：系统架构与操作系统的高度集成

作者：（美）阿麦肯尚尔·拉姆阿堪德兰 等 ISBN：978-7-111-50636-2 定价：99.00元

现代操作系统（原书第4版）

作者：[荷]安德鲁 S. 塔嫩鲍姆 等 ISBN：978-7-111-57369-2 定价：89.00元